论文排版实用教程
——Word与LaTeX

刘小平 编著

清华大学出版社
北 京

内容简介

本书按照论文写作编排的顺序，先后以 Word、LaTeX 两种软件为例分别介绍论文的编排方法。第 1 章主要介绍有关论文的基本知识，包括论文投稿、期刊及会议相关知识、文献检索等；第 2 章至第 4 章为 Word 编排论文部分，如无特别说明这几章均以 Word 2010 为例讲解；第 5 章、第 6 章为 LaTeX 编排论文部分，以 TeX Live 2013 发行版为例讲解。

本书结合论文写作的实际需要，配有大量示例。本书适合作为大学师生、科研人员从事论文写作的参考书。

图书在版编目(CIP)数据

论文排版实用教程：Word 与 LaTeX/刘小平编著. --北京：清华大学出版社，2015(2022.12 重印)
ISBN 978-7-302-39146-3

Ⅰ. ①论… Ⅱ. ①刘… Ⅲ. ①排版—应用软件—教材 Ⅳ. ①TS803.23

中国版本图书馆 CIP 数据核字(2015)第 017936 号

责任编辑：黄 芝 李 晔
封面设计：迷底书装
责任校对：李建庄
责任印制：沈 露

出版发行：清华大学出版社
网　　址：http://www.tup.com.cn，http://www.wqbook.com
地　　址：北京清华大学学研大厦 A 座　　**邮　　编**：100084
社 总 机：010-83470000　　**邮　　购**：010-62786544
投稿与读者服务：010-62776969，c-service@tup.tsinghua.edu.cn
质量反馈：010-62772015，zhiliang@tup.tsinghua.edu.cn
课件下载：http://www.tup.com.cn，010-83470236
印 装 者：涿州市般润文化传播有限公司
经　　销：全国新华书店
开　　本：185mm×260mm　　**印　　张**：13.25　　**字　　数**：328 千字
版　　次：2015 年 4 月第 1 版　　**印　　次**：2022 年12月第 9 次印刷
印　　数：5701～5900
定　　价：45.00 元

产品编号：052347-02

前　　言

在指导学生毕业论文的过程中，作者发现很多学生对文献检索、论文编排、审阅技巧知之甚少。尽管很多人早在中学、大学的计算机基础课中就已经掌握了 Word 等软件的基本操作，但应用到论文撰写过程中，大部分人都没有充分地利用 Word 的功能进行自动化排版，导致很多时间浪费在诸如反复地手动修改标题、图表、参考文献等的编号及格式等无谓的论文编排工作中。学会撰写学术论文，切实掌握论文写作环节中的基本知识和规范，以及高效的文字处理和编排技术是十分必要的，可以起到事半功倍的效果。

Word 是当前文字处理软件中最受欢迎的软件之一，友好的图形操作界面，图、文、表格并茂，所见即所得，易学易用。LaTeX 也是目前受到很多国内外科研工作者欢迎的论文编排软件，它是一款所见非所得的编排软件，能帮助作者在很短时间内生成具有书籍质量的印刷品，尤其擅长复杂的数学公式，常用于生成高印刷质量的科技和数学类文档。目前，对于广大高校学生或科研工作者来说，撰写学位论文或小论文时所使用的排版软件无外乎 Word 或 LaTeX，很多高校的学位论文都能找到 Word 或 LaTeX 的模板，很多国内外的期刊杂志也都提供这两种排版软件的文稿模板。

因此，本书将围绕会议、期刊论文及学位论文的撰写来介绍 Word 与 LaTeX 软件的相关排版技术，所用版本分别为 Word 2010 和 TeX Live 2013。

本书具有以下特色：

- 以论文写作应用实践操作为主，提供大量示例。
- 结合当前科研论文编排中流行的实用软件，如 MathType、EndNote 等，介绍一些自动便捷的论文编排技巧。
- 本书作者长期从事科研论文撰写，同时也是计算机基础教学的一线教师，针对计算机基础教学的现状以及学生在论文编排过程中所遇到的各种问题，编写此书力图普及科研论文撰写与编排过程中的常识、技巧和经验。

本书第 1、3、5 章部分内容涉及文献检索，由于各大检索数据库的网站经常更新，可能导致读者阅读这些内容时，网页内容已经与本书中的相关内容不一致，请读者谅解，但这些内容所涉及的方法和思路仍有一定参考价值。由于时间仓促和作者水平有限，书中错误和不当之处在所难免，恳请读者批评指正。

编　者

2015 年 1 月

目　录

第 1 章　引言…… 1

1.1　论文基本知识 …… 1

1.1.1　论文的分类…… 1

1.1.2　与投稿相关的若干概念…… 2

1.1.3　文献检索…… 8

1.1.4　三大检索 …… 15

1.2　论文写作规范概要…… 18

1.2.1　学位论文写作规范 …… 18

1.2.2　小论文写作规范 …… 19

1.3　为什么选择 Word 与 LaTeX 软件 …… 21

第 2 章　Word 论文编排常用设置与技巧 …… 22

2.1　Word 常用设置 …… 22

2.1.1　快速访问工具栏 …… 22

2.1.2　移除嵌入功能区 …… 25

2.1.3　功能区自定义 …… 25

2.1.4　快捷键自定义 …… 26

2.1.5　“拼写和语法”选项设置 …… 28

2.1.6　“自动更正选项”设置 …… 30

2.2　Word 视图 …… 32

2.3　几种实用的编辑方法…… 33

2.3.1　拼写和语法检查 …… 33

2.3.2　英文的“断字” …… 34

2.3.3　将文本快速转换为图片 …… 34

2.3.4　查找同义词和反义词 …… 34

第 3 章　Word 内容编排 …… 36

3.1　大纲制作…… 36

3.1.1　各级标题编排规范 …… 36

3.1.2 常见大纲 …… 37
3.1.3 转行大纲 …… 43
3.1.4 接排大纲 …… 44
3.2 正文编排 …… 45
3.3 图表制作 …… 46
3.3.1 图表编排规范 …… 46
3.3.2 插图 …… 46
3.3.3 表格及其在排版中的用途 …… 52
3.3.4 图表题注 …… 58
3.4 公式编辑 …… 60
3.4.1 公式编排规范 …… 60
3.4.2 常见公式居中编号居右的编排 …… 61
3.4.3 文本公式混合排版 …… 70
3.5 交叉引用 …… 71
3.6 参考文献及其引用 …… 72
3.6.1 引文和书目 …… 72
3.6.2 利用尾注实现参考文献编排 …… 75
3.6.3 使用 EndNote 制作参考文献 …… 79
3.7 脚注与尾注 …… 98
3.8 目录与索引 …… 99
3.8.1 目录 …… 99
3.8.2 索引 …… 102
3.9 样式 …… 105
3.9.1 样式的类型 …… 105
3.9.2 内置样式与自定义样式 …… 106
3.9.3 样式的使用示例 …… 110
3.10 模板 …… 116

第 4 章 Word 版面设计及其他辅助功能 …… 120

4.1 页面布局 …… 120
4.2 分隔设置 …… 122
4.2.1 分节符 …… 122
4.2.2 分栏符 …… 124
4.3 页眉、页脚和页码 …… 125
4.3.1 页眉和页脚 …… 125
4.3.2 页码 …… 127
4.3.3 页眉、页脚和页码设置实例 …… 127
4.4 论文修改 …… 130

4.4.1 批注与修订的设置 …… 130
4.4.2 批注 …… 131
4.4.3 修订 …… 133
4.5 文档备份 …… 135
4.6 转换为 PDF 文档 …… 135

第 5 章 LaTeX 基础知识 …… 139

5.1 TeX 与 LaTeX …… 139
5.2 TeX Live 介绍 …… 141
5.2.1 TeX/LaTeX 发行版 …… 141
5.2.2 TeX 网络资源 …… 141
5.2.3 TeX Live 的安装 …… 142
5.2.4 测试 TeX Live 安装是否成功 …… 142
5.2.5 TeX Live 2013 组件介绍 …… 144
5.3 LaTeX 基础 …… 146
5.3.1 “Hello World” …… 146
5.3.2 LaTeX 文件基本结构 …… 147
5.3.3 LaTeX 命令 …… 149

第 6 章 LaTeX 论文编排 …… 152

6.1 大纲制作 …… 152
6.1.1 论文标题与摘要 …… 152
6.1.2 章节标题 …… 155
6.1.3 目录 …… 156
6.1.4 多文件编译 …… 157
6.2 文本输入 …… 158
6.2.1 字符 …… 158
6.2.2 字体 …… 160
6.2.3 字号 …… 162
6.2.4 行距 …… 163
6.2.5 水平间距 …… 164
6.3 段落 …… 164
6.3.1 段落格式 …… 164
6.3.2 列表环境 …… 167
6.4 数学公式编排 …… 169
6.5 图的编排 …… 171
6.5.1 插入图像 …… 171
6.5.2 图像文件格式 …… 171

6.5.3　浮动图像和图题 …… 172
6.5.4　多图并排 …… 173
6.6　表的编排 …… 174
6.6.1　插入表格 …… 174
6.6.2　表格的合并与拆分 …… 175
6.6.3　跨页长表格 …… 177
6.7　标签与引用 …… 177
6.8　参考文献 …… 178
6.8.1　参考文献环境及其引用 …… 178
6.8.2　BibTeX 与文献数据库 …… 179
6.9　页面布局 …… 182
6.9.1　论文整体格式设计 …… 182
6.9.2　页面设置 …… 183
6.9.3　页面风格 …… 185
6.10　LaTeX 模板的使用 …… 187
6.10.1　小论文 …… 187
6.10.2　学位论文 …… 193

附录 A　学位论文写作规范 …… 194

A.1　华东师范大学本科生毕业论文的格式要求 …… 194
A.2　华东师范大学研究生学位论文写作规范 …… 197

参考文献 …… 201

第1章　引　　言

对于当代大学生和研究生而言，撰写各类学术论文，尤其是学位论文，是大家在校期间必须完成的重要任务。但遗憾的是，相当一部分同学对于论文写作的相关知识和技术缺乏足够的了解，对于常用的论文排版软件如：Word、LaTeX 等，缺乏深入的了解，在论文的写作过程中往往无法充分利用软件的功能，多走了许多的弯路。

切实掌握论文写作环节的基本知识、规范，以及高效的文字处理和编排技术，对于广大高校大学生和科研工作者来说，是十分必要的，可以收到事半功倍的效果。本书将围绕会议、期刊论文及学位论文的撰写来介绍 Word 与 LaTeX 软件的相关排版技术，在介绍这些技术之前，本章首先向大家介绍学术论文相关的基本知识、写作规范、为什么选择 Word、LaTeX 软件以及全书内容编排。

1.1　论文基本知识

学术论文是对某个科学领域中的学术问题进行研究后表述科学研究成果的理论文章。它既是探讨问题进行科学研究的一种手段，又是描述科研成果进行学术交流的一种工具，通常包括学位论文、科技论文等。

本节主要介绍论文基础知识，包括论文的分类、与投稿相关的若干概念、文献检索以及三大检索。本节所涉及文献检索的内容，由于网站经常更新，可能导致读者阅读这些内容时，网页内容已经与本书中的相关内容不一致，本节中涉及的各大检索数据库网站的内容仅供参考。

1.1.1　论文的分类

按写作目的，可以将论文分为大论文和小论文。大论文是作为提出申请授予相应学位时评审用的学术论文，又称“学位论文”。小论文，指发表于科技期刊、会议论文集等上面的科技论文，通常被称为“paper”，供专业工作者进行学术探讨，发表各家之言，以展示各门学科发展的新态势。

小论文通常又可分为研究论文(papers 或 articles)、研究简报(notes)、研究快报(letters 或 communications)和综述论文(reviews)。研究论文是指对在某一课题的研究中所获得的数据和观察到的现象，从理论上加以分析和总结所形成的科学见解，用事实和理论进行周密地论证所撰写出来的科学文章。研究简报(notes)是指对在某一课题研究中所取得的有特殊意义的结果所作的初步报道，文章短小精悍，没有经过周密的论证，但主要的创新之处和独到的结果会令读者一目了然。研究快报(letters)也称研究通讯(communication 或 correspondence)，是指对在某一研究课题中所取得的突破性进展所作的快速报道，这类文章不但要求短小精悍，而且必须要求快速发表。综述论文是指在广泛查阅某一研究领域的文献资料的基础上、运用分析和综合的方法进行鉴别、分类和归纳，从总体上进行研究和组合，从而形成极其有价值的文献论文。一篇好的综述论文，不仅包括对已有文献内容的概括和回顾，而且还会阐明某一研究领域中事物客观发展的规律和未来的发展趋势。

1.1.2 与投稿相关的若干概念

在论文或图书的编排、投稿及出版过程中，常需要给编辑提供中图分类号、UDC 号、文献标识码等信息，因此，本节将介绍论文发表、书籍出版过程中的几个基本概念。

1. 图书版权页

图书版权页，是一种行业习惯称呼，是指图书中载有版权说明内容的书页，如图 1-1 所示。版权页一般安排在正文前或后。在国家标准中，它实际上是图书书名页中的主书名页背面。图书版权页的内容包括书名、著者、出版地、出版者、出版期、印刷者、版次、印次、开本、印数、书号、价格等。

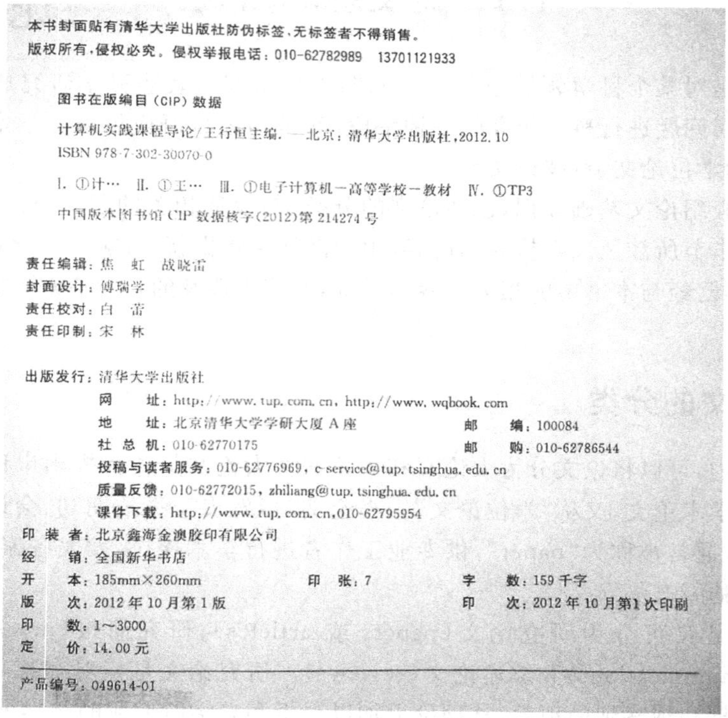

本书封面贴有清华大学出版社防伪标签，无标签者不得销售。
版权所有，侵权必究。侵权举报电话：010-62782989　13701121933

图书在版编目(CIP)数据

计算机实践课程导论/王行恒主编. —北京：清华大学出版社，2012.10
ISBN 978-7-302-30070-0

Ⅰ. ①计… Ⅱ. ①王… Ⅲ. ①电子计算机—高等学校—教材 Ⅳ. ①TP3

中国版本图书馆 CIP 数据核字(2012)第 214274 号

责任编辑：焦　虹　战晓雷
封面设计：傅瑞学
责任校对：白　蕾
责任印制：宋　林

出版发行：清华大学出版社
　网　址：http://www.tup.com.cn，http://www.wqbook.com
　地　址：北京清华大学学研大厦 A 座　邮　编：100084
　社 总 机：010-62770175　邮　购：010-62786544
　投稿与读者服务：010-62776969，c-service@tup.tsinghua.edu.cn
　质量反馈：010-62772015，zhiliang@tup.tsinghua.edu.cn
　课件下载：http://www.tup.com.cn，010-62795954
印 装 者：北京鑫海金澳胶印有限公司
经　销：全国新华书店
开　本：185mm×260mm　印　张：7　字　数：159 千字
版　次：2012 年 10 月第 1 版　印　次：2012 年 10 月第 1 次印刷
印　数：1～3000
定　价：14.00 元

产品编号：049614-01

图 1-1　版权页示例

2. ISBN 和 ISSN

ISBN 是 International Standard Book Number 的简称，它指国际通用的图书或独立的出版物(除定期出版的期刊)代码。出版社可以通过国际标准书号清晰地辨认所有非期刊书籍。一个国际标准书号只有一个或一份相应的出版物与之对应。如果新版本在原来旧版的基础上内容没有太大的变动，在出版时也不会更换新的国际标准书号，当平装本改为精装本出版时，原来相应的国际标准书号号码也应当被收回。

ISBN 采用一组号码，每组号码 13 位数，包括国家或区域号码、出版者号码、书名号码、核对号码四部分，每部分之间用短横或空格来区分。例如，ISBN 为 978-7-303-05148-9，其意义如图 1-2 所示。

ISBN	978	7	303	05148	9
	图书	国家或地区	出版社号	书序号	检验码
		中国	北师大出版社		

图 1-2　ISBN 号说明示意图

ISSN 是 International Standard Serial Number 的简称，它是国际标准连续出版物号(国际标准刊号)。ISBN 和 ISSN 的根本区别在于对象不同，前者是发给书籍出版商，后者是发给刊物出版商。

ISSN 号由 8 位数字组成，前 7 位数字为顺序号，最后一位是校验位。ISSN 通常都印在期刊的封面或版权页上。例如，《中国图象图形学报》的 ISSN 是 1006-8961。中国标准连续出版物号由国际标准连续出版物号和国内统一连续出版物号两部分组成。例如，《中国图象图形学报》的出版物号，如图 1-3 所示。其中，CN 号即国内统一连续出版物号，是指我国报刊的代号，是报刊管理部门为了便于报刊统计、管理而按一定规则进行编排的号码总称。例如 CN11-3758/TB，其中 CN 指中国，11 指地区代码，3758 指期刊的序号，TB 指该期刊的中图分类号。

图 1-3　中国图象图形学报刊物号示例

3. 中图分类号

论文投稿时，国内期刊的编辑往往要求给出论文的中图分类号。中图分类号，是指采用《中国图书馆分类法》对科技文献进行主题分析，并依照文献内容的学科属性和特征，分门别类地组织文献，所获取的分类代号。要查找自己论文的中图分类号，可使用《中国图书馆分类法》为参照，具体内容可以在百度或谷歌上搜索"中图分类号"，找到中国图书馆分类法的官网，也可以直接访问查询地址 http://www.ztflh.com/，在该页面查找自己论文所属的具体类别编号。

以图 1-3 中的《中国图象图形学报》为例，它属于 TB——一般工业技术大类中；如图 1-4 所示的《计算机科学》，属于 TP——自动化技术、计算机技术大类中。

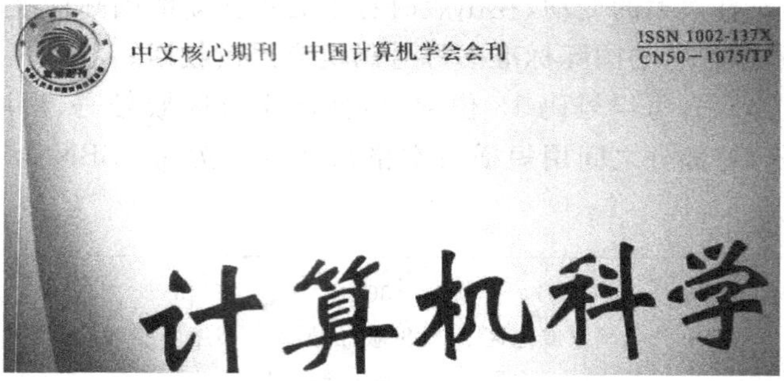

图 1-4 计算机科学刊号示例

4. 中文核心期刊

在查询文献、论文投稿时，常遇到"中文核心期刊"这一概念。例如，若希望查询到高质量的中文文献，往往选择来自于中文核心期刊的文献；若要投到高质量的中文期刊，通常希望该期刊是中文核心期刊。中文核心期刊是国内中文期刊中学术水平较高的刊物。对中文核心期刊的认定，有不同版本，例如，中国科学技术信息研究所编辑出版的《中国科技期刊印证报告》，北京大学图书馆与北京高校图书馆期刊工作研究会联合编辑出版的《中文核心期刊要目总览》。从这两本书中，我们能找到自己专业领域的所有中文核心期刊。

例 1-1 如何查询《中国图象图形学报》是否是中文核心期刊？

此处介绍从高校校园的图书馆网页查找中文核心期刊的方法。以华师大图书馆网页为例，第一步，进入主页下的"帮助中心"→"核心期刊指南"，如图 1-5 所示。

第二步，进入如图 1-6 所示的核心期刊指南页面，由于《中国图象图形学报》属于自然科学类期刊，因此，单击"中国科学引文数据库(CSCD)收录期刊"按钮，进入 CSCD 数据库网页，如图 1-7 所示。在该网页右上角，搜索"中国图象图形学报"，结果如图 1-8 所示，表明《中国图象图形学报》是中国核心期刊；若不是核心期刊，将搜索到 0 条结果。

5. UDC 号

有些国内外期刊要求投稿者提供 UDC 号，UDC《国际十进分类法》(Universal Decimal Classification)最初发表于 1905 年，一直由国际文献联合会负责修订，其重点放在科学与技术各类，有目的地按类扩充细目，独立分编成册，以供专门图书馆和科技情报部门使用。UDC 目前已成为名符其实的国际通用文献分类法。用户可以通过图书馆或网络查找相应的 UDC 类号。具体查询网址：http://www.udcc.org/outline/outline.htm，

图 1-5　图书馆主页核心期刊指南

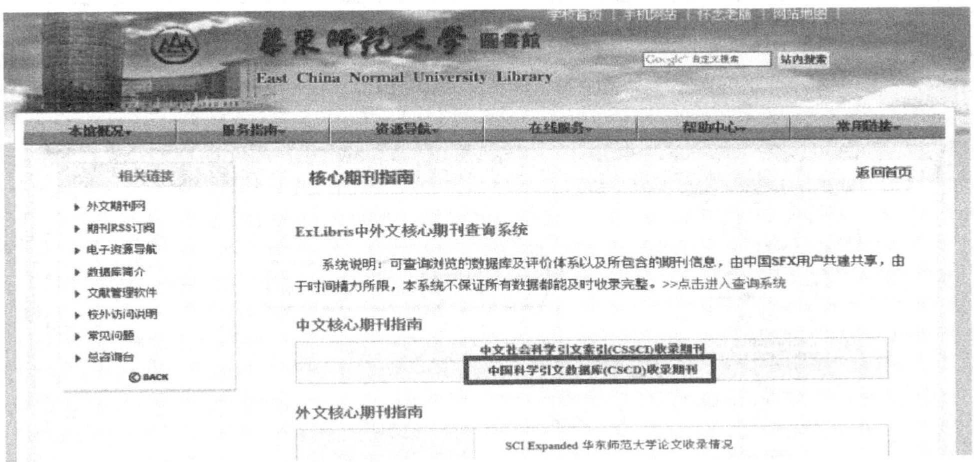

图 1-6　核心期刊指南页面

该网址可以选择中文语言，例如，图像处理与模式识别领域的文献的 UDC 号为 004.93，如图 1-9 所示。

此外，国外很多大型期刊有自己专门的一套分类号码，如物理学科方面就有 PACS、PACC 等类号，一般大型的专业协会、学会或者大型检索工具都会使用一套自定的规范。因此，投稿时如果编辑要求，就可以通过网络搜索工具找到相应的类别。

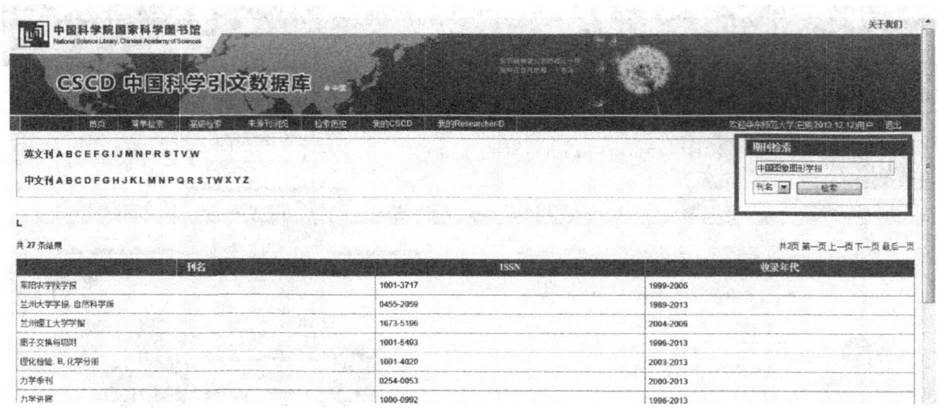

图 1-7 CSCD 数据库网页

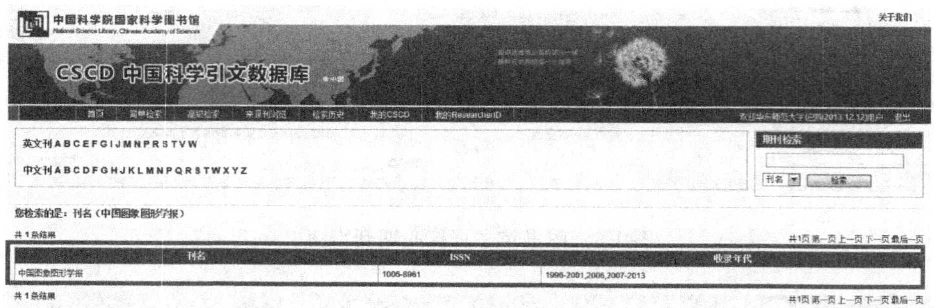

图 1-8 搜索结果页面

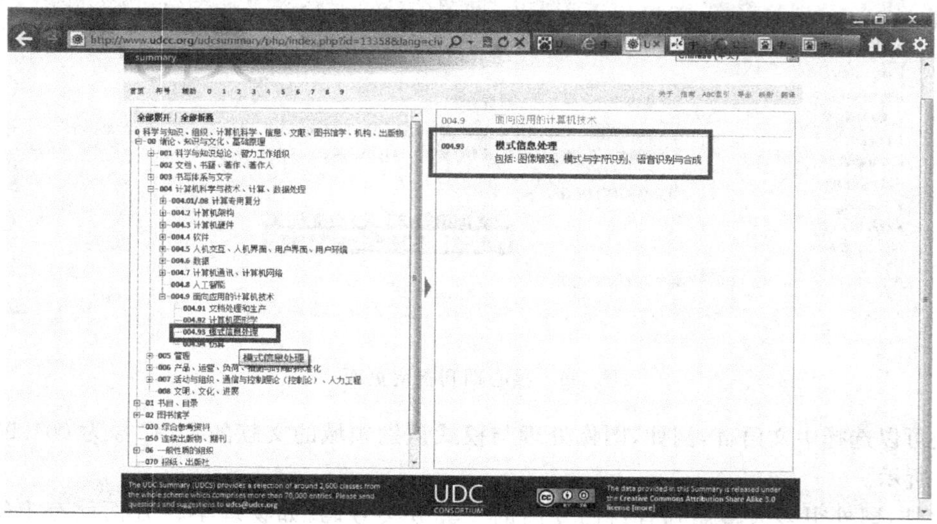

图 1-9 图像处理与模式识别的 UDC 号示例

6. 文献标识码

国家期刊出版格式要求在中图分类号的下面标出文献标识码，向期刊投稿时，有些编辑会要求作者填写文献标识码。文献标识码(Document code)是一种分类码，按文章内容对文献进行归类，以便于文献统计、期刊评价、确定文献的检索范围，提高检索结果的适用性等。具体如下：

A——理论与应用研究学术论文(包括综述报告)；

B——实用性技术成果报告(科技)、理论学习与社会实践总结(社科)；

C——业务指导与技术管理性文章(包括领导讲话、特约评论等)；

D——一般动态性信息(通信、报道、会议活动、专访等)；

E——文件、资料(包括历史资料、统计资料、机构、人物、书刊、知识介绍等)。

以论文《图像质量评价研究综述》为例，它的文献标识码为A。不属于上述各类的文章以及文摘、零讯、补白、广告、启事等不加文献标识码。中文文章的文献标识码以"文献标识码："或"[文献标识码]"作为标识，如："文献标识码：A"；英文文章的文献标识码以"Document code："作为标识。

7. 期刊影响因子

期刊影响因子是国际上通行的对期刊质量的评价指标，它是评估某一期刊收录的论文平均被引用情况的数据，能较公平地评价各类期刊。期刊在某年的影响因子定义为：该刊前两年发表的论文在统计当年的被引用总次数除以该期刊在前两年内发表的论文总数。例如，某期刊2011年的文章在2012年被引次数为50，2011年发表论文总数为150；2010年的文章在2012年被引次数为100，2010年发表论文总数为150，则该刊2012年的影响因子：0.5 = (50+100)÷(150+150)。

了解影响因子有助于科研人员了解相关专业期刊的状况，以选择投稿的期刊。通常期刊影响因子越大，它的学术影响力越大，但是，影响因子并非一个最客观的评价期刊影响力的标准。对于一些综合类，或者大项的研究领域来说，因为研究的领域广，所以引用率也比较高。例如，生物和化学类的期刊，这类期刊一般情况下比较容易有较高的影响力。影响因子可以在一定程度上表征其学术质量的优劣，但它与学术质量之间并非呈线性正比关系，影响因子为5.0的期刊未必一定优于影响因子为2.0的期刊。用影响因子对期刊进行比较时，需要分学科对待。

外文期刊的影响因子，可以通过ISI每年出版的JCR(《期刊引用报告》，全称Journal Citation Reports)数据库来查询。JCR对Web of Science中近6000种国际性自然科学期刊和1600余种国际性社会科学期刊进行了分析评价，并针对每种期刊定义了影响因子(Impact Factor)等指数并加以报道。由于使用JCR数据库时需要所在高校或科研机构正式购买此库，而且使用者在单位IP内才可有权访问，目前国内只有清华、上海交大等几所高校购买。除了通过JCR查询，互联网上的一些论坛或学术网站也提供免费的影响因子查询功能，但因版权问题，一些网站也面临随时被停止的问题。

中文期刊的影响因子可以通过万方的数字化期刊子系统来查询，具体方法详见例1-3。

1.1.3 文献检索

任何一项课题研究工作的第一步都需要对课题进行调研，包括当前的研发状况、该领域的领先研究者有哪些、该领域的领先研究机构有哪些、该领域的核心期刊和会议有哪些、相关技术标准的发展现状等。这些都需要查阅大量与课题相关的文献，文献检索能力的高低，关系到科研成果的价值。文献查阅可以从中文综述开始，到中文期刊文献，到英文综述，再到英文期刊文献。

常用的文献检索方法主要有两种：①通过谷歌、百度等搜索引擎来检索文献；②可以通过各大高校的图书馆网页找到很多与专业领域相关的数据库。例如，华东师范大学图书馆的电子资源导航页中就罗列了数十种中外文献数据库，如图 1-10 所示。

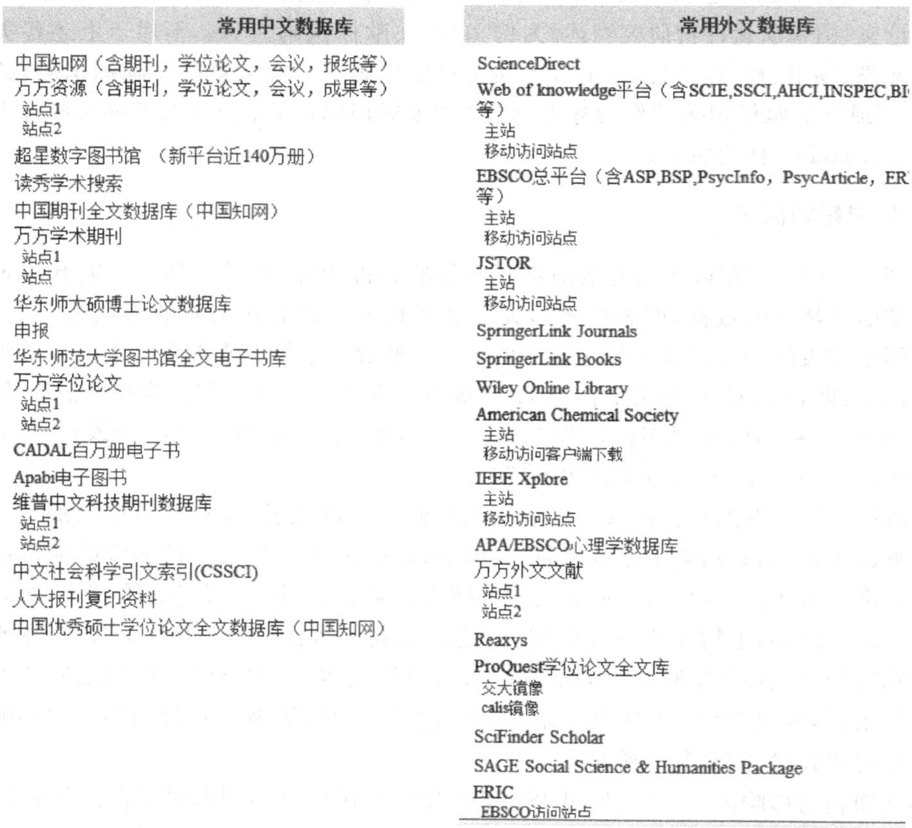

常用中文数据库

中国知网（含期刊，学位论文，会议，报纸等）
万方资源（含期刊，学位论文，会议，成果等）
站点1
站点2
超星数字图书馆 （新平台近140万册）
读秀学术搜索
中国期刊全文数据库（中国知网）
万方学术期刊
站点1
站点
华东师大硕博士论文数据库
申报
华东师范大学图书馆全文电子书库
万方学位论文
站点1
站点2
CADAL百万册电子书
Apabi电子图书
维普中文科技期刊数据库
站点1
站点2
中文社会科学引文索引(CSSCI)
人大报刊复印资料
中国优秀硕士学位论文全文数据库（中国知网）

常用外文数据库

ScienceDirect
Web of knowledge平台（含SCIE,SSCI,AHCI,INSPEC,BI
等）
主站
移动访问站点
EBSCO总平台（含ASP,BSP,PsycInfo，PsycArticle，ER
等）
主站
移动访问站点
JSTOR
主站
移动访问站点
SpringerLink Journals
SpringerLink Books
Wiley Online Library
American Chemical Society
主站
移动访问客户端下载
IEEE Xplore
主站
移动访问站点
APA/EBSCO心理学数据库
万方外文文献
站点1
站点2
Reaxys
ProQuest学位论文全文库
交大镜像
calis镜像
SciFinder Scholar
SAGE Social Science & Humanities Package
ERIC
EBSCO访问站点

图 1-10　华师大中外文献数据库部分列表

以下将介绍 Google 检索文献的相关技巧以及华东师范大学图书馆的电子资源导航中的常用数据库。

1. Google

Google 是全球最大的并且最受欢迎的搜索引擎，2006 年成立谷歌中国，服务器主要置于中国北京，2010 年 Google 正式宣布将其原有谷歌中国的两域名(google. cn 和 g. cn)中的网页搜索、图片搜索等重定向至 Google 香港的域名(google. com. hk)。下文将介绍在文献检索中常用的 Google 搜索功能。

1）保留字搜索

保留字搜索指的是通过 Google 专门定义的一些保留字来执行一些特殊的搜索或功能。通过保留字“filetype”查找非 HTML 格式的文件，可以支持 13 种非 HTML 文件的搜索。除了 PDF 文档，还可以搜索 Microsoft Office (doc, ppt, xls, rtf)，Shockwave Flash (swf)，PostScript (ps)和其他类型的文档。新的文档类型只要与用户的搜索相关，就会自动显示在搜索结果中。例如：如果只想查找 PDF 格式的文件，而不要一般网页，只需搜索“关键词 filetype:pdf”就可以了，要查找图像分割方面的 pdf 格式的文件，搜索“图像分割 filetype:pdf”即可，搜索结果如图 1-11 所示。

图 1-11　图像分割方面的 pdf 文档搜索结果

2）Google Scholar

Google Scholar 是 Google 公司于 2004 年 11 月 18 日推出的搜索服务，它能帮助用户查找包括期刊论文、学位论文、书籍、预印本、摘要和科技报告等在内的学术文献，内容涉及诸多学科，并且经过了业内专家的评审，具有一定的权威性。它以“站在巨人的肩膀上”(Stand on the shoulders of giants)为服务理念，重点提供医学、物理、经济、计算机等学科文献的检索，还通过知识链接功能提供文章的引用次数及链接，人们可以利用它查找文献的被引用情况。2006 年，Google 中文学术搜索推出，用于搜索网上的中文学术文献，同时它还具有检索中文文献被引情况的功能，为科学研究与学术共同体学术评价工作的开展提供了新的工具和途径。

Google 学术搜索可以确定相关性最强的研究文献。它提供了较多的链接功能，方便扩展检索。链接说明如下：

(1) 标题——链接到文章摘要或整篇文章(如果文章可在网上找到)；

(2) 引用者——提供引用该组文章的其他论文；

(3) 相关文章——查找与本组文章类似的其他论文；

(4) 图书馆链接(在线)——通过已建立联属关系的图书馆资源找到该项成果的电子版本。在登录校园网后将自动显示这些链接；

(5) 图书馆链接(离线)——找到藏有这项学术成果的图书馆；

(6) 同组文章——查找我们可能看到的同属这组学术研究成果的其他文章，可能是初始版本，其中有预印本、摘要、会议论文或其他改写本；

(7) 网络搜索—— Google 搜索中关于该研究成果的信息。

Google 学术搜索专业性强、功能强大、覆盖范围广泛全面，使用简便、准确、快捷并且是免费的搜索互联网学术论著的工具，它的搜索速度比查询其他跨库检索系统快，获得原始文献非常便捷，它能清楚地显示文献全文获取的地址，也提供一些免费全文。它提供的被引次数链接可以完成引文检索的功能。通过知识链接功能把原本只能通过引文检索工具检索出来的引文信息显性化，为用户提供一个非常方便的引文检索工具。它具有许多优势：不存在期刊选择过程中的主观偏见，检索范围不局限于已发表论文，还包括预印本、技术报告、学位论文和会议论文等；检索不受语种的限制，不局限于欧洲各国语种文献，还包括中文、日文等语种文献；能够识别不同的引用形式，如图书、Word 文档。基于此，使用公共网络查找文献时，首选 Google 学术搜索。

例 1-2　请利用谷歌学术查找"image quality assessment(图像质量评价)"领域最经典的英文文献 2 篇。

第一步，在谷歌学术主界面，搜索"image quality assessment"，搜索结果如图 1-12 所示。

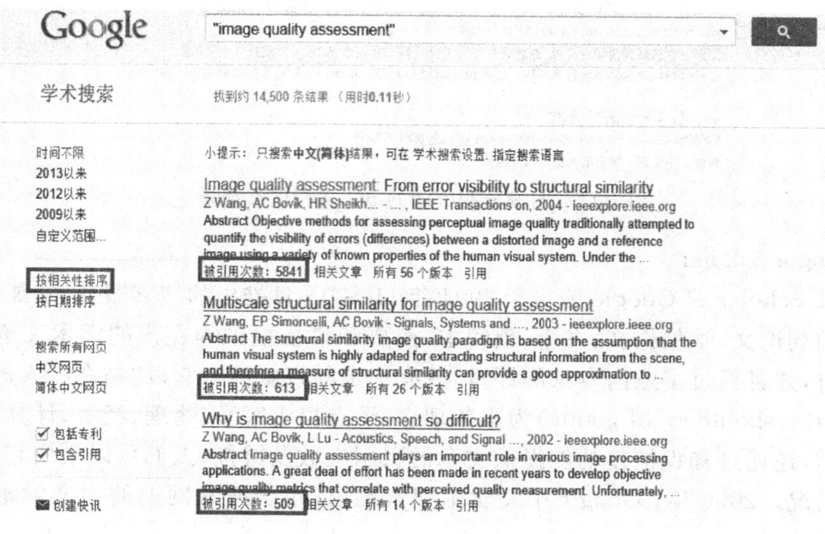

图 1-12　谷歌学术查找最经典文献

第二步，在搜索结果页面中，单击“按相关性排序”按钮，通常文献会按照“被引用次数”来排序，“被引用次数”最多的2篇文献即可视为最经典的2篇文献。

2. 常用中英文数据库

图1-10中列出了数十种中英文数据库，初学者若对其中的英文数据库不太了解，可以通过高校图书馆网页中的数据库简介了解自己所在领域涉及哪些数据库，也可以进入中科院国家图书馆网页，单击“查找网络数据库”按钮，如图1-13所示。进入“查找网络数据库”网页后，单击“按学科分类浏览”按钮，如图1-14所示，以人文和社会科学类为例，分类结果如图1-15所示，可找到自己专业涉及的数据库。此外，很多图书馆网页上都提供了每种数据库的简介信息，从这里也可以了解到每一种数据库包囊了哪些专业领域的文献。下文将介绍四种常用数据库。

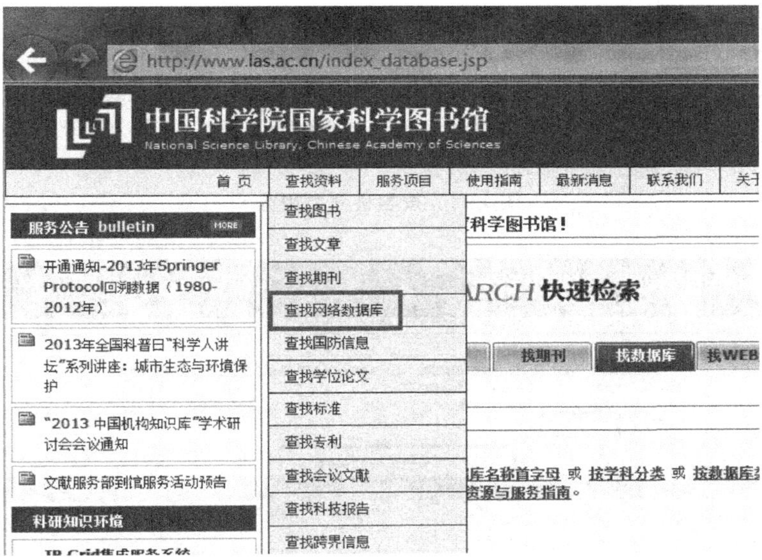

图1-13 查找网络数据库

1）万方

万方数据库是由万方数据公司开发的，涵盖期刊、会议纪要、论文、学术成果、学术会议论文的大型网络数据库。

万方数据资源系统由科技信息子系统、数字化期刊子系统以及商务信息子系统构成。

科技信息子系统汇集科技文献、科研机构、科技成果、科技名人、中外标准、政策法规等数百种数据库，为科技工作者、高校师生提供丰富且权威的科技信息。主要包括：中国科技成果库、中国学位论文库、中国学术会议论文库、中国国家标准、中国科技文献库等。

数字化期刊子系统集纳了理、工、农、医、人文5大类的2000多种科技期刊，实现了全文上网，主要有：中华医学会系列杂志、大学学报、中国科学系列杂志、科学普及期刊等。

商务信息子系统包括工商咨询、经贸信息、成果专利、咨询服务等服务内容，是中国最

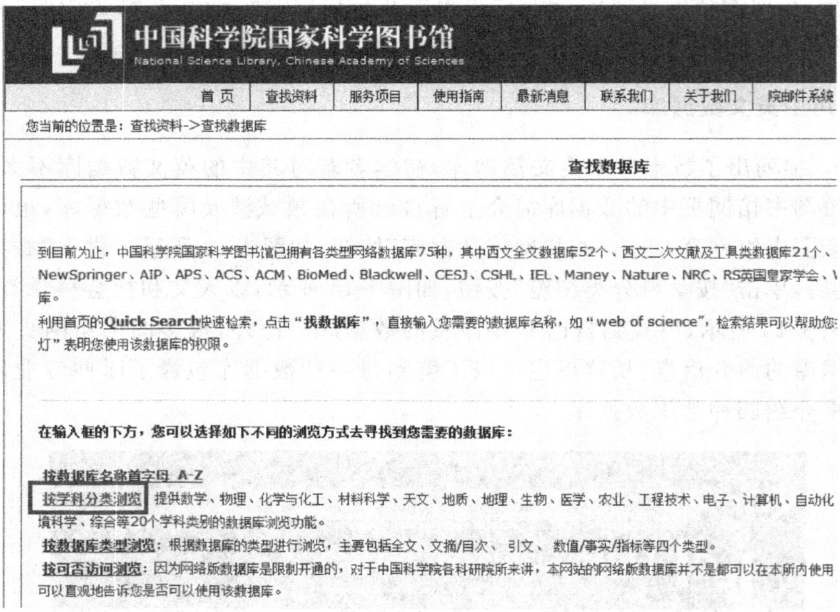

图 1-14　按学科分类浏览

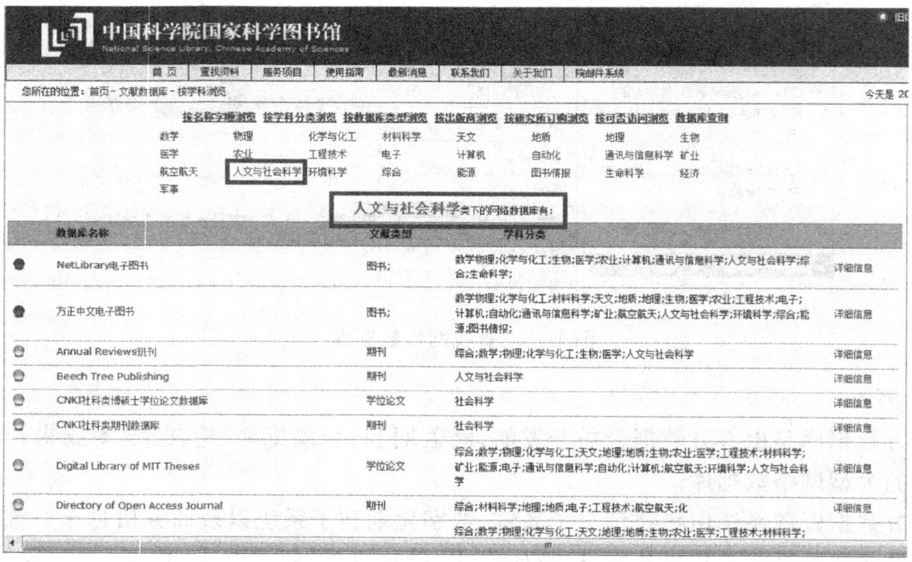

图 1-15　人文与社会科学类数据库列表

具权威性的企业综合信息库。内容主要包括中国企业公司及产品数据库和经贸信息。

例 1-3　如何利用万方来查找期刊《中国图象图形学报》的影响因子？

进入万方数据库首页之后，搜索“中国图象图形学报”，单击“搜索刊名”，搜索结果如图 1-16 所示。进入《中国图象图形学报》主页面后，可以浏览每一期的文献列表、期刊的影响因子和排名(如图 1-17 所示)以及其他相关信息。

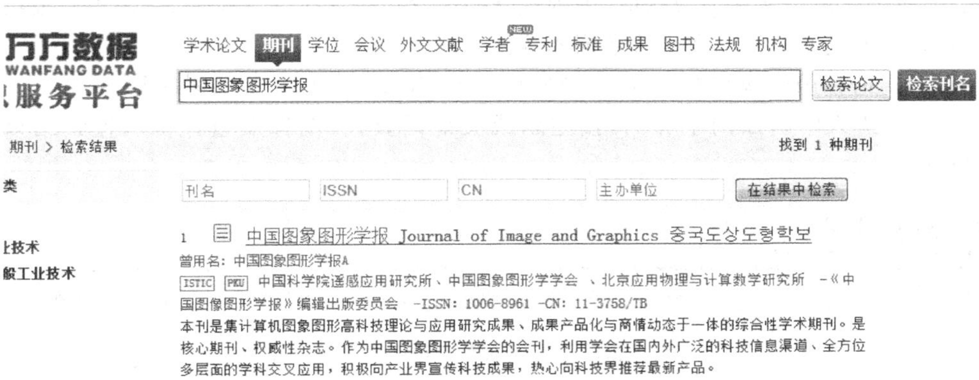

图 1-16　期刊搜索结果示例

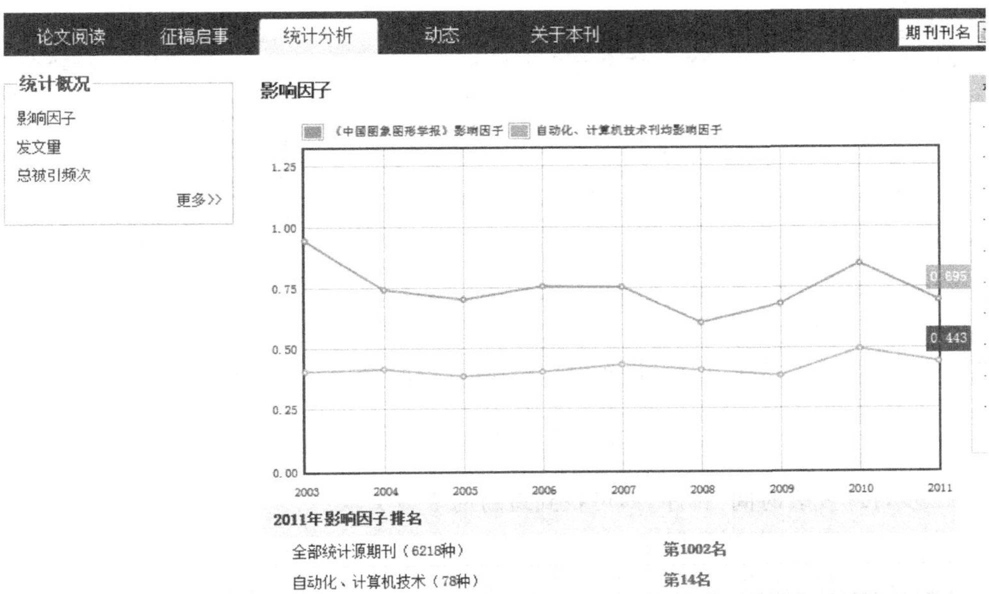

图 1-17　期刊影响因子及排名

2）中国知网

中国知识资源总库(CNKI)《中国知识资源总库》(下称"《总库》")是由清华大学主办、中国学术期刊(光盘版)电子杂志社出版、同方知网(北京)技术有限公司发行和数百位科学家、院士、学者参与建设，精心打造的大型知识服务平台和数字化学习系统。目前，《总库》囊括了自然科学、人文社会科学及工程技术各领域知识，拥有期刊、报纸、博硕士培养单位的博士和优秀硕士学位论文、全国重要会议论文、中小学多媒体教辅以及 1000 多个加盟数据库。全文采用 CAJ 和 PDF 格式，CAJ 格式的文件需要从中国知网下载 CAJViewer 软件方可阅读。

中国期刊网的数据库资源包括：中国期刊全文数据库、中国期刊全文数据库(世纪期刊)、中国博士学位论文全文数据库、中国优秀硕士学位论文全文数据库、中国重要报纸全文数据库、中国重要会议论文全文数据库等。

例 1-4　请利用中国知网查找“图像质量评价”领域最新的中文文献 2 篇。

第一步,进入中国知网主界面,按主题或关键词查找“图像质量评价”,搜索结果如图 1-18 所示。

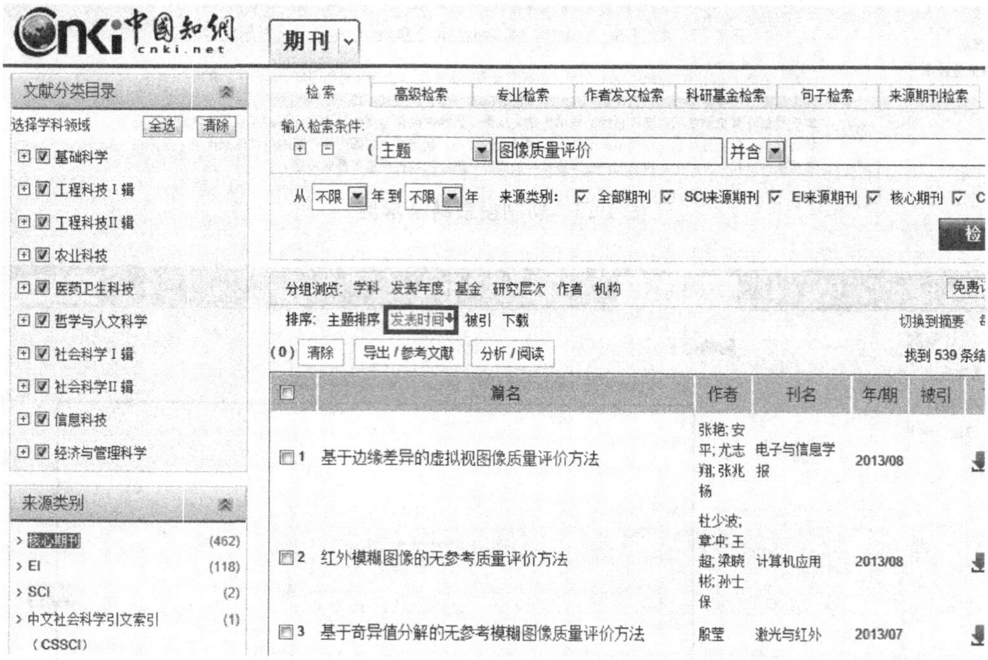

图 1-18　查找最新文献

第二步,按“发表时间”排序,即可找到最新的 2 篇文献。

3) 维普中文科技期刊数据库

中文科技期刊数据库是由中国科技信息研究所重庆分所下属的维普资讯公司建设的,它是目前国内收录期刊最多、容量最大的综合性数据库。收录 1989 年至今出版的期刊 9000 余种,其中含港台核心期刊 200 余种。学科范围覆盖理、工、农、医以及社会科学各专业,基本容纳国内出版的自然科学及社会科学期刊。

维普数据库的数据资源包括:中国科技期刊数据库(全文版)、外文科技期刊文摘数据库、中国科技经济新闻数据库、中文科技期刊数据库(引文版)、维普行业资源系统。

4) IEEE Xplore

IEEE/IEE Electronic Library(简称 IEL)是美国电气电子工程师学会(IEEE)和英国电气工程师学会(IEE)出版物的电子版全文数据库,IEEE Xplore 为其检索平台。IEEE 出版物是电气、电子工程、计算机及其相关领域最重要的文献资料,约占全世界该领域核心文献的 30%。IEEE 推出了其全文出版物的检索网站 IEEE/IEE Electronic Library (IEL),内容包括 1988 年以来 IEEE/IEE 出版的所有期刊、会议录和标准全文信息,以及

IEEE/IEE 的其他学术活动信息。总计 12 000 多种出版物，65 万多篇论文。

1.1.4　三大检索

1993 年起，科技部下属的中国科学技术信息研究所每年以国外三大检索工具 SCI、ISTP、EI 为数据源进行学术排行。这三个数据库就是图书情报界常说的国外三大检索工具。当前三大检索收录论文的状况已经成为评价国家、单位和科研人员的成绩、水平以及进行奖励的重要依据之一。

1. SCI

SCI(《科学引文索引》，英文全称为 Science Citation Index)是美国科学情报研究所(Institute for Scientific Information，简称 ISI)出版的一部世界著名的引文索引类刊物，其出版形式包括印刷版期刊和光盘版及联机数据库，现在还发行了互联网上 Web 版数据库。

SCI 收录全世界出版的数、理、化、农、林、医、生命科学、天文、地理、环境、材料、工程技术等自然科学各学科的核心期刊约 3500 种。ISI 通过它严格的选刊标准和评估程序挑选刊源，而且每年略有增减，从而做到 SCI 收录的文献能全面覆盖全世界最重要和最有影响力的研究成果。

ISI 所谓最有影响力的研究成果，指的是报道这些成果的文献大量地被其他文献引用。为此，作为一部检索工具，SCI 一反其他检索工具通过主题或分类途径检索文献的常规做法，而设置了独特的“引文索引”(Citation Index)，即通过先前的文献被当前文献的引用，来说明文献之间的相关性及先前文献对当前文献的影响力。

SCI 以上做法上的特点，使得 SCI 不仅作为一部文献检索工具使用，而且成为科研评价的一种依据。科研机构被 SCI 收录的论文总量，反映整个机构的科研，尤其是基础研究的水平，个人的论文被 SCI 收录的数量及被引用次数，反映他的研究能力与学术水平。随着 SCI 在国内学术界的普遍使用，高影响因子期刊的论文刊发量逐渐成为学术评价的关注重点。中国科学院根据影响因子大小，对 SCI 所收录的期刊进行了分区，并按年度发布。

查询一篇文章是否被 SCI 收录，可进入 ISI Web of Knowledge，选择 Web of Science 数据库，进行查询，能搜索到的文章即被 SCI 收录。

2. EI

EI 是美国《工程索引》(The Engineering Index)的简称。EI 创刊于 1884 年，由美国工程情报公司(Engineering Information Co)出版发行。EI 是工程技术领域内的一个综合性检索工具，内容涉及电类、自动控制类、动力、机械、仪表、材料科学、农业、生物工程、数理、医学、化工、食品、计算机、能源、地质、环境等学科。

EI Compendex 是全世界最早的工程文摘来源。EI Compendex 数据库每年新增的 50 万条文摘索引信息分别来自 5100 种工程期刊、会议文集和技术报告。EI Compendex 收录的文献涵盖了所有的工程领域，其中大约 22%为会议文献，90%的文献语种是英文。

EI 公司在 1992 年开始收录中国期刊，1998 年 EI 在清华大学图书馆建立了 EI 中国镜像站。

查询一篇文章是否被 EI 收录，可进入 EI Village，选择 Compendex 数据库，进行查询，能搜到的文章即被 EI 收录。

3. ISTP

ISTP 是 Index to Scientific & Technical Proceedings 的缩写，是美国科学情报研究所的网络数据库(Web of Science Proceedings)中两个数据库(ISTP 和 ISSHP)之一，专门收录世界各种重要的自然科学及技术方面的会议文献，包括一般性会议、座谈会、研究会、讨论会、发表会等的会议文献，涉及学科基本与 SCI 相同。

ISTP 收录论文的多少与科技人员参加的重要国际学术会议多少或提交、发表论文的多少有关。我国科技人员在国外举办的国际会议上发表的论文占被收录论文总数的 64.44%。

在 ISTP、EI、SCI 这三大检索系统中，SCI 最能反映基础学科研究水平和论文质量，该检索系统收录的科技期刊比较全面，可以说它是集中各个学科高质优秀论文的精粹，该检索系统历来是世界科技界密切注视焦点。ISTP、EI 这两个检索系统评定科技论文和科技期刊的质量标准相形之下较为宽松。

4. 与三大检索工具相关的其他数据库介绍

SSCI(Social Science Citation Index，社会科学引文索引)，与 SCI 一样同为美国科学信息研究所创建，现收录了世界上不同国家和地区的社会科学期刊和论文，进行一定的统计分析，并划分为不同的子区间，是当今社会科学领域重要的期刊检索与论文参考渠道。1999 年 SSCI 全文收录 1809 种世界最重要的社会科学期刊，内容覆盖人类学、法律、经济、历史、地理、心理学等 55 个领域。收录文献类型包括：研究论文、书评、专题讨论、社论、人物自传和书信等。选择收录(Selectively Covered)期刊为 1300 多种。

要查询一篇文章是否被 SSCI 收录，可进入 ISI Web of Knowledge，选择 Web of Science 数据库，设置引文数据库为 SSCI，进行查询，能搜索到的文章即被 SSCI 收录。

A&HCI(Arts & Humanities Citation Index，艺术与人文科学引文索引)，创刊于 1976 年，收录数据从 1975 年至今，是艺术与人文科学领域重要的期刊文摘索引数据库。据 ISI 网站最新公布数据显示：A&HCI 收录期刊 1160 种，数据覆盖了考古学、建筑学、艺术、文学、哲学、宗教、历史等社会科学领域。

ISSHP(Index to Social Sciences & Humanities Proceedings，社会科学与人文会议录索引)，1994 年创刊。收录了来自于社会科学、艺术与人文领域的所有学科文献，包括：心理学、社会学、公共健康、管理学、经济学、艺术、历史、文学与哲学等领域的会议文献，包括专著、期刊、报告、增刊及预印本等形式出版的各种一般会议、座谈、研究会和专题讨论会的会议录文献。现在它已经整合到 ISI Proceedings 中。美国 Thomson Scientific 公司基于 ISI Web of Knowledge 检索平台将 ISTP(科学技术会议录索引)和 ISSHP(社会科学及人文科学会议录索引)两大会议录索引集成为 ISI Proceedings，提供会议论文的文摘索引信息。

例 1-5 如何查找 SCI、EI 检索的期刊和会议？

首先，通过 Thomson Reuters 公司的网站可以免费获取期刊被 SCI 数据库收录的信息。网址：http://scientific. thomson. com/mjl/或 http://www. thomsonscientific. com. cn/。期刊被收录检索分为 SCI 版与 SCI-E 版，SCI 收录期刊 3700 多种（即核心版），SCI-E 收录期刊 8300 种（即扩展板），涉及学科领域 172 个，每种期刊都有详细的描述信息，并提供与其主办机构或出版商的连接方法。其来源期刊的网址分别为：

1）SCI（Science Citation Index）

网址：http://ip-science. thomsonreuters. com/cgi-bin/jrnlst/jloptions. cgi? PC=K

2）SCI-E（Science Citation Index Expanded）

网址：http://ip-science. thomsonreuters. com/cgi-bin/jrnlst/jloptions. cgi? PC=D

打开网址可以看到被 SCI、SCI-E 检索的期刊，它提供多种方式，可以输入期刊名，查看是否被 SCI、SCI-E 检索，也可以按学科类别查看所有 SCI、SCI-E 检索的期刊，或者 SCI、SCI-E 检索的所有期刊列表。

其次，EI 检索的文献很多是会议集，一般 IEEE 的会议都是 EI 检索，此外，会议的网站上也会有说明。EI 每年不定期更新所收录的期刊，要查找哪些期刊被 EI 收录，必须进入 EI 数据库（http://www. engineeringvillage2. org/），在右侧的 Source title 中进行检索或者浏览。

例 1-6 如何查找 SSCI 检索的期刊？

进入 http://ip-science. thomsonreuters. com/mjl/，如图 1-19 所示，在网页左上角下载名为 *Social Science Citation Index Source Publication* 的文档，即可查找到 SSCI 检索的期刊。

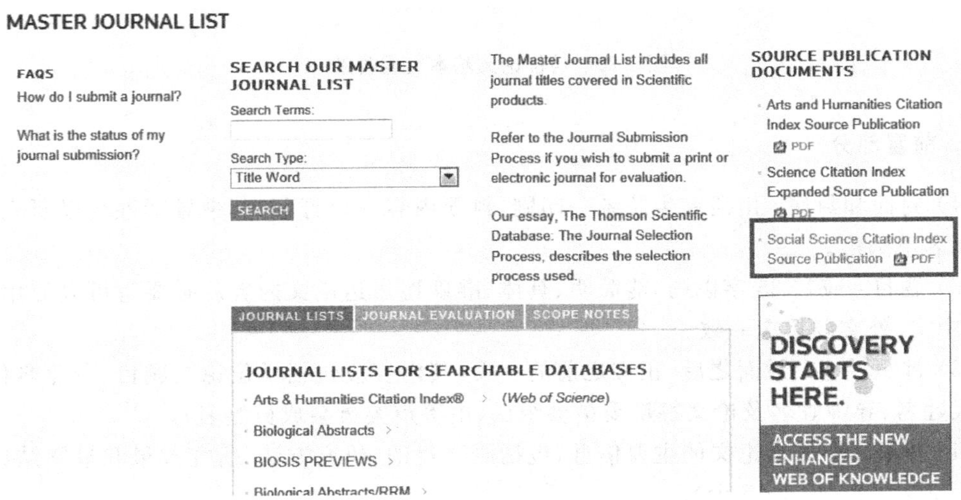

图 1-19 SSCI 检索期刊的文档下载

1.2 论文写作规范概要

在开始撰写论文前，首先要对论文写作规范进行了解。不同类型的论文其写作规范各不相同，本节将分别介绍学位论文及小论文的写作规范。

1.2.1 学位论文写作规范

学位论文的写作有严格的要求和规范，每所高校对本科、硕博学位论文都有各自的规范，在格式上或许有细微的差别，但在学位论文的组成和格式上是大体相同的。学位论文的基本组成要素如图 1-20 所示。

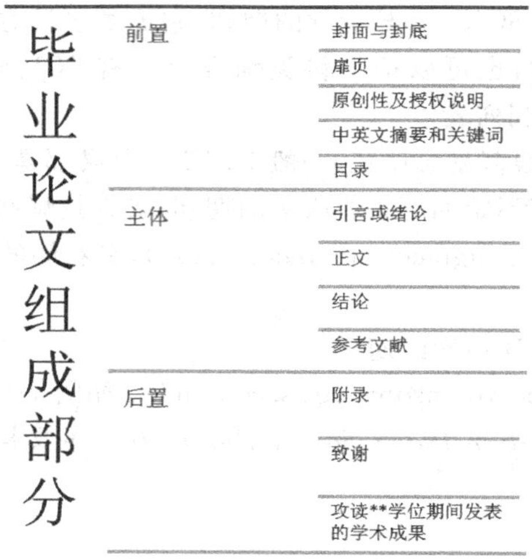

图 1-20 学位论文基本组成要素

1. 前置部分

(1) 封面和封底：由研究生院统一印刷，封面内容一律打印，其中导师姓名以研究生院备案名单为准。

(2) 题目：应在 25 字以内，能简明、具体、准确地表达论文内容。必要时可以使用副标题，中文、外文题目应一致。

(3) 扉页：论文封面之后、正文之前的一页，其内容应包括学位论文题目、专业名称、申请人姓名、导师姓名及论文答辩委员会组成(由答辩委员会成员签名)。

(4) 摘要：应概括论文的主要信息，包括研究目的、研究方法、研究成果和最终结论，并注明论文关键词(3～5 个)。

(5) 目录：目录主要指论文的各级标题大纲目录，若论文中图表数量较多，还需要添加图目录和表目录。

注意：关键词是从论文的题名、提要和正文中选取出来的，是对表述论文的中心内容有实质意义的词汇。关键词是计算机系统标引论文内容特征的词语，便于信息系统汇集，以供读者检索。因此，关键词不可随意设置。

2. 主体部分

主体部分包括引言或绪论、正文、结论或建议、参考文献。要求图表清晰，叙述流畅，纸面整洁，章节有序，层次分明。

文中的图、表、公式等，一律用阿拉伯数字按章顺序编号。如图 1-1、图 2-2、表 1-1、表 2-1、公式(1-1)等。图序及图名置于图的下方，居中排列，表序及表名置于表的上方。

通常每所高校对本科和研究生学位论文分别有相应的写作规范，附录 A 中列举了华东师范大学的本科和研究生的学位论文格式及写作规范。

1.2.2 小论文写作规范

通常来说，小论文由题名、作者署名、摘要、关键词、前言、正文、结论、致谢、参考文献等部分组成。然而，不同的期刊，小论文格式要求不一样，必须到所投期刊主页查找投稿须知。以被 SCI 收录的期刊 IEEE Trans. Image Processing 为例，首先通过 Google 搜索期刊名，进入期刊主页查找 Author Resources 或 Author Guidelines 命令，如图 1-21 所示，单击 Author Resource 命令下的 IEEE Author Digital Toolbox，结果如图 1-22 所示，在 Preparing your Article 命令下，可以看到论文投稿要求，单击 Article templates 按钮，可以找到 Word、LaTeX 的论文模板，如图 1-23 所示。单击 Template and Instructions on How to Create Your Paper 按钮即可下载 Word 格式的论文模板，下载的 Word 模板，如图 1-24 所示。

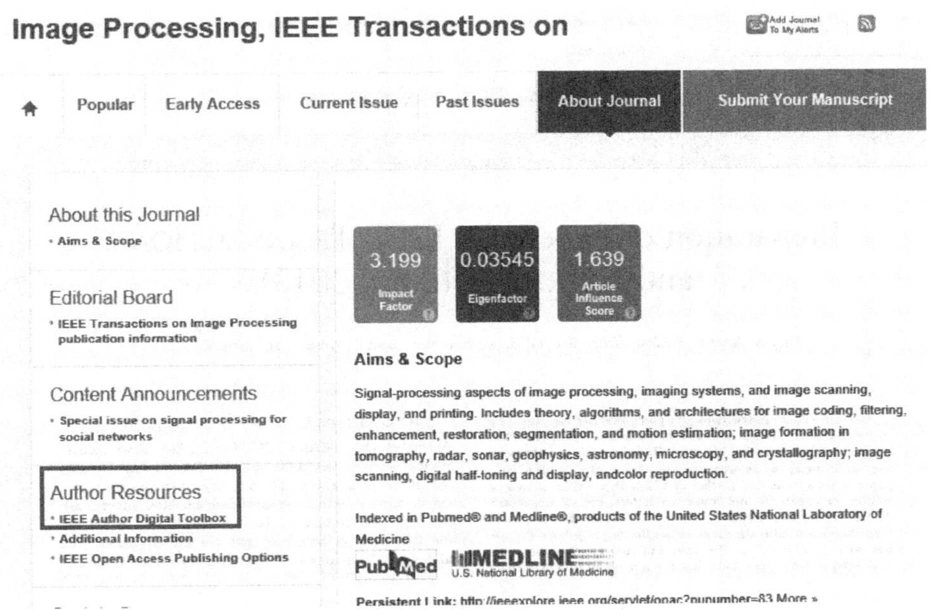

图 1-21　某期刊主页示例

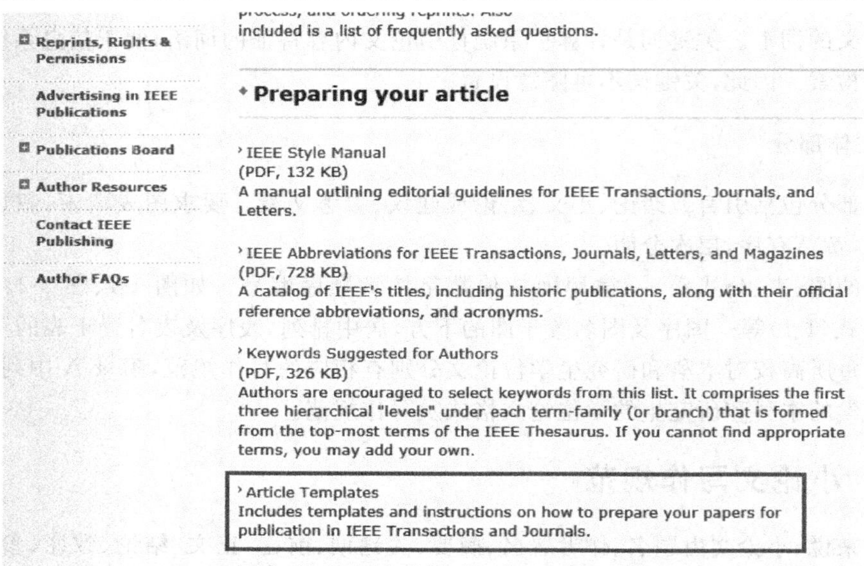

图 1-22 投稿要求示例

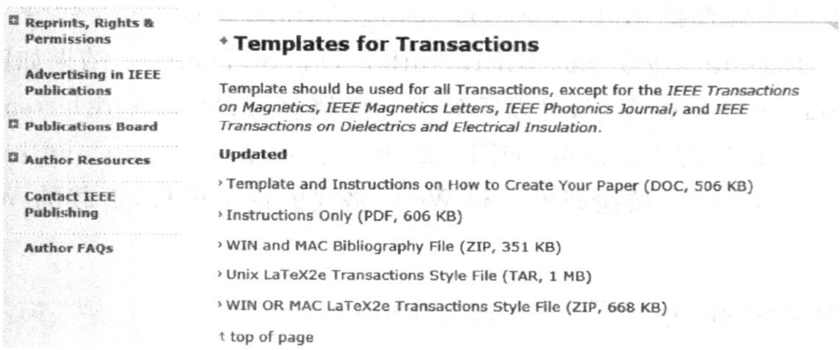

图 1-23 Word、LaTeX 模板下载

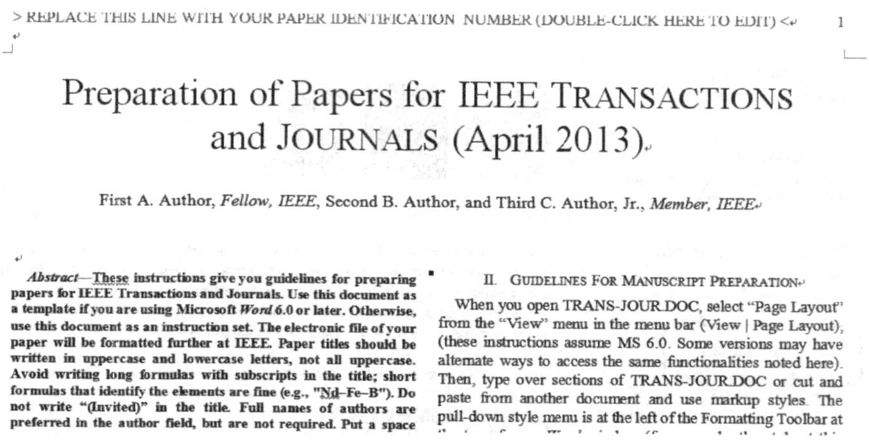

图 1-24 论文 Word 模板示例

1.3 为什么选择 Word 与 LaTeX 软件

了解了论文写作规范，接下来就要选择论文编排软件。Word 是当前文字表处理软件中最受欢迎的软件之一，也是目前用户最多的论文编排软件，它是基于 Windows 操作系统的文字和表格处理软件，是微软 Office 套装软件的成员之一。Office 套装软件已经历了 97 版、2000 版、XP(2002)版、2003 版、2007 版、2010 版、2013 版等阶段，几个版本的基本操作都是类似的。Word 充分利用 Windows 系统图形界面的优势，图、文、表格并茂，提供菜单和图标的操作方式，易学易用。

LaTeX(音译“拉泰赫”或“雷泰赫”)是一种基于 TeX 的排版系统，由美国计算机学家莱斯利·兰伯特(Leslie Lamport)在 TeX 基础上开发的，即使使用者没有排版和程序设计的知识，也可以充分利用由 TeX 所提供的强大功能，能在几天，甚至几小时内生成很多具有书籍质量的印刷品。对于生成复杂表格和数学公式表现得尤为突出。因此它非常适用于生成高印刷质量的科技和数学类文档。

对于大学生或科研工作者来说，撰写学位论文或小论文时所使用的排版软件无外乎 Word 或 LaTeX，为了方便后来的使用者，很多高校的学位论文都能找到 Word 或 LaTeX 的模板。很多国内外的期刊杂志也都提供这两种排版软件的文稿模板。

相比较而言，Word 是一款“所见即所得”的软件，编辑的时候就能看见最后的效果；而 LaTeX 是“所见非所得”的软件，输入代码，编辑预览后才能看到排版效果，而且如果代码有错，则无法成功生成预览。从这一点来说，Word 入门比 LaTeX 容易。

从基本的排版功能上看，Word 和 LaTeX 相差不大：页面设置、纸张大小、版心尺寸、字型字号、行距段距、段首缩进、居中对齐、页眉页脚、页码编排、脚注尾注、多级编号、章节自动编号、目录自动生成、交叉引用、生成索引等等这些功能二者都差不多。LaTeX 在管理参考文献方面要强一些，另外，它可以很方便地做“边注(margin note)”。LaTeX 和 Word 都能做图文混排，由于 Word 是“所见即所得”的软件，在调整图形的位置及大小时要方便一些。Word 和 LaTeX 都适合作者用来排版技术书籍和文章，而 LaTeX 编排的版面总体上更朴素一些，细微之处处理得更好。给 Word 添加字体只要把字体文件拷贝到 Windows\Fonts 即可；而 LaTeX 安装新字体则比较麻烦。Word 在多人协作方面能力更强一些，例如可以追踪修订。另外，Word 排表格比 LaTeX 要方便一些。从排版效果看，LaTeX 排数学公式的能力比 Word 强大。在处理英文(西文)文献时，LaTeX 可以在单词的音节之间断开分行，排出来的版面比 Word 匀称。

除了上述 Word 与 LaTeX 内在的不同外，还有一些外在因素使得 Word 与 LaTeX 在编排论文时各有所长：有的国外期刊仅提供 LaTeX 模板，仅接受 LaTeX 排版的稿件；有的期刊虽然这两种稿件均支持，但是收费不同，使用 LaTeX 格式投稿收费低廉甚至免费；还有一个很重要的因素即 LaTeX 系统完全免费开源，在知识产权保护制度健全的国家使用 LaTeX 撰写论文无疑具有优势，国外经常发表论文的专业人士大多倾向于使用 LaTeX 排版，而在国内，大部分论文的作者还是会首选 Word，尤其是进行中文论文的编排。

第2章　Word论文编排常用设置与技巧

在正式编排论文之前，对Word界面和功能根据用户要求做一些个性化设置，了解一些论文编辑技巧，可以使论文编排更得心应手，提高工作效率。本章将介绍在论文开始编排之前需要了解的一些Word常用设置和实用的编排技巧。

2.1　Word常用设置

在论文编排之前对快速访问工具栏、功能区、快捷键、“拼写和语法”以及“自动更正选项”预先进行个性化的设置，有助于后面论文编排工作的开展。

2.1.1　快速访问工具栏

在论文撰写过程中，常需要将网页或pdf等格式的文档中的内容复制到论文中，复制时，如采用直接粘贴，文字原来的格式、链接等都会一起粘贴过来，还需要进一步处理格式、链接等问题。又如，将Visio插图直接粘到Word里时，Word文档会变大，影响操作速度。要解决这些问题，可以根据所需粘贴的内容，单击“开始”→“粘贴”→“选择性粘贴”按钮，打开如图2-1所示的选择性粘贴对话框进行选择；还可以把选择性粘贴为无格式文本、选择性粘贴为图片(增强型图元文件)等利用宏制作成按钮放到工具栏上。

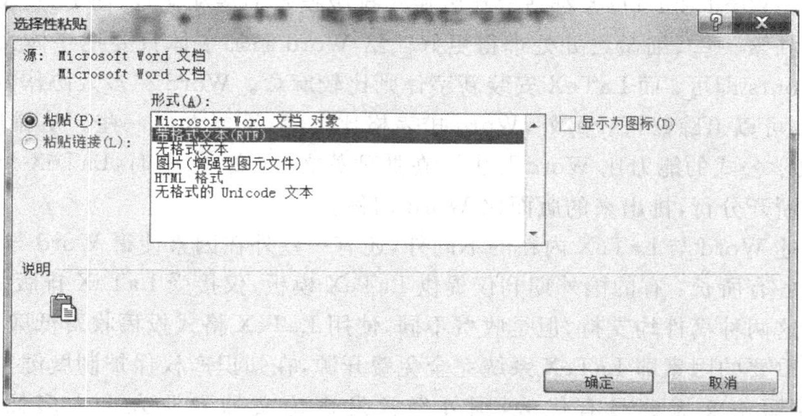

图2-1　选择性粘贴对话框

例 2-1　将选择性粘贴为无格式文本功能制作为宏，并将该功能按钮放到快速访问工具栏中，如图 2-2 所示。

图 2-2　快速访问工具栏中的选择性粘贴为无格式文本按钮

第一步，单击“视图”→“宏”→“录制宏”按钮，在弹出的“录制宏”对话框中设置宏名和说明均为“选择性粘贴为无格式文本”，如图 2-3 所示。

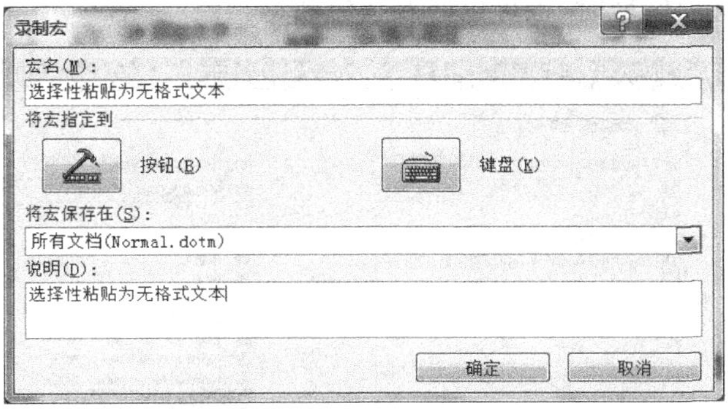

图 2-3　录制宏对话框

第二步，单击“按钮”按钮，将宏指定到“按钮”，在弹出的对话框中将宏添加到“快速访问工具栏”选项区域，如图 2-4 所示，添加结果如图 2-2 所示。

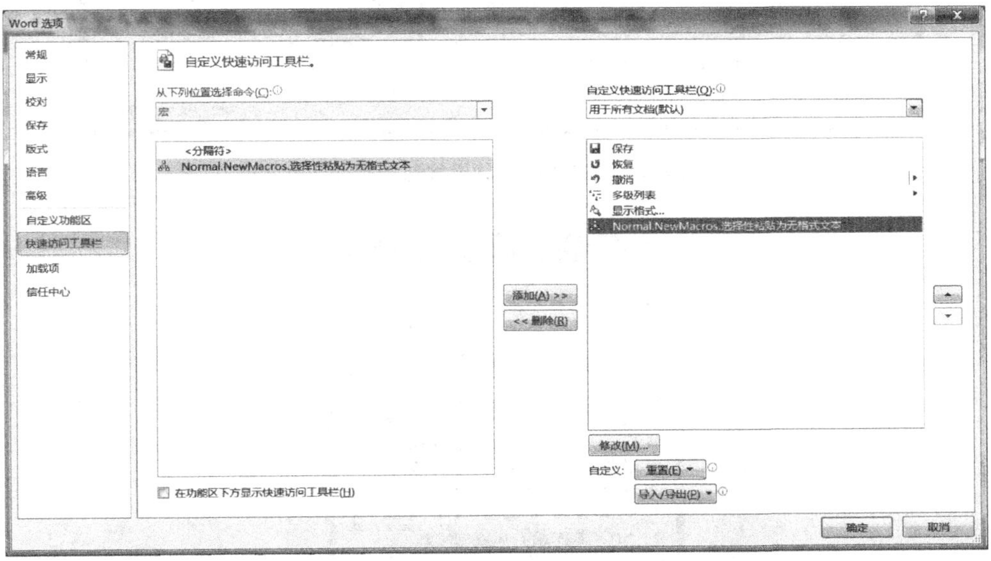

图 2-4　将选择性粘贴为无格式文本宏添加到快速访问工具栏

第三步为录制宏的步骤：单击“开始”→“粘贴”→“选择性粘贴”按钮，在弹出的“选择性粘贴”对话框中选择“无格式文本”命令，如图 2-1 所示。选择“无格式文本”命令后，单击“视图”→“宏”→“停止录制”按钮。

第四步，在快速访问工具栏成功添加选择性粘贴为无格式文本按钮后，在网页中任意复制一段文字，只要单击此按钮，即可将文字以无格式文本粘贴到 Word 文档中。

若要更改该按钮的图标，可以在单击“文件”→“选项”按钮，打开“Word 选项”对话框，选择“快速访问工具栏”选项卡，在快速访问工具栏列表中，选择该按钮，并单击列表下方的“修改”按钮，如图 2-5 所示。接下来，在弹出的“修改按钮”对话框中选择一个符号，如图 2-6 所示，单击“确定”按钮后，即将该按钮的图标更改。此外，在第二步将宏添加到“快速访问工具栏”选项区域时，也可以修改按钮图标。

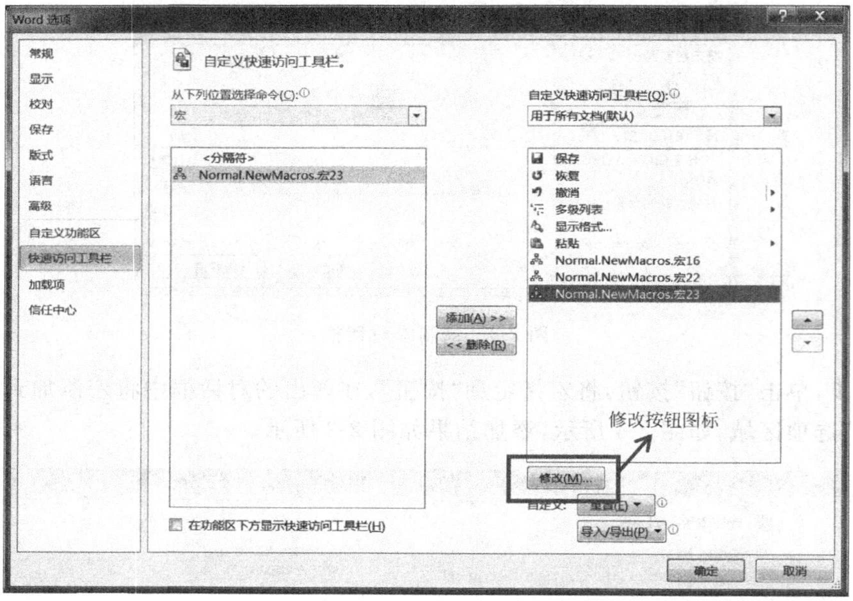

图 2-5　快速访问工具栏按钮图标修改

图 2-6　修改按钮对话框

2.1.2　移除嵌入功能区

有些软件为了方便用户操作，提供了对 Word 的嵌入工具栏，例如金山词霸、Adobe、MathType、EndNote 等。但有些工具栏用户不一定需要，这既浪费界面空间，又浪费系统资源。可以单击“开发工具”→“加载项”按钮，在弹出的“模板和加载项”→“模板”选项卡中，将不需要加载的项目取消勾选，如图 2-7 所示。

图 2-7　“模板和加载项”对话框

2.1.3　功能区自定义

单击“文件”→“选项”按钮，打开“Word 选项”对话框，切换到“自定义功能区”选项卡，在“自定义功能区”列表中，勾选相应的主选项卡，可以自定义功能区显示的主选项，如图 2-8 所示。

如果要创建新的功能区，可如图 2-8 所示，单击“新建选项卡”按钮，在“主选项卡”列表出现“新建选项卡(自定义)”命令，右击“新建选项卡(自定义)”按钮，在弹出菜单中选择“重命名”命令，弹出“重命名”小窗口，在“显示名称”右侧文本框中输入名称，单击“确定”按钮，为新建选项卡命名。单击“新建组”按钮，在选项卡下创建组，鼠标右键单击新建的组，在弹出菜单中选择“重命名”命令，弹出“重命名”窗口，选择一个图标，输入组名称，单击“确定”按钮，在选项卡下创建组。选择新建的组，在左边命令列表中选择需要的命令，单击“添加”按钮，将命令添加到组中。这样，新建选项卡中的一个组就创建完成了。然后根据自己的实际需要，在选项卡中创建更多组，并添加相关命令，创建属于自己的功能区。

若要将自定义功能区删除，可用鼠标右键单击自定义的选项卡或组，在弹出菜单中选择“删除”命令，即可将自定义的选项卡或组删除。

如果要一次性删除所有自定义的功能区，可在“自定义功能区”选项卡下，单击“重置”

按钮，在下拉菜单中选择“重置所有自定义项”命令，弹出提示消息框，单击“是”按钮，即可将所有自定义项删除，恢复 Word 功能区的本来面貌。

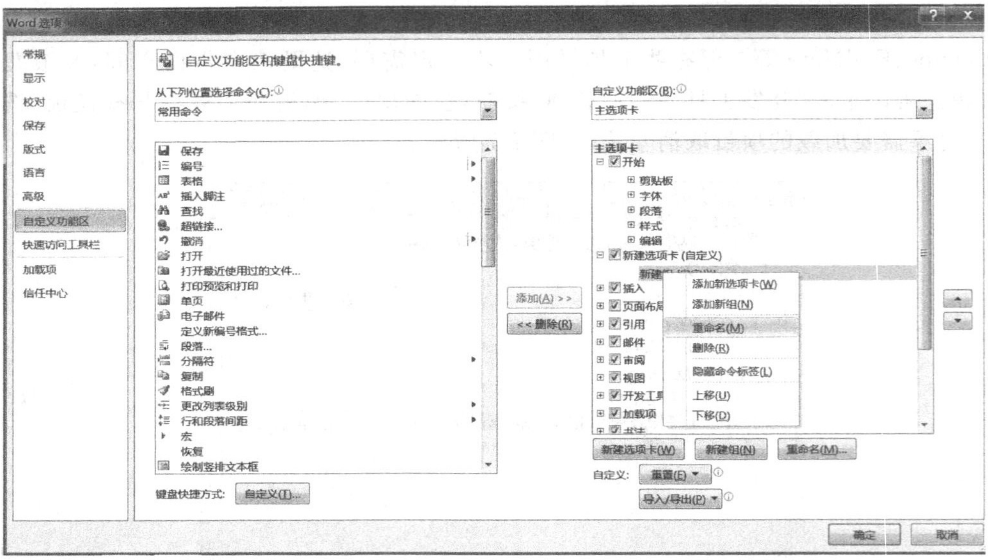

图 2-8 自定义功能区

2.1.4 快捷键自定义

1. 为已有功能设置自定义快捷键

在使用 Word 时，熟练的操作者会经常使用一些方便的快捷键，直接使用 Word 某些功能有时用起来很不方便，影响工作效率。下面介绍如何运用 Word 自定义键盘功能来为自己常用到的功能指定自定义的快捷键。具体操作步骤如下：

第一步，打开 Word 文档，单击“文件”→“选项”按钮。

第二步，弹出“Word 选项”对话框，单击“自定义功能区”按钮，选择“自定义”命令，如图 2-9 所示。

第三步，弹出“自定义键盘”对话框，在其界面上的联动列表框选择需要设置快捷键的命令：首先在左边的“类别”列表框中选择命令所在的选项卡，然后再在右边的“命令”列表框中选择相应的命令。当选择一个命令时，对话框的底部会出现简要说明。之后在“请按新快捷键”文本框中输入快捷键。

例如：我们要为“页面布局”选项卡中的“更改文字排列方向和字符方向”功能设置快捷键，自定义键盘对话框设置如图 2-10 所示，在“类别”列表框中选“页面布局选项卡”命令，然后在右边找到对应的命令 FormatTextFlow，并输入快捷键。快捷键的类型可以是 Ctrl、Shift、Alt 或者 Ctrl ＋ Shift 等与字母、数字的组合。最后，单击“指定”按钮就可以最终成功创建快捷键。

需要注意的是：Word 本身已经预设了一些快捷键，当我们自行设定快捷键时，可以

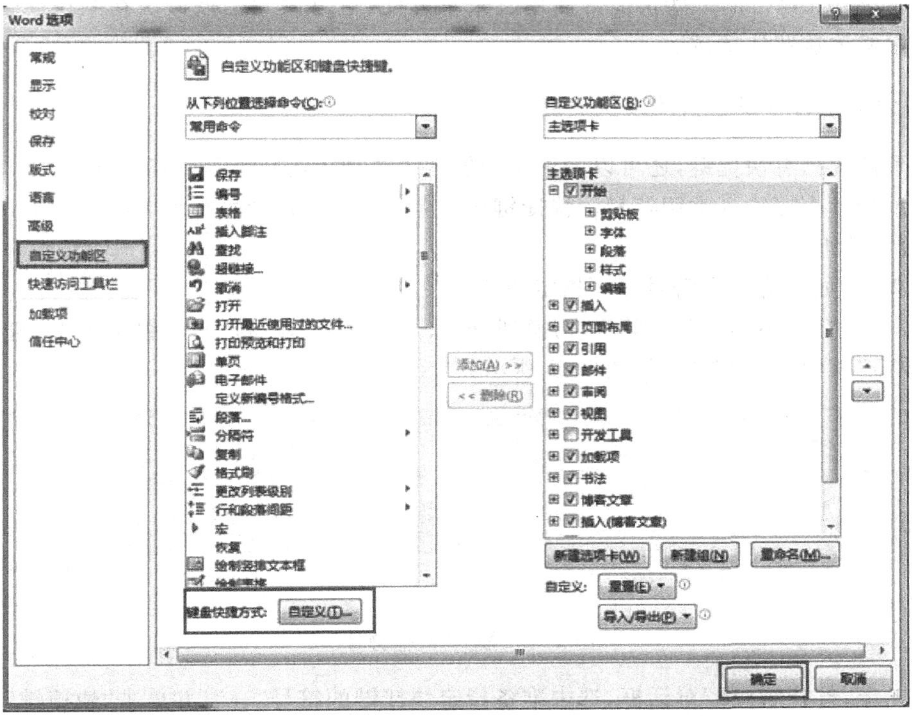

图 2-9　选择自定义键盘快捷方式

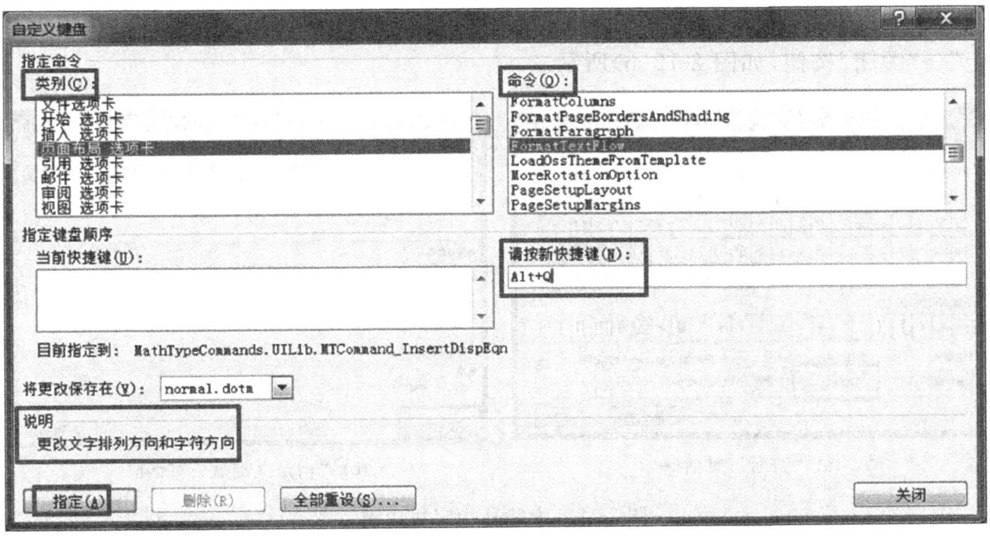

图 2-10　自定义键盘设置示例

根据界面上的“目前指定到”来查看该快捷键组合是否已使用以及被哪个命令使用。此外，我们可以选择快捷键所作用的对象范围，在“将更改保存在”选项中选择 normal.dotm 命令，使快捷键将对所有的文档有效；也可以选择只对当前的文档有效。

有时 Word 自带的一些快捷键使用起来不方便，也可以利用该方法在“自定义键盘”对话框中修改这些快捷键。

2. 为常用符号设置自定义快捷键

除了修改已有快捷键，还可以为论文中经常需要插入的特殊符号指定快捷键，使用户能够通过键盘直接输入常用符号。快捷键可以是 Ctrl、Shift、Alt 或者 Ctrl + Shift 等与字母、数字的组合。

例 2-2　如何为常用符号“→”指定快捷键？

第一步，打开 Word 文档窗口，切换到“插入”功能区。在“符号”分组中单击“符号”按钮，并单击“其他符号”选项，如图 2-11 所示。

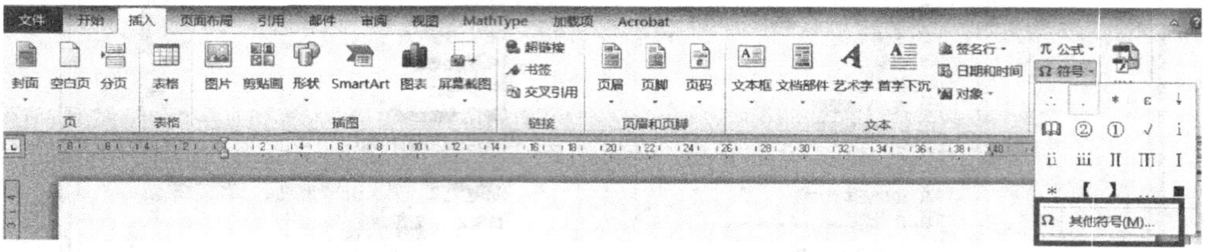

图 2-11　插入“其他符号”

第二步，打开“符号”对话框，选中准备指定快捷键的符号“→”，并单击“快捷键”按钮，如图 2-12(a)所示。

第三步，在打开的“自定义键盘”对话框中，将光标定位到“请按新快捷键”编辑框中。然后在按住 Ctrl 或 Alt 键的同时按下一个或多个字母或符号(例如 Ctrl+8)，并依次单击“指定”→“关闭”按钮，如图 2-12(b)所示。

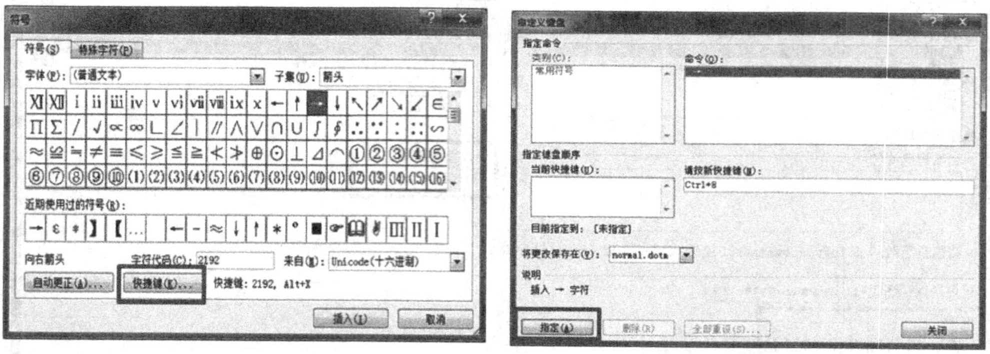

(a)“符号”对话框　　(b)“自定义键盘”对话框

图 2-12　为符号指定快捷键

2.1.5 “拼写和语法”选项设置

在 Word 中，要检查论文中存在的单词拼写错误或语法错误，可以借助“拼写和语法”功能。可以根据实际需要设置“拼写和语法”选项，使拼写和语法检查功能更适合自己的要求。Word 中设置“拼写和语法”选项的具体步骤如下：

单击“文件”→“选项”按钮，在“Word 选项”对话框中选择“校对”选项卡，打开“拼写和语法”选项如图 2-13 所示；或者单击“审阅”→“校对”→“拼写和语法”按钮，打开“拼写和语法”对话框，如图 2-14 所示，在打开的“拼写和语法”对话框中单击“选项”按钮，也会弹出如图 2-13 所示的对话框。

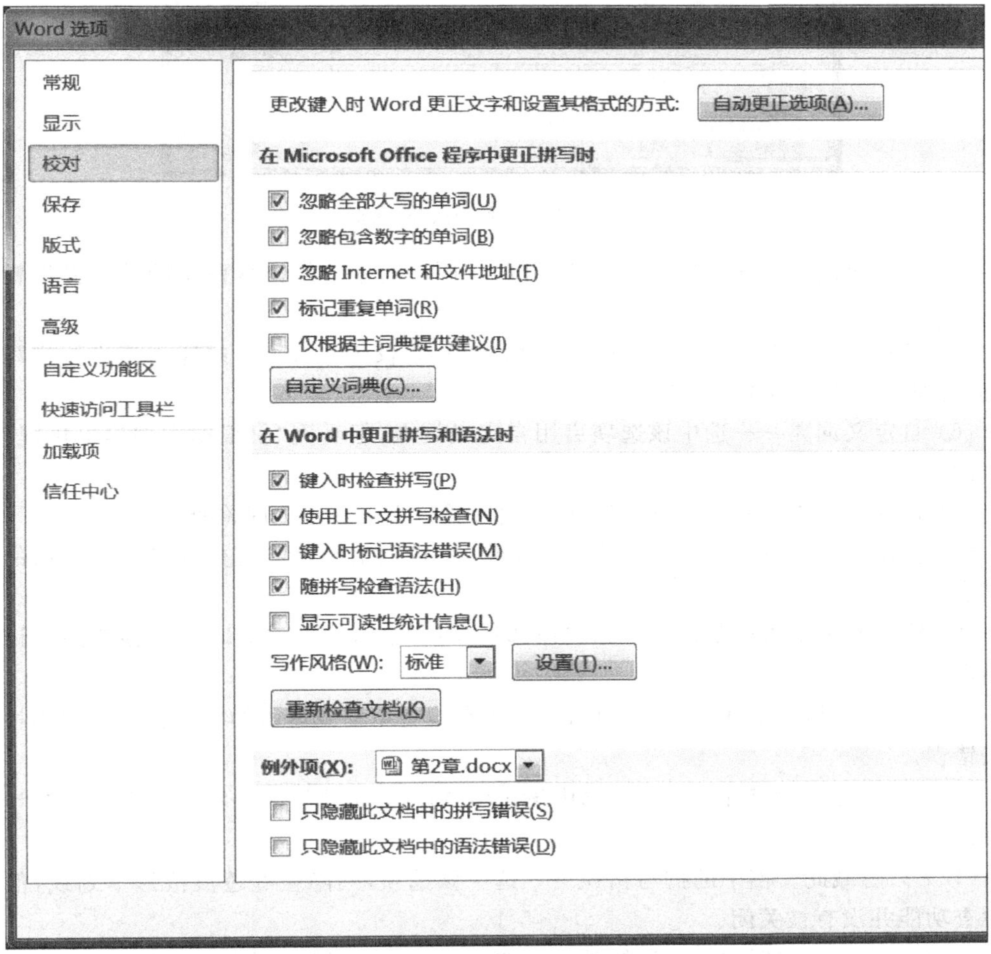

图 2-13　“拼写和语法”选项

图 2-13 中各选项的含义如下：

(1) 忽略全部大写的单词——选中该选项将忽略检查全部大写的英文单词，例如 WORLD。

(2) 忽略包含数字的单词——选中该选项将忽略检查含有数字的英文单词，例如 Word2013。

(3) 忽略 Internet 和文件地址——选中该选项忽略检查网址、电子邮件地址和文件路径，例如 www.ecnu.edu.cn。

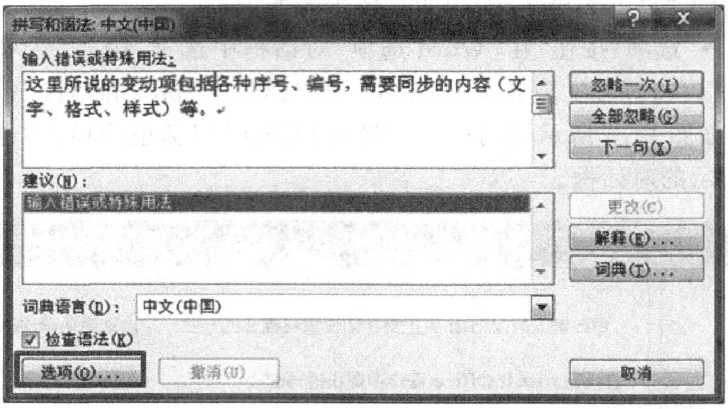

图 2-14 “拼写和语法”对话框

(4) 标记重复单词——选中该选项，可以对同一行中连续出现两次的单词做出错误提示。

(5) 仅根据主词典提供建议——选中该选项，将仅依据 Word 内置词典进行拼写检查，而忽略自定义的词典中的单词。

(6) 自定义词典——选中该选项启用自定义词典，但受到“仅根据主词典提供建议”的限制。

(7) 输入时检查拼写——选中该选项，将在输入单词或短语时检查拼写正误。

(8) 使用上下文拼写检查——选中该选项，将根据上下文内容检查单词或短语的拼写正误。

(9) 输入时标记语法错误——选中该选项，将在输入文章内容时同步检查并标记语法错误。

(10) 随拼写检查语法——选中该选项，将在检查单词或短语的拼写正误时同步检查语法错误。

(11) 显示可读性统计信息——选中该选项，将在完成拼写和语法检查后打开统计信息对话框。

(12) 只隐藏此文档中的拼写错误——选中该选项，则隐藏红色波浪形下划线，但拼写检查功能并没有被关闭。

(13) 只隐藏此文档中的语法错误——选中该选项，则隐藏绿色波浪形下划线，但语法检查功能并没有被关闭。

2.1.6 “自动更正选项”设置

在 Word 中可以使用“自动更正”功能将词组、字符等文本或图形替换成特定的词组、字符或图形，从而提高输入和拼写检查效率。用户可以根据实际需要设置“自动更正选项”，以便更好地使用自动更正功能。在 Word 中设置自动更正选项的步骤如下所述：

打开 Word 文档窗口，单击“文件”→“选项”按钮，在打开的“Word 选项”对话框中切换到“校对”选项卡，然后单击“自动更正选项”按钮，如图 2-15 所示。

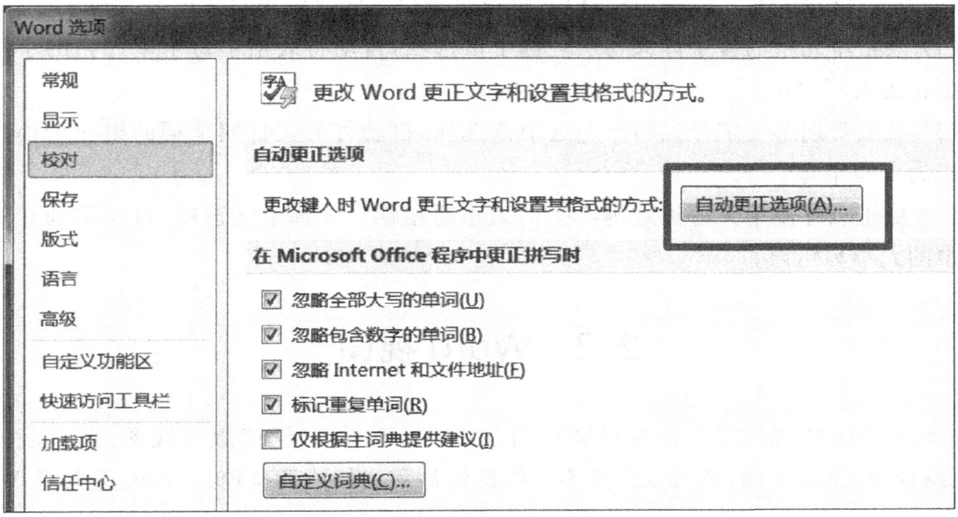

图 2-15　“校对”选项卡

打开“自动更正”对话框，如图 2-16 所示。在“自动更正”选项卡中可以设置自动更正选项。用户可以根据实际需要选取或取消相应选项的复选框，以启用或关闭相关选项。

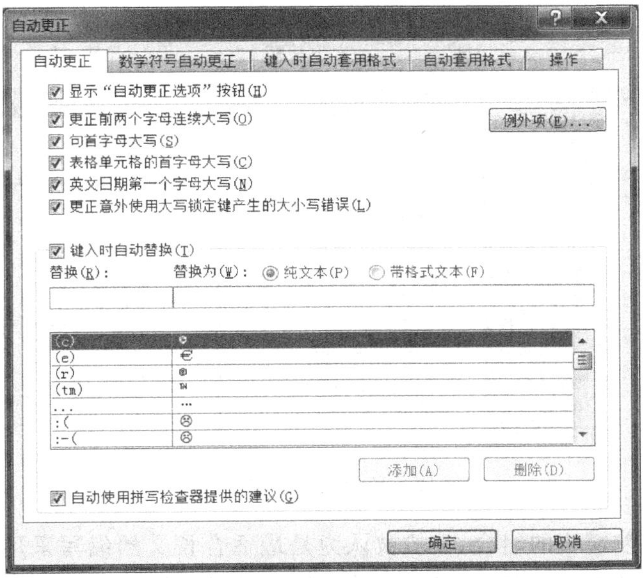

图 2-16　“自动更正”对话框

图 2-16“自动更正”对话框中的各选项含义如下：

(1) 显示“自动更正选项”按钮——选中该选项，可以在执行自动更正操作时显示“自动更正选项”按钮。

(2) 更正前两个字母连续大写——选中该选项，可以自动更正前两个字母大写、其余字母小写的单词为首字母大写，其余字母小写的形式。

(3) 句首字母大写——选中该选项，可以自动更正句首的小写字母为大写字母。

(4) 表格单元格的首字母大写——选中该选项，自动将表格中每个单元格的小写首字母更正为大写字母。

(5) 英文日期第一字母大写——选中该选项，自动将英文日期单词的第一个小写字母更正为大写字母。

(6) 更正意外使用大写锁定键产生的大小写错误——选中该选项，自动识别并更正拼写中的大小写错误。

2.2 Word 视图

Word 2010 中提供了五种查看文档的方式：页面视图、阅读版式视图、Web 版式视图、大纲视图、草稿视图，还可以按照不同的比例显示文档或调整窗口分布，尤其是 Word 2010 新增的导航窗格，在以往文档结构图的基础上进行了改良，使得长文档的编写更为便捷。每一种视图方式都给出了同一个文档的不同显示方式。在撰写文档、编辑文档、修订文档的过程中，选择一个合适的视图方式，能够使编写思路畅通，取得事半功倍的效果。例如，最佳长文档撰写视图组合：导航窗格与页面视图，如图 2-17 所示。

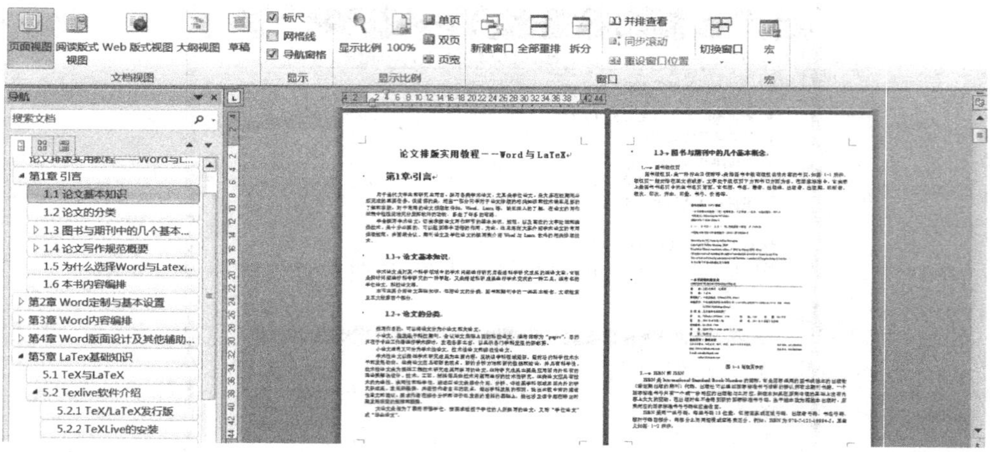

图 2-17 长文档最佳视图方式

页面视图与导航窗格的组合，一般被认为是最适合长文档编写采用的视图方式。导航窗格对应文档中的具体位置，可以在文档中快速移动，对整个文档进行快速浏览，并可定位用户在文档中的位置。在页面视图中，文档的显示与实际打印效果相同。例如，页眉、页脚、文本等项目会出现在实际位置上。在该视图方式下，不仅可以正常地编辑，还可以显示完整的页面安排效果。“视图”选项卡“显示”组中的“网格线”、“显示比例”组中的“单页”和“双页”等功能只有在此模式下才能使用。利用垂直滚动条上的“上一页”和“下一页”按钮，可以轻易地在不同页面间切换，状态栏上会显示当前页的页码。

2.3　几种实用的编辑方法

本节将介绍拼写和语法检查、英文断字、文本转换成图片、查找英文同义词和反义词等论文编辑过程中需要用到的一些实用技巧。

2.3.1　拼写和语法检查

Word 具有后台编写和语法校对功能，当输入的英文拼写、中英文的语法有错误的时候，会以波形下划线标记错误处，以方便用户检查修改。对于中文（只检查语法），绿色波形下划线表示不能确定是否有误，但强烈建议仔细检查，红色表示确信有错误；对于英文，绿色表示语法错误，红色表示拼写错误。通常单词（包括标点）间多空格、句首字母没大写等语法错误会标记绿色波形下划线，拼写错误、单词间少空格会标记红色波形下划线。这些标记可方便用户检查单词拼写、语法以及空格和标点的运用。必要时用户也可以禁止后台校对功能。

打开 Word 文档窗口，如果看到该 Word 文档中包含有红色、蓝色或绿色的波形下划线，说明 Word 文档中存在拼写或语法错误。切换到“审阅”功能区，在“校对”组中单击“拼写和语法”按钮，弹出“拼写和语法”对话框，如图 2-18 所示。若文档中无红、绿色波形下划线提示，则无法弹出此对话框。

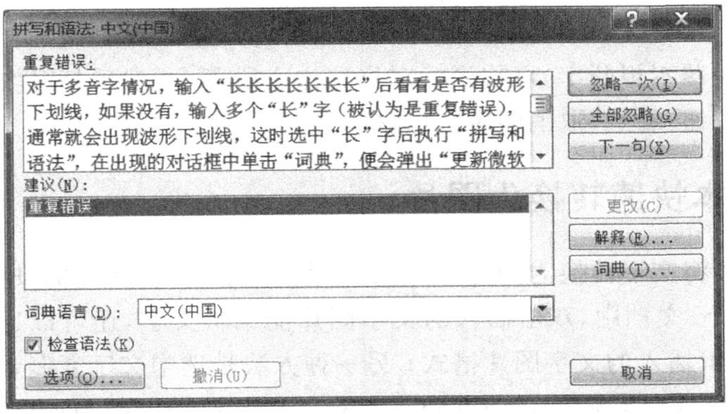

图 2-18　“拼写和语法”对话框

在打开的“拼写和语法”对话框中，保证“检查语法”复选框的选中状态，错误提示框中会以红色、蓝色或绿色字体标示出存在拼写或语法错误的单词或短语。确认标示出的单词或短语是否确实存在拼写或语法错误，如果确实存在错误，可在错误提示框中直接进行更改，并单击“更改”按钮即可。如果标示出的单词或词语没有错误，可以单击“忽略一次”或“全部忽略”按钮，忽略关于此单词或词组的修改建议；也可以单击“词典”按钮，将标示出的单词或词组加入到 Word 内置的词典中。完成拼写和语法检查后，在“拼写和语法”对话框中单击“关闭”或“取消”按钮即可。

2.3.2　英文的“断字”

编排英文文档时，常需要采用“断字”功能，即以连字符的方式，将单词从自动换行的位置处断开，以达到排版美观的目的，如图 2-19 所示。

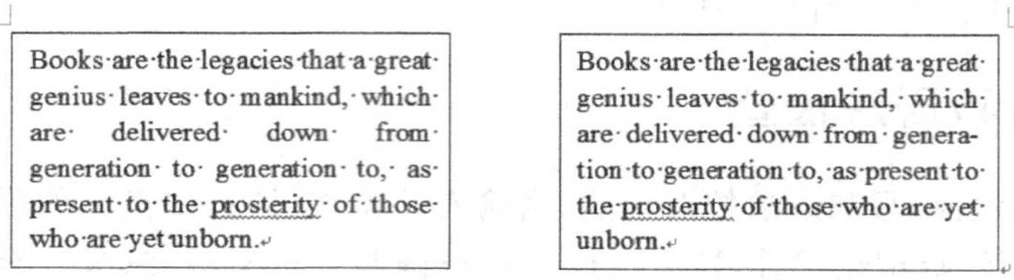

图 2-19　断字前后对比

执行“页面布局”→“页面设置”→“断字”→“断字选项”命令，打开“断字”对话框，可以自动断字，也可以手动断字，如图 2-20 所示。

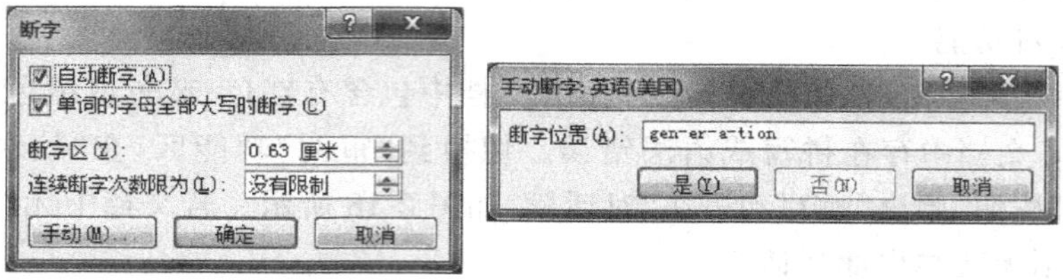

图 2-20　设置“断字”功能

如果是某个段落不想断字，可将光标定位在这个段落中，然后打开“段落”对话框，单击“换行和分页”按钮，勾选“取消断字”复选框。

2.3.3　将文本快速转换为图片

有时我们需要将文字转换为图片，一种方法是将该 Word 文档的 doc 文件直接拖到打开的另一个 Word 文档中，双击插入的文字图片能编辑文字，还可以通过右击菜单“设置对象格式”来编辑插入的文字图片格式；另一种方法是选中文字复制，再选择性粘贴为图片(如增强型图元文件)，使用这种方法双击图片不能再编辑里面的文字，但可以像图片一样编辑图片格式。

在用 Word 绘制图形或编辑组合的图形时，文字和图形框有时会串位，格式调整非常麻烦，遇到这种情况，可以先把 Word 绘制的图形单独保存到一个文件中，采用第一种方法，将该文件拖至需要插入的文档中；或者采用第二种方法，复制整个图形，再选择性粘贴为图片(如增强型图元文件)。

2.3.4　查找同义词和反义词

在编排一篇英文论文时，若反复使用同一单词会使得文章的英文表达过于单一和重复，可以借助 Word 提供的“同义词库”查找已知英文单词的同义词或反义词，变换出不同的表达方式。具体操作步骤如下所述：

第一步，打开 Word 文档窗口，切换到“审阅”选项卡。选中某个英文单词，并在“校对”组中单击“同义词库”按钮，如图 2-21 所示。

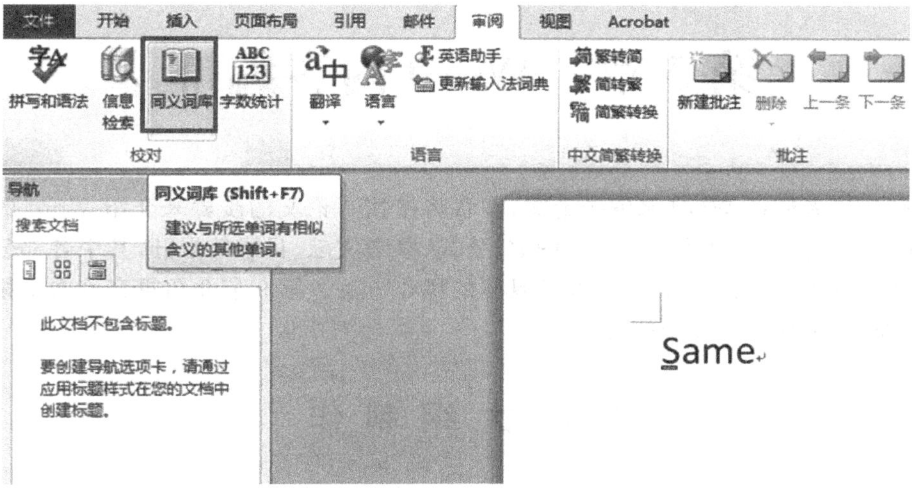

图 2-21　单击“同义词库”按钮

第二步，在打开的“信息检索”任务窗格中选择与选中单词意义相似和相反（标有 Antonym 字样）的单词，如图 2-22 所示。

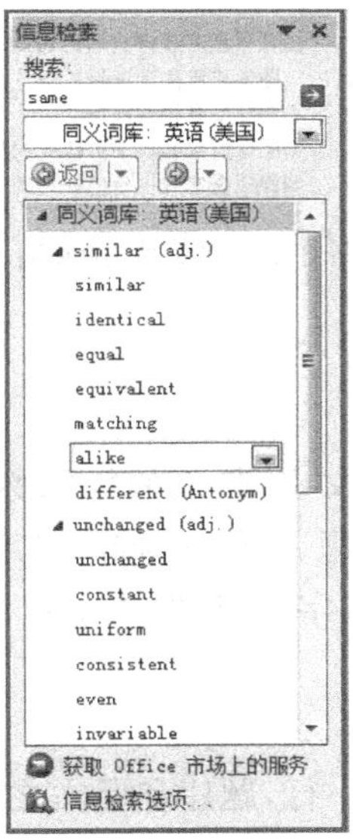

图 2-22　显示同义词和反义词

第 3 章　Word 内容编排

为便于读者使用 Word 来编排论文，本章将按撰写论文的步骤来介绍 Word 的各项功能，主要内容围绕论文大纲、正文、图表、公式、参考文献、目录等展开，其中各部分首先介绍其排版规范，然后以范例形式介绍具体的操作方法。第 9 节介绍贯穿论文编排始终的样式，第 10 节介绍模板的使用。

3.1　大纲制作

这里所说的大纲，即各级标题，如章、节、小节标题等。Word 中的大纲，类似于图书的目录，可方便查看、修改文档和制作目录等。学位论文需要使用大纲，图 3-1 是一个常见大纲的例子。

第1章　绪论
　1.1　图像质量客观评价研究的目的和意义
　　1.1.1　图像质量主观评价
　　1.1.2　图像质量客观评价
　　1.1.3　图像质量客观评价研究的重要性
　1.2　图像质量客观评价的研究现状

图 3-1　常见大纲示例

3.1.1　各级标题编排规范

学位论文中的标题层次比小论文多，最大的标题称为一级标题，其次是二级标题、三级标题等。通常一级标题对应章标题、二级对应节、三级对应小节，依次划分成更小的部分。大小标题通常采用不同的字体、字号、行距来加以区别，使全书章节分明、层次清楚，以便于阅读。

标题排版的一般规则如下：

(1) 题序和题文一般都排在同一行，题序和题文之间空一字。

(2) 每一行标题不宜排得过长，最多不超过版心的五分之四，排不下时可以转行，下面一行比上面一行应略短些，同时应照顾词汇的结构和语气，不要随意割裂，当因词句不能分割时，也可下行长于上行。有题序的标题在转行时，次行要与上行的题文对齐；超过两行的，行尾也要对齐(末行除外)。

(3) 禁止背题，即必须避免标题排在页末。对背题的要求为一般二、三级标题下应不少于一行正文。

3.1.2　常见大纲

常见大纲不需要转行，后文不接排，如图 3-1 所示。图 3-1 中的大纲包含了 3 个级别的标题，第一个级别是章的名称，以阿拉伯数字进行编号；第二个级别是节的名称，以“a. b”格式进行编号，a 代表当前章的序号，b 代表当前节在该章中的序号；第三个级别是小节的名称，以“a. b. c”的格式进行编号，c 代表当前小节在第 a 章、第 b 节中的序号。

对于像论文、书籍目录这类多级编号，很多人会觉得难以应付，在尝试失败后将会选择以手工的方式输入各级编号。但是当需要重新调整标题的次序并修改相应的编号时，后期的维护工作将变得相当烦琐，尤其对于大型文档（如学位论文）而言。

对于这类大纲，Word 提供了创建多级编号功能，可以根据需要最多设置 9 个级别的编号，还可以自定义每一级别编号的格式，下面介绍 Word 创建多级编号的方法。

Word 中的“多级列表”可以根据所选内容的大纲级别，自动为各级内容设置不同级别的编号。在 Word 中使用多级编号需要具备如下两个条件：

（1）根据标题要进行编号的级别为它们设置不同等级的大纲级别；

（2）针对不同的大纲级别，设置不同级别的自动编号格式。

第一个条件中的大纲级别是在“段落”对话框中设置，第二个条件中的编号级别是在“定义新多级列表”对话框中设置。

注意：在给各级标题设置大纲级别之前，要求各级标题为默认的正文样式。

例 3-1　若要编辑如图 3-1 所示的常见大纲，应当如何操作？

第一步，为各标题的级别设置相应的大纲级别。在章标题所在的段落内，单击鼠标右键，在弹出的快捷菜单中选择“段落”命令，将大纲级别设置为“1 级”，如图 3-2 所示。按照类似的方法，将节标题和小节标题的大纲级别分别设置为“2 级”和“3 级”。

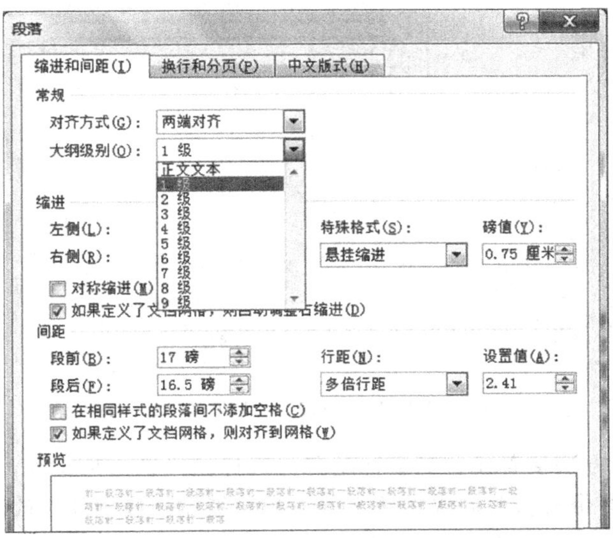

图 3-2　设置大纲级别

第二步，创建符合要求的章、节、小节的多级列表格式。单击“开始”→“段落”→“多级列表”命令，在列表中选择一种与将要设置的大纲比较接近的列表格式，如图 3-3 所示。

图 3-3　多级列表

第三步，重新打开此列表，并选择底部的“定义新的多级列表”命令，打开如图 3-4 所示的对话框。选择编号为 1 的级别，然后在“输入编号的格式”列表框中将原来的“1.”改为“第 1 章”。注意：带有灰色底纹的数字“1”，千万不能改动或删除。

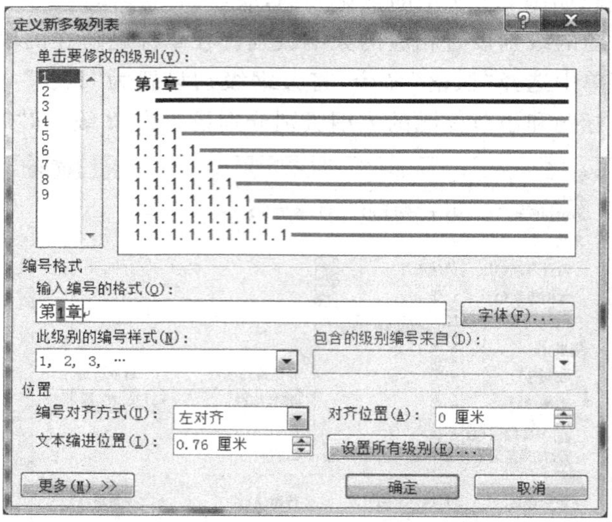

图 3-4　在“定义新多级列表”对话框中设置一级标题

第四步，按相同方法接着设置二级标题和三级标题级别对应的编号格式，分别为 1.1 和 1.1.1（注意：所有带有灰色底纹的数字“1”，都不能删除或做任何改动），其他选项可不做修改。设置后关闭打开的对话框，然后单击“开始”→“段落”→“多级列表”命令，在列表中可以看到刚刚新建的多级编号。选中要设置多级编号的多个标题，然后单击“开始”→“段落”→“多级列表”命令，并选择刚才创建的多级编号，如图 3-5 所示。

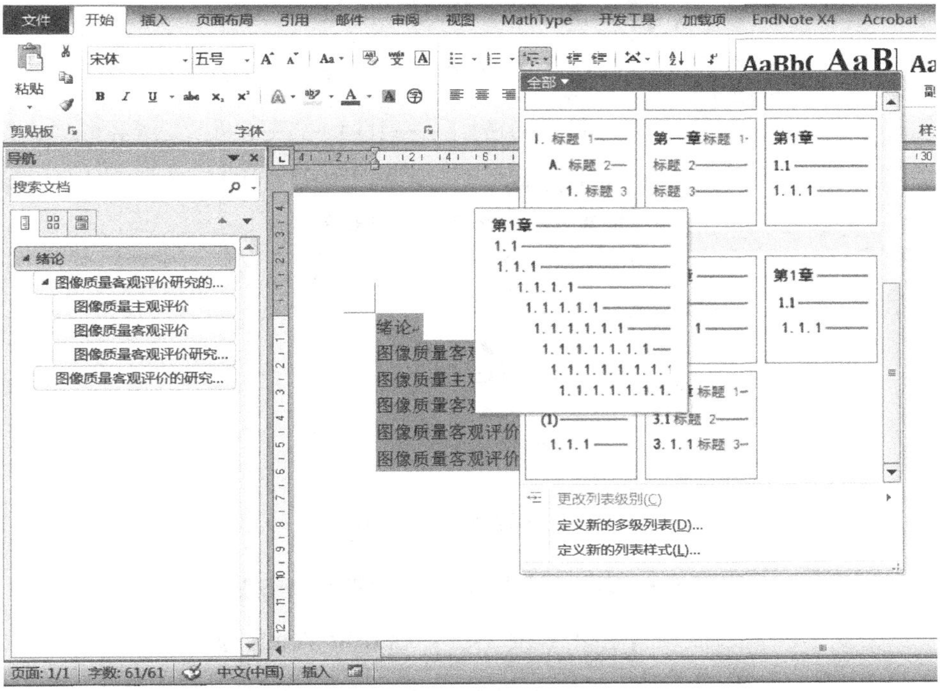

图 3-5　设置多级编号

最终，就将多级编号中的编号应用到选区中具有对应大纲级别的标题中，如图 3-6 所示。

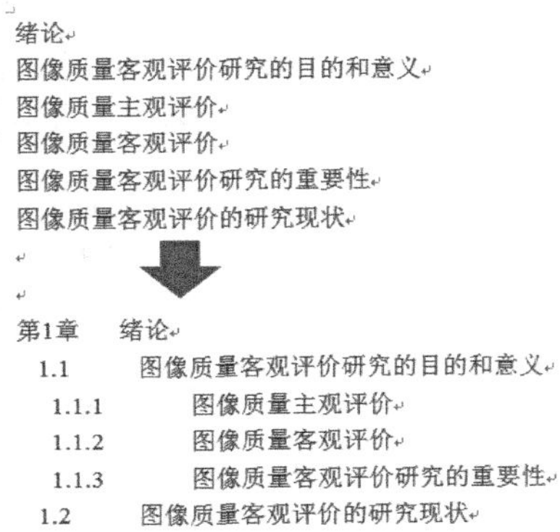

图 3-6　大纲的设置

以上创建的多级编号只能用于当前文档，如果希望这一次的创建可以在其他文档中使用，可以打开多级编号列表，右击所需的编号并在弹出的菜单中选择“保存到列表库”命令，如图 3-7 所示。这样，以后只要是在同一台电脑中新建的文档，都可以使用这个新建的多级编号列表。也可以利用右键菜单中的“从列表库中删除”命令，从列表库中删除指定的多级编号列表，如图 3-8 所示。

以上介绍的常用大纲制作方法，适用于标题整体应用多级编号，效率高，但灵活性差。除了直接创建包含多个级别的自动编号列表外，还可以创建多级列表样式，这样每个样式包含一种级别的编号，通过为标题应用不同的样式而得到不同级别的编号。这种方法虽然不能一次性为所有内容套用对应的编号，但灵活性高，可以为任意所选内容设置不同等级的编号。此方法与前面介绍的多级编号列表方法类似，也是在“定义新多级列表”对话框中分别设置每一级编号的格式。但需要多一个步骤，就是将每一级编号链接到一个指定的样式上，

图 3-7　保存列表到列表库

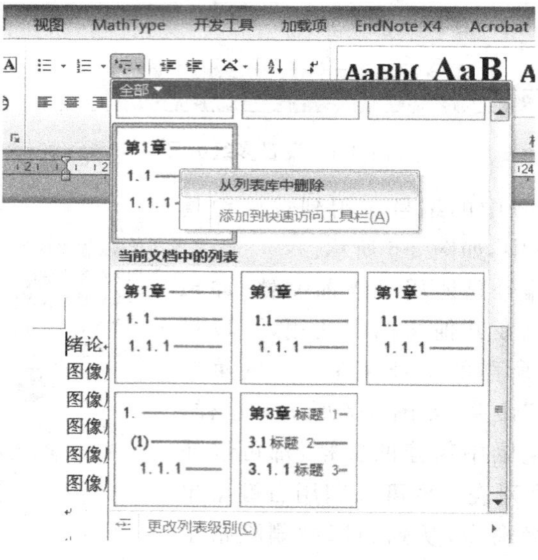

图 3-8　从列表库中删除指定的多级编号列表

在“将级别链接到样式”选项栏中将章、节和小节标题分别链接到标题 1、标题 2 和标题 3，如图 3-9 所示。

例 3-2　将标题样式设置多重编号，第一级标题为“第 1 章”，“第 2 章”，...；第二级标题为“1.1”，“1.2”，…；第三级标题为“1.1.1”，“1.1.2”，…；分别套用标题 1、标题 2 和标题 3 样式；其中，章标题：三号宋体、加粗；节标题：四号、黑体；小节标题：小四、黑体；如图 3-10 所示。

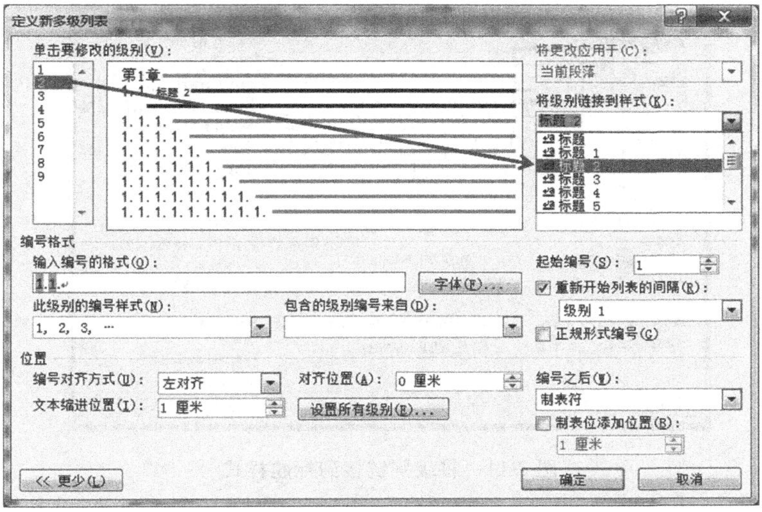

图 3-9　将级别链接到样式

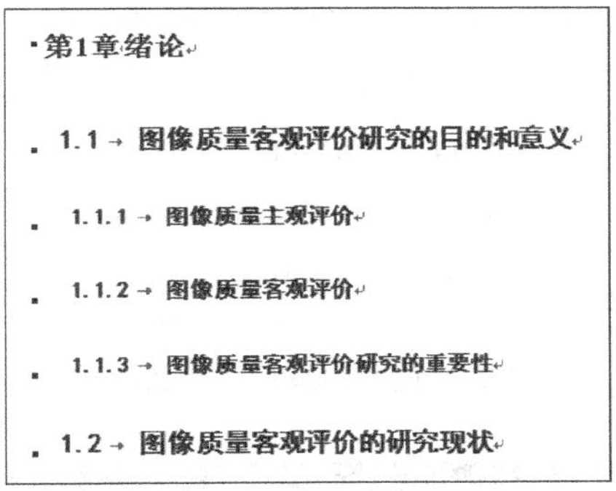
第1章绪论

1.1 → 图像质量客观评价研究的目的和意义

1.1.1 → 图像质量主观评价

1.1.2 → 图像质量客观评价

1.1.3 → 图像质量客观评价研究的重要性

1.2 → 图像质量客观评价的研究现状

图 3-10　样张图示

第一步，单击“开始”→“段落”→“多级列表”选项，选择底部的“定义新的多级列表”命令，参考例 3-1 的第三、四步修改多级列表格式，同时单击图 3-4 中“定义新多级列表”对话框底部的“更多”按钮，将每一级编号链接到一个指定的样式上，在“将级别链接到样式”选项栏中进行此设置，如图 3-11 所示。

第二步，选中要设置多级编号的多个标题（已设置好大纲级别），然后单击“开始”→“段落”→“多级列表”命令，应用刚才创建的多级编号，结果如图 3-12 所示；此外，也可以逐一为每一个标题应用样式库中的“标题 1”、“标题 2”、“标题 3”样式来实现多级编号，这种方法不需要提前给每个标题设置大纲级别。

第三步，修改章标题的字体格式为“宋体、三号”。将光标置于标题段落中，在右键菜单中选择“样式”→“更新标题 1 以匹配所选内容”，将标题 1 样式按题目要求的格式更新，如图 3-13 所示；对节标题、小节标题做同样的操作，修改标题 2、标题 3 的样式；最终结果如图 3-10 所示。

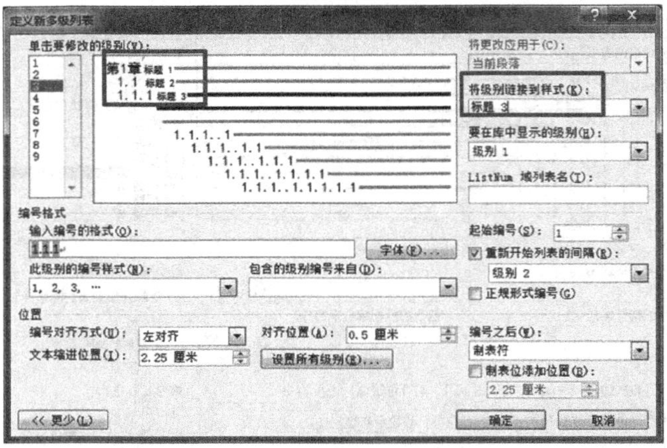

图 3-11　将级别链接到标题样式

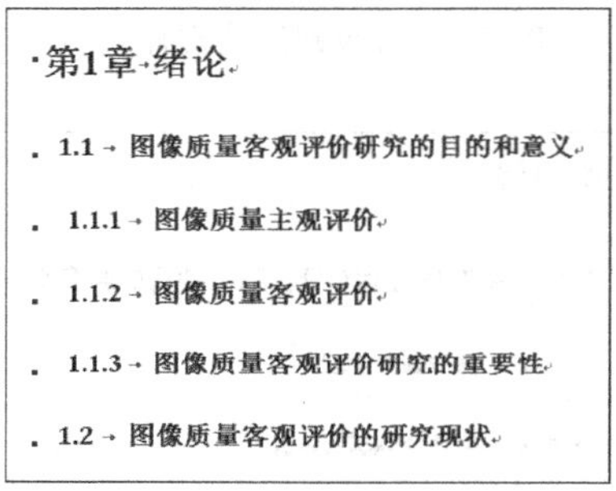

图 3-12　应用多级列表样式结果

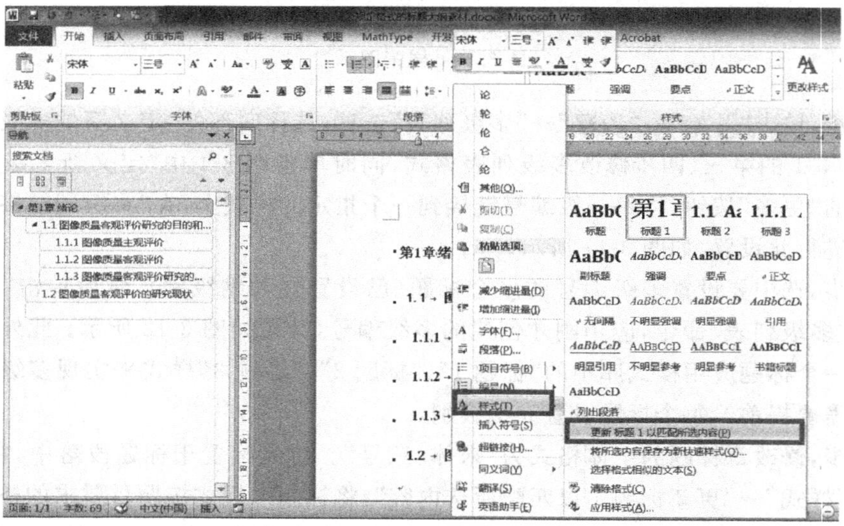

图 3-13　更新标题样式

3.1.3　转行大纲

标题编排过程中,会遇到因有些标题过长而转行的情况,而标题转行的排版要求一般是转行后的题文与上一行的题文左端对齐,一级标题一般是居中的,二级以下标题是顶格的,且上下行间距要小于标题的行距,如图 3-14 所示。

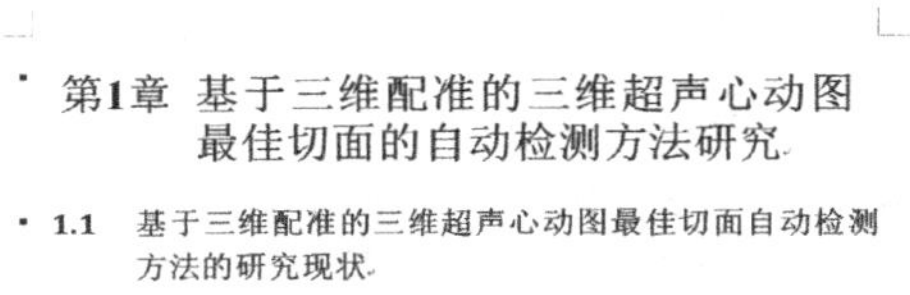

图 3-14　转行大纲示例

如果采用手工设置方法,采用回车及空格来设置转行大纲,会导致一个转行大纲的标题变成两个标题,导致将来制作目录出错。正确的方法是采用“段落”→“缩进与间距”命令来实现标题的转行。

例 3-3　制作如图 3-14 所示的转行大纲,应当如何操作?

第一步,章标题转行设置。将光标置于章标题上,单击“开始”→“段落”→“缩进与间距”命令。在“缩进与间距”对话框中的进行下面的设置,如图 3-15 所示。

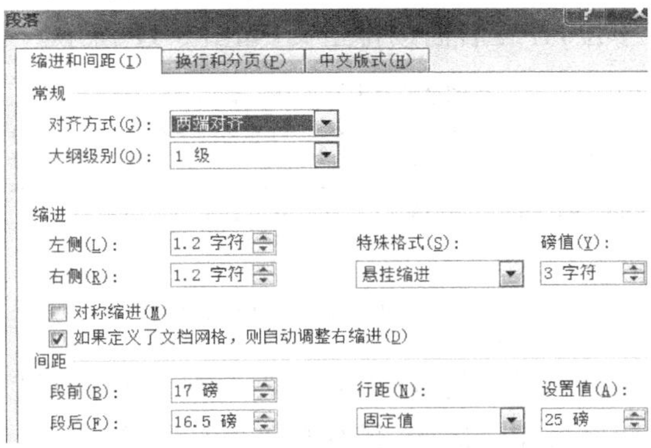

图 3-15　章标题转行设置

(1) “常规”选项区域设置“对齐方式”为“两端对齐”; 在“缩进”选项区域,根据标题长度和转行位置调整左右缩进,保证转行位置不拆分词语,左右缩进字符数相同(一级标题通常为居中)。

(2) 在“缩进”选项区域,在“特殊格式”下拉列表中选择“悬挂缩进”,调整缩进字符数,使得上下两行对齐。

(3) 在“间距”选项处,调整“行距”为“固定值”25 磅。

第二步,节标题转行设置。将光标置于节标题上,单击“开始”→“段落”→“缩进与间距”。在“缩进与间距”对话框中的设置与章标题类似,不同之处是在“缩进”选项区域设置左右缩进时,仅调整“右缩进”,以避免转行后上一行顶到最右侧,如图 3-16 所示。

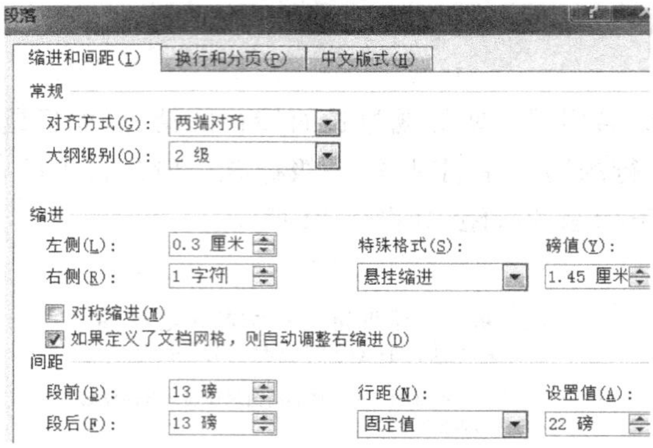

图 3-16　节标题转行设置

3.1.4　接排大纲

有些标题后面要求接排正文，如果把标题设为标题样式，则接排的正文也会变成该标题的样式，如果不把标题设置为标题样式，则在查看编辑文档时不方便，也不便于制作目录。下面以四级标题接排正文为例进行说明。

四级标题一般跟三级标题一样，独立成行，句末不加标点。但有的学位论文规范要求四级标题后面空一个汉字位，并在后面接排正文，如图 3-17 所示。

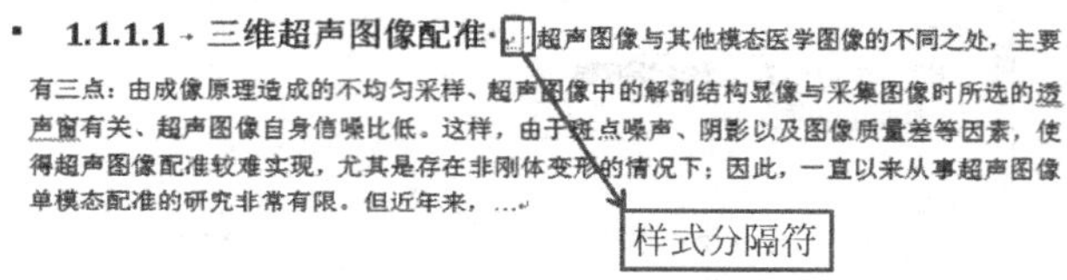

图 3-17　四级标题规范示例

四级标题一般不列入目录，四级标题不制作为大纲并不影响生成目录。但是大纲对于定位查看和修改编辑非常有用。因此，仍有必要将其做成大纲。然而，大纲是以段落标记结束的，四级标题后面接排段落，两者格式并不相同(例如，标题汉字为加粗宋体，接排段落汉字为宋体)，而且直接制作会将后面接排的段落也列入大纲。

这种情况下，由于标题和接排段落样式不同，可以在两者之间插入样式分隔符①。

例 3-4　制作如图 3-17 所示的接排大纲，应当如何操作？

第一步，首先将四级标题和正文像其他级别标题和正文一样编排(标题单独一段，正文另起一段)，接着在四级标题句末，按 Ctrl+Alt+Enter 组合键插入样式分隔符，即可将原本位于下一段的正文接排在样式分隔符后面，样式分隔符的显示效果如图 3-17 所示。

第二步，由于样式分隔符是隐藏的不打印字符，所以标题和段落间要保留一个汉字的空格，生成效果如图 3-18 所示。(注意：在题序“1.1.1.1”前面有一个黑色的小正方形标

① 使用组合键 Ctrl+Shift+Enter 插入样式分隔符，使得分隔符前后内容可以设置成不同的样式。

志“■”，表示该标题是 Word 内置的标题样式，利用文档结构图可进行快速定位如图 3-18 所示。）

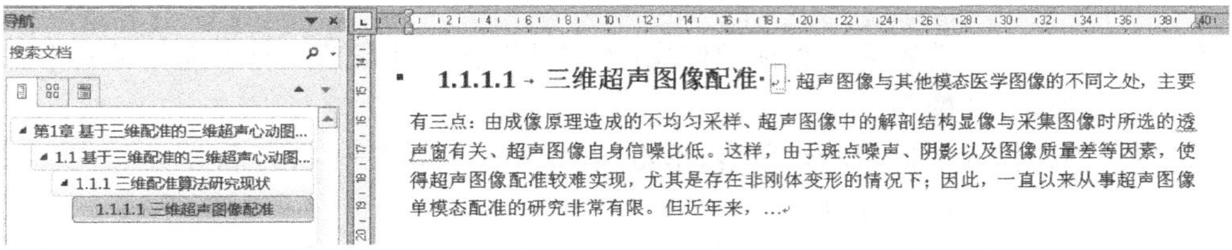

图 3-18　插入样式分隔符后可以继续使用文档结构图

3.2　正文编排

与大纲不同，正文包含众多元素，如各种文字、符号、公式、插图、表格等，正文还隐藏了 Word 里的各种显示元素，如各类空格、制表位、段落标记、隐藏文字等。正文在学位论文中所占比例最高。公式、插图和表格最好不要全设为正文样式，尽量分开设置为不同的样式，以便于按样式来分别管理公式、插图、表格等对象。正文编排需要注意在以下几个方面：

1. 段落排版注意事项

(1) 学位论文中的段落通常要设置为样式，以便于一起修改。但段落有多种情况，如首行缩进与顶格、最小值行距和固定值行距等，因此，段落样式也要根据需要设置为多个。

(2) 有时数字或字母与汉字距离太近，如图 3-19 中未调整前的效果。可以打开“段落”对话框，单击“中文版式”选项卡，查看“自动调整中文和西文的间距”和“自动调整中文和数字的间距”复选框是否勾选。

未调整前：文字和数字567字母ABC并排时，数字567和字母ABC被压缩。
调整后：文字和数字 567 字母 ABC 并排时，数字 567 和字母 ABC 没有被压缩。

图 3-19　数字、字母与汉字混排效果

(3) 若段落文字过于紧密或稀疏，可以使用“页面布局”→“页面设置”→“文档网络”选项卡，适当修改文档网络参数。

(4) 若段落右侧参差不齐，则将段落设置为“两端对齐”。

(5) 若段落中有文本和公式编辑器编辑的公式混排时，会出现行距过大、文字与公式水平方向不齐等问题，详见 3.4.3 小节。

2. 文本格式设置注意事项

(1) 选择“开始”→“样式”下拉框内的“清除格式”，会清除所有字体格式。

(2) 用格式刷复制格式时，单击格式刷只能复制一次，双击格式刷可以复制多次直至再次单击格式刷取消使用。

3. 防止背题

第一步，要将标题设置为内置标题样式（内置标题样式在段落行首的左侧显示有一个黑色的小正方形标志“■”）。

第二步，将光标置于标题所在段落，单击“开始”→“段落”→“换行和分页”选项卡，勾选“与下段同页”和“段中不分页”。

此外，还要从前后文内容增减、段落格式（如行距、文档网络）的调整等多方面来避免背题。

3.3 图表制作

大多数论文不只含有文字，还包含有大量的图片和表格。图表可以使论文要陈述的内容变得简明扼要、形象直观，一张图或表的内容往往可以取代许多说明文字。

3.3.1 图表编排规范

论文中的图表排版遵循以下规范：

(1) 引入图表之前，正文中必须有该图表的提示语，如“如图1-1所示”、“如表1-1所示”等。若提示语后面的版页不够排放该图表时，则可将图表后的文字提到图表前排版，将该图表移到次页最上端或次页的首段末。

(2) 图表应统一用阿拉伯数字连续编号，同一幅图表有多幅分图表时，分图号用(a)、(b)等字母表示，并应有相应的分图表名。

(3) 每个图表均应有图表序和图表题，图表题在图表序之后空一字。对于插图来说，图序图题置于图下，图题用中、英文两种文字居中摆放，中文在上；对于表格来说，表序表题位于表上，表题用中、英文两种文字居中排放，中文在上。

(4) 图表宽度大于版心时，需要将其逆时针旋转90°。对于插图来说，奇数页图题在切口边，偶数页图题在订口边；对于表格来说，表头一律朝左，表底一律朝右（即奇数页表题在订口边，偶数页表题在切口边）。

(5) 当表格需要跨页时，应尽量采用双页跨单页底骑缝表方式（避免单跨双的翻页表），以使表格呈现在一个视野上。表内数字空缺的格内加横线“—”（占两个数字宽度）。

3.3.2 插图

通常，论文中的插图主要包括以下几类：

(1) 图形：绘制或插入的图形，可对这些图形进行更改和完善。图形对象包含部分剪贴画、图表、SmartArt和艺术字等。

(2) 图片：包括屏幕截图、扫描的图片、照片和部分剪贴画等。插入图片的文件格式常用的有BMP、PSD、JPEG、GIF等。

(3) 形状：包括如矩形和圆这样的基本形状，以及各种线条和连接符、箭头总汇、流程图符号、星与旗帜、标注等。

论文中常通过截取屏幕把正在编辑的窗口图像插入文档中。一种方法是采用键盘上的 PrintScreen 按键抓取全屏内容或 Alt＋PrintScreen 抓取当前窗口内容，如需进一步编辑，可先放到图像处理软件中利用“选择”工具选取合适内容再复制到文档中；另一种方法是利用 Word 2010 提供的“屏幕截图”功能，它可以将任何未最小化到任务栏的程序屏幕视图插入到文档中，也可以将屏幕任何部分截取后插入文档。

例 3-5　利用 Word 2010 提供的“屏幕截图”功能，如何插入如图 3-20 所示的画图软件窗口截图(未最小化到任务栏的程序窗口)？

第一步，打开画图程序窗口(请勿最小化)，将光标切换到 Word 文档并置于要插入截图的位置。

第二步，单击“插入”选项卡下的“插图”组中的“屏幕截图”按钮，弹出“可用视窗”窗口，其中存放了除当前屏幕外的其他未最小化到任务栏中的程序屏幕视图，单击所要插入的屏幕视图即可。

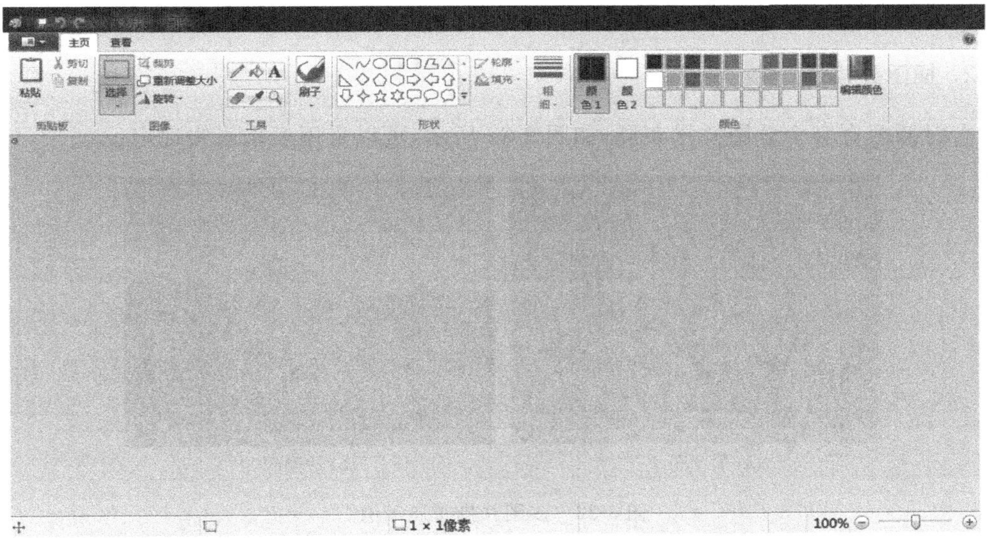

图 3-20　插入任何未最小化到任务栏的程序屏幕示例

例 3-6　若要插入如图 3-21 所示的截图(屏幕任何部分的图片)，该如何操作？

第一步，将“图片库”所在资源管理器窗口打开，单击“插图”→“屏幕截图”→“可用视窗”，查看“可用视窗”中“图片库”所在资源管理器窗口是否排在第一个视图的位置，若不是，则单击任务栏上“图片库”文件夹，再次打开“图片库”窗口，随后切换到 Word 窗口，可以使“图片库”窗口位于第一个视图位置。

第二步，将光标置于要插入图片的位置。

第三步，单击“插入”→“插图”→“屏幕截图”→“屏幕剪辑”，当“可用视窗”窗口中第一个窗口(即“图片库”窗口)被激活且呈模糊状时，此时，截取所需要的屏幕部分即可插入到

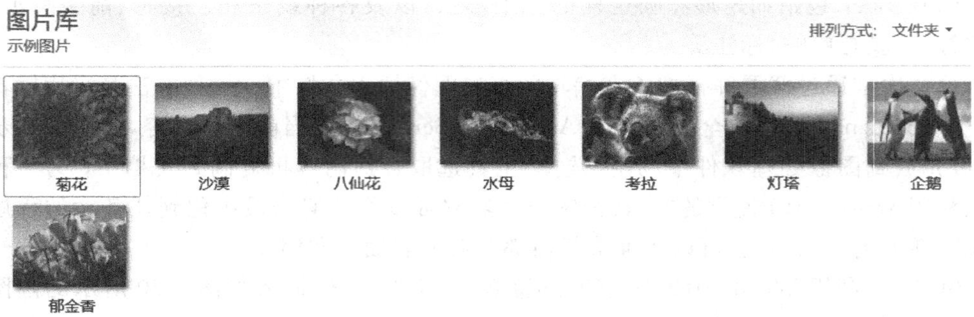

图 3-21　插入屏幕任何部分的图片示例

文档中。

论文中的插图一般有以下三种排版方式：

1. 插图单排

图 3-21 为插图单行排版的例子，即该行只排一个插图，要求插图和图题居中。

2. 插图并排

有时插图有多个分图并排布局，如图 3-22 所示，可以采用表格来实现定位。

(a) 菊花图　　(b) 沙漠图

图 3-22　多图并排布局示例

例 3-7　若要插入如图 3-22 所示的多图并排布局，该如何操作？

第一步，将光标置于要插入图片的位置，单击“插入”→“表格”中的“插入表格”，插入一个 2×2 的表格，如图 3-23 所示。

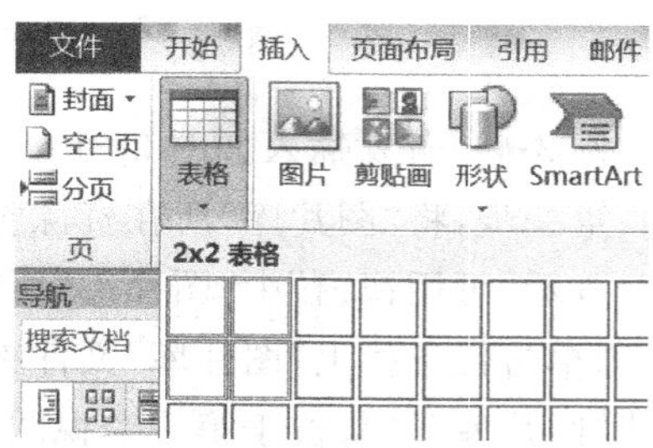

图 3-23　插入 2 * 2 表格

第二步，在表格第一行的左右两个单元格中分别插入图片，并在第二行的两个单元格中分别输入各分图的图题。

第三步，选中整个表格，右击，在弹出的快捷菜单中选择“自动调整”→“根据内容调整表格”命令，将表格调整到合适的大小；再单击右键，在快捷菜单中找到“对齐方式”，选择水平、垂直居中。

第四步，选中整个表格，右击，在弹出的快捷菜单中选择“边框与底纹”命令，在弹出的“边框与底纹”对话框中，将边框设置为无，如图 3-24 所示。

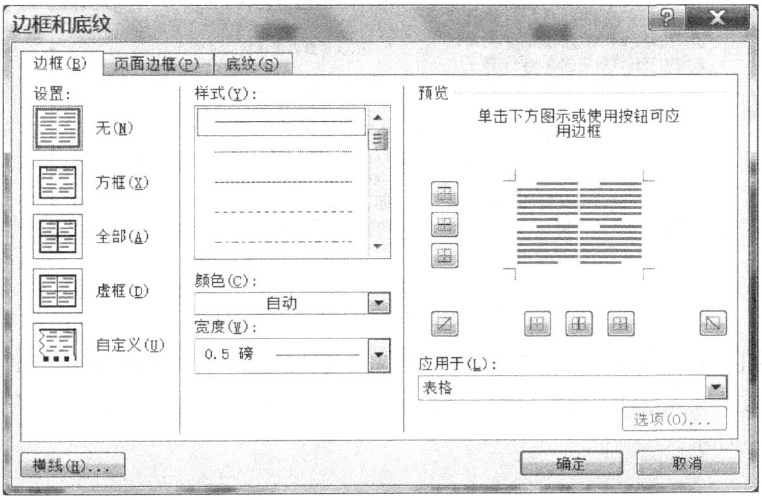

图 3-24　表格边框设置为无

第五步，选中整个表格，右击，在弹出的快捷菜单中选择“插入题注”命令，在“题注”对话框中将“标签”设为“图”，“位置”设为“所选项目下方”，“题注”内容如图 3-25 所示。有关图表题注的详细内容见 3.3.4 节。

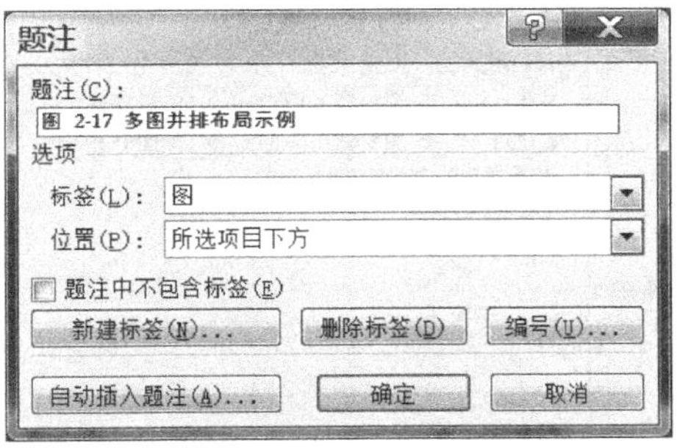

图 3-25　并排插图题注设置

3. 图文混排

图 3-26 是一幅图文混排的示例，图文混排可以通过在文本框中插入图片和图题来实现。

例 3-8　若要实现如图 3-26 所示的图文混排，该如何操作？

第一步，单击“插入”→“文本”→“文本框”命令，在文档中插入文本框。

第二步，将图片插入到文本框中，在文本框中为图片添加题注，调整图片大小。

第三步，右击文本框，在弹出的快捷菜单中选择“设置形状格式”命令，选择“文本框”

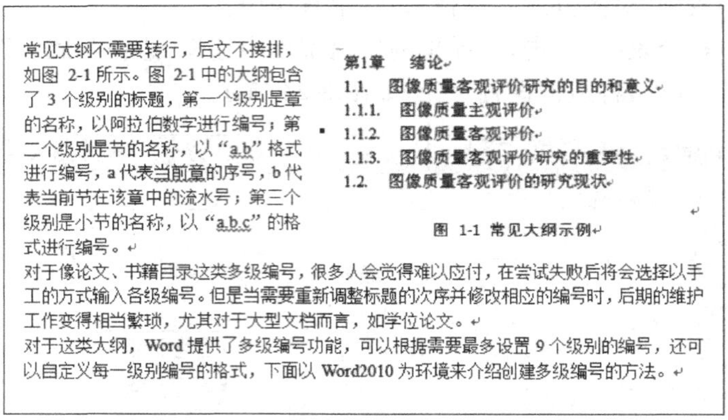

常见大纲不需要转行，后文不接排，如图 2-1 所示。图 2-1 中的大纲包含了 3 个级别的标题，第一个级别是章的名称，以阿拉伯数字进行编号；第二个级别是节的名称，以“a.b”格式进行编号，a 代表当前章的序号，b 代表当前节在该章中的流水号；第三个级别是小节的名称，以“a.b.c”的格式进行编号。

第1章　绪论
1.1.　图像质量客观评价研究的目的和意义
1.1.1.　图像质量主观评价
1.1.2.　图像质量客观评价
1.1.3.　图像质量客观评价研究的重要性
1.2.　图像质量客观评价的研究现状

图 1-1 常见大纲示例

对于像论文、书籍目录这类多级编号，很多人会觉得难以应付，在尝试失败后将会选择以手工的方式输入各级编号。但是当需要重新调整标题的次序并修改相应的编号时，后期的维护工作变得相当繁琐，尤其对于大型文档而言，如学位论文。

对于这类大纲，Word 提供了多级编号功能，可以根据需要最多设置 9 个级别的编号，还可以自定义每一级别编号的格式，下面以 Word2010 为环境来介绍创建多级编号的方法。

图 3-26　图文混排示例

选项卡，将“垂直对齐方式”设为“中部对齐”，选中“根据文字调整形状大小”复选框，如图 3-27 所示调整文本框的大小；再选择“线条颜色”选项卡，将“线条颜色”设为“无线条”，如图 3-28 所示。

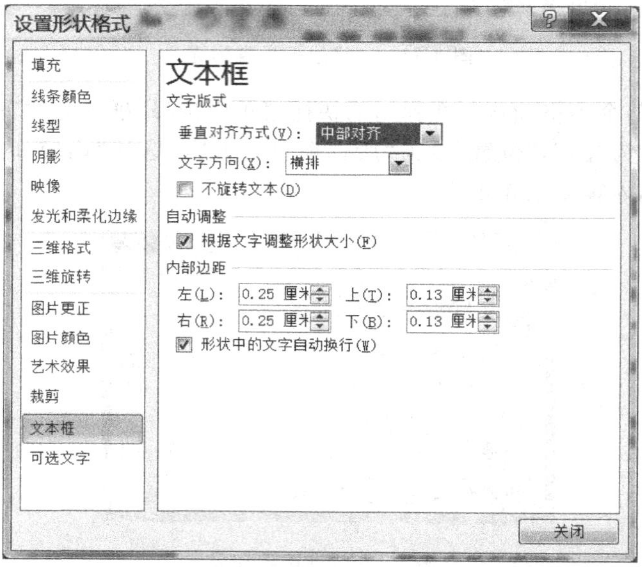

图 3-27　文本框形状格式设置

第四步，右击文本框，在弹出的快捷菜单中选择“自动换行”命令，设为“四周型环绕”，如图 3-29 所示。将文本框拖到合适的位置。

第五步，右键单击文本框，在弹出的快捷菜单中选择“其他布局选项”，在弹出的“布局”对话框中选择“文字环绕”选项卡，选中“对象随文字移动”（使得文本框与段落一起移动）与“锁定标记”（使得文本框移动时总锁定在同一段落上）两个复选框，如图 3-30 所示。

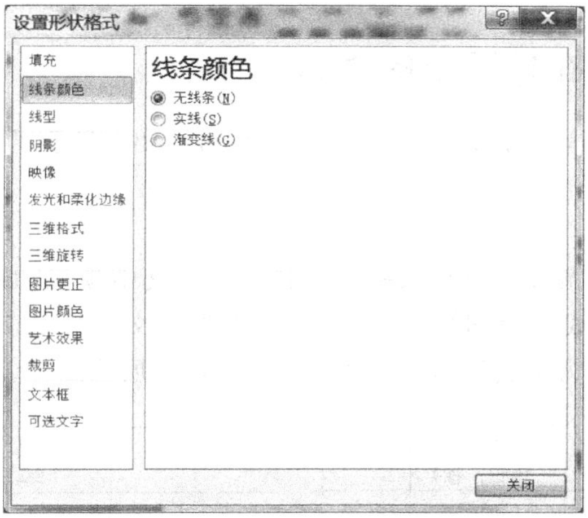

图 3-28　文本框线条颜色设置

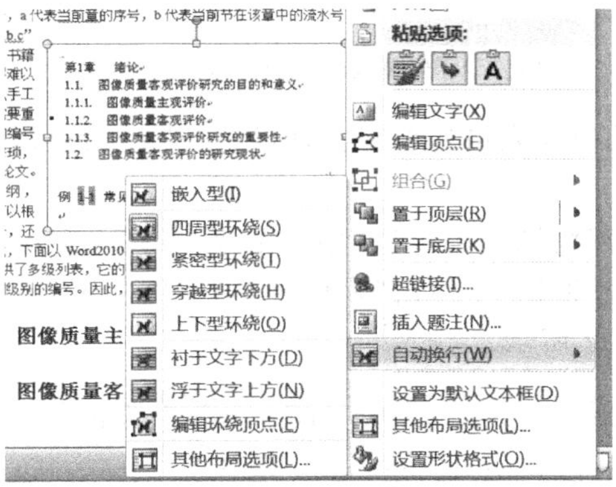

图 3-29　文本框版式设置

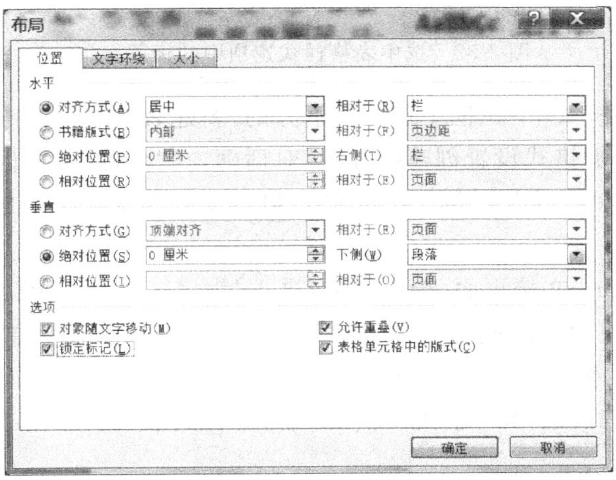

图 3-30　锁定文本框与段落文本的位置

3.3.3　表格及其在排版中的用途

论文中的表格排版时常要采用三线表,且表格可能出现跨页的情况。

1. 三线表

三线表通常只有三条线,即顶线、栏目线和底线。其中顶线和底线为粗线,排版时俗称“反线”; 栏目线为细线,排版时俗称“正线”。学位论文常用的三线表格式为: 表格不加左右边线,上、下边线为粗实线(1.5 磅),如图 3-31(b)所示。

方法	运行时间(单位:秒)	正确率
改进互信息方法	537	86%
由粗到精检索方法	38	93%
三维配准方法	100	85%

(a) 原始表格

方法	运行时间(单位:秒)	正确率
改进互信息方法	537	86%
由粗到精检索方法	38	93%
三维配准方法	100	85%

(b) 三线表

图 3-31　普通表格及其对应的三线表

通常三线表可用手动修改表格边框来实现,这里介绍用表格样式库来快速创建三线表的方法。

例 3-9　用表格样式库将图 3-31(a)原始表格改为图 3-31(b)三线表。

第一步,将整个原始表格选中,单击“表格工具”→“设计”,在“表格样式选项”中选中“标题行”复选框,如图 3-32 所示。

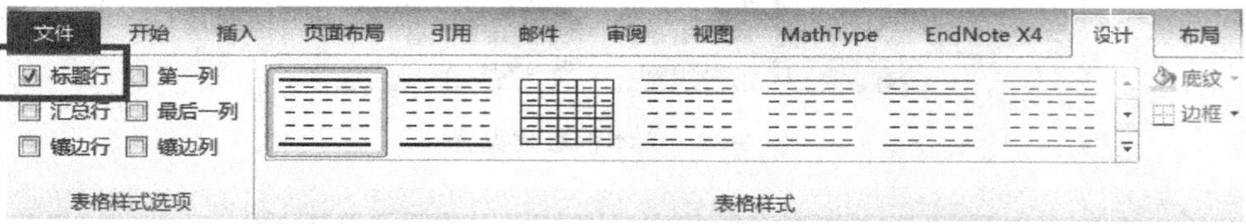

图 3-32　选中表格样式选项中的标题行

第二步,在“表格样式”下拉框中选择最下方的“新建表样式”命令,如图 3-33 所示。

第三步,弹出“根据格式设置创建新样式”对话框,在“名称”文本框中输入新表格样式名称“三线表”,在“样式基准”下拉框中选择“古典型 1”选项,然后单击“确定”按钮退出对话框,如图 3-34 所示。

第四步,回到 Word 文档页面,选中表格,进入“表格工具”→“设计”选项卡,展开表格样式库,在“自定义”组中有刚刚创建的“三线表”,如图 3-35 所示。单击它就可以把该样式应用到选中的表格中。

第五步,将选中三线表第一行,将字体的“斜体”样式取消。

2. 跨页表格及其排版

论文中的表格应尽量保持完整,一般不要将表格分割在两页或更多页中。例如,若表

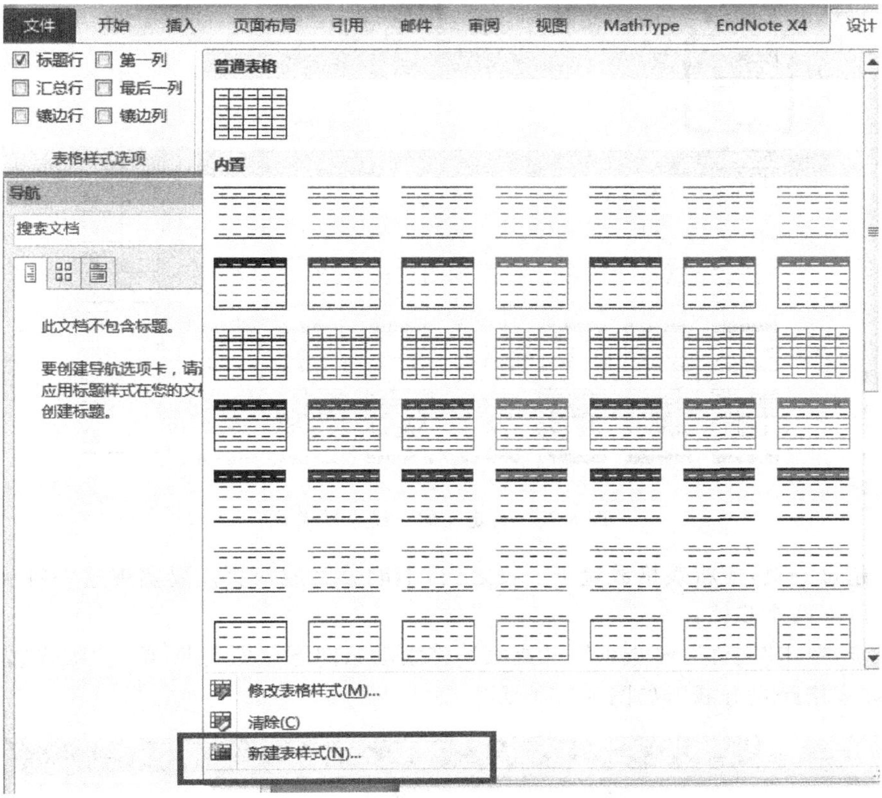

图 3-33　新建表样式

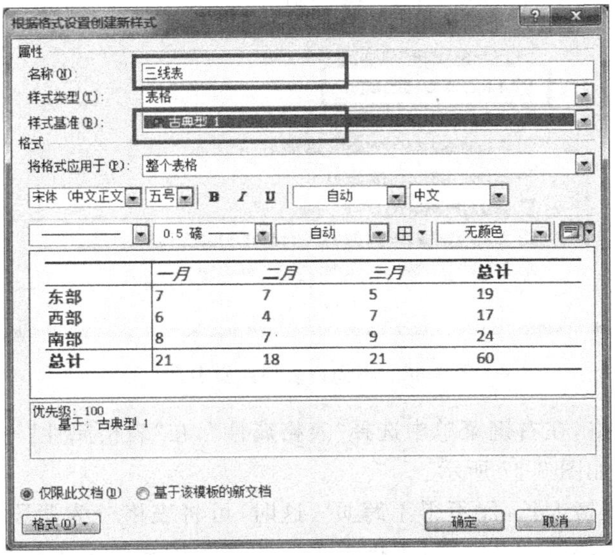

图 3-34　选择"古典型 1"样式

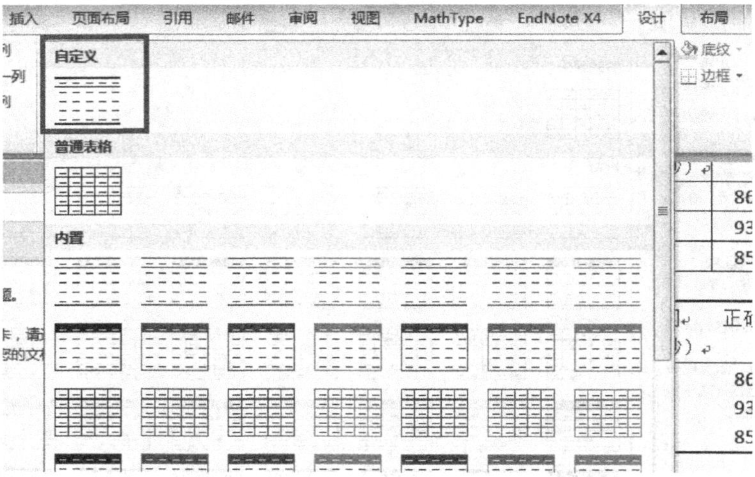

图 3-35　自定义的三线表样式

格内容不超过一页，应将表格放置于一页之内，不能分割成两页。要实现这一排版要求，需要遵循以下两个步骤：

第一步，单击“文件”→“选项”→“高级”，将滚动条向下拉到底部，单击“版式选项”，勾选“不允许表格跨页分断”，如图 3-36 所示。

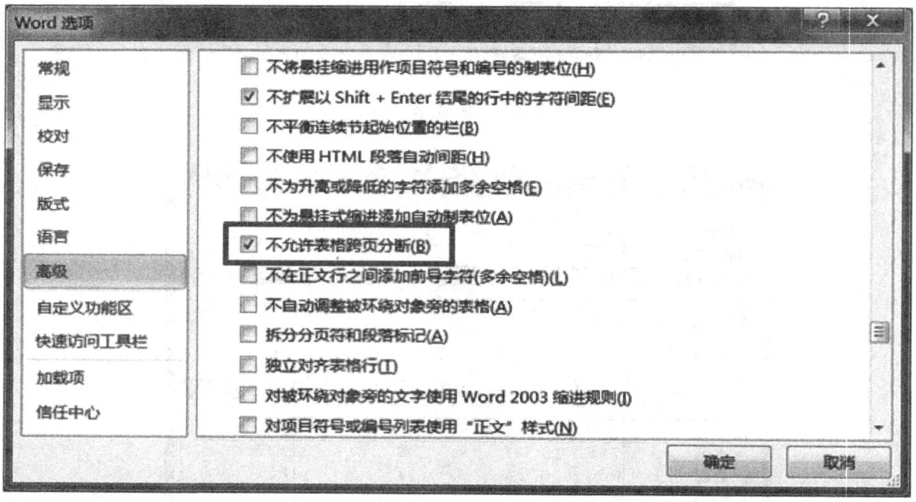

图 3-36　不允许表格跨页分断

第二步，选中表格，在右键菜单中选择“表格属性”，在“表格属性”→“表格”里，将文字环绕设置为“环绕”，如图 3-37 所示。

有时因论文中表格太长，而不得不跨页；这时，可将表格分为两段或多段，转页分段后的每一续表的表头都应重新编排，重排表头的续表起始横线上方居右应注明“续表”字样，且续表中仍然要有标题行，如图 3-38 所示。

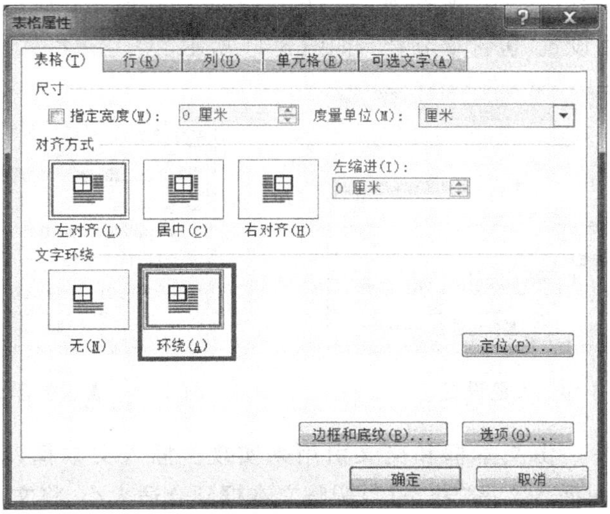

图 3-37　设置表格文字环绕方式

表 3-1 学生成绩表

准考证号	姓名	总分
10121310401	刘波	94
10121310402	郭睿	68
10121310403	张开	60

续表 3-1

准考证号	姓名	总分
10121330104	李志君	90
10121330107	王思潆	80
10121330109	李书怡	86
10121330110	毛嘉毅	82
10121330111	张瀚清	60

图 3-38　跨页表格示例

例 3-10　编辑如图 3-38 所示的跨页表格。

第一步，将表格选中，按例 3-9 所述，将表格设置为三线表。

第二步，选中表格的标题行（一般为表格第一行），单击“表格工具”→“布局”→“数据”中的“重复标题行”，如图 3-39 所示。

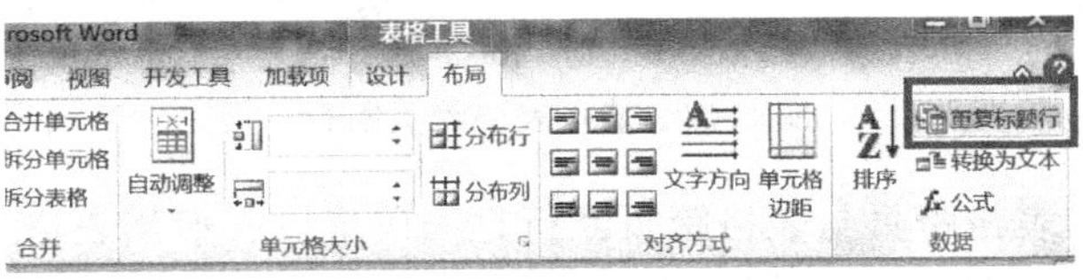

图 3-39　重复跨页表格标题行

第三步，设置表格题注。选中整张表格，右键单击，弹出快捷菜单中单击“插入题注”命令，在弹出的“题注”对话框中设置“标签”为“表”（若标签中没有“表”，则单击“新建标签”，增加标签“表”)，“位置”为“所选项目上方”，如图 3-40 所示；单击“编号”，在弹出的“题注编号”对话框中设置“包含章节号”，如图 3-41 所示。

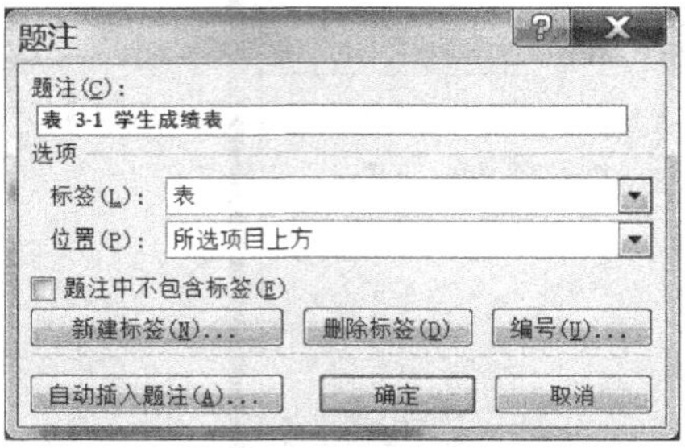

图 3-40　表题设置

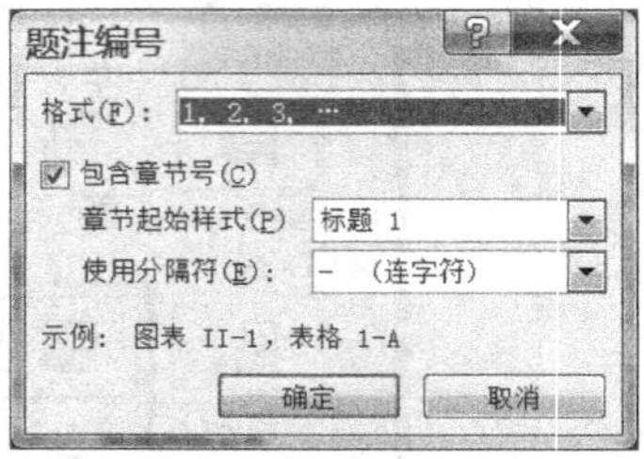

图 3-41　表题包含章节号设置

第四步，“续表 3-1”由文本框和交叉引用来实现。插入文本框，输入文字“续”；按例 3-18 使用交叉引用插入文字“表 3-1”，调整文本框到合适大小，将文本框“线条颜色”设为“无线条”，“填充”设为“无填充”。

有时跨页表格在页面最底部的一行中的内容过长时，会在下一页以另一行的形式出现，这就可能导致表格内容被拆分到不同的页面上，影响了文档的阅读效果。可以通过禁止 Word 的表格跨页断行功能来解决这一问题。选中表格，在右键菜单中选择“表格属性”，在“表格属性”对话框中选择“行”选项卡，取消勾选“允许跨页断行”，如图 3-42 所示。

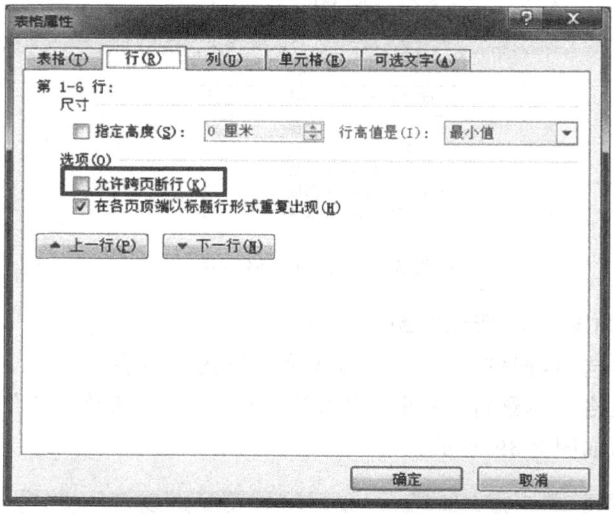

图 3-42　禁止表格跨页断行

需要注意的是：表格跨页与表格跨页断行是两码事。一般当表格无法在本页完全排下时会自动跨页。“断行”是指在跨页位置行高很大，比如这行有五行文字，那么将允许这五行文字在两页中连续出现，也就是这一表格行看上去像是两行一样，但实质还是一行；如果关闭了“允许跨页断行”功能，那么这个表格行的所有文字将不在第一页显示，而是以一行的形式完全出现在第二页上。第一页上该行的位置会形成空白。

3. 表格在排版中的用途

表格可以处理论文中多图并排、公式“式中”说明等的定位、对齐和自动调整等问题。当对版面有特殊要求时，使用表格可能是最灵活的办法。最常见的情况是使用表格对页面进行双栏排版。使用表格的每一列作为页面中的每一栏，只需使用两列的表格即可实现。如果希望两列的内容同步向下延续，使用表格作为分栏工具可能是更好的选择。对于需要使用单双栏混合排版的情况，使用表格更为灵活，因为只需通过合并相应的单元格即可获得单栏效果。例如：单栏页面内多图并排，如图 3-22 所示；公式“式中”说明的对齐和自动调整，如例 3-15 所示；内封落款如图 3-43 所示。

例 3-11　利用表格制作如图 3-43 所示的论文内封落款。

第一步，输入论文标题，按要求设置字体、字号及居中对齐；

第二步，插入 5 行 3 列的表格，将文字输入相应单元格，并根据内容调整表格大小，结果如图 3-44 所示。

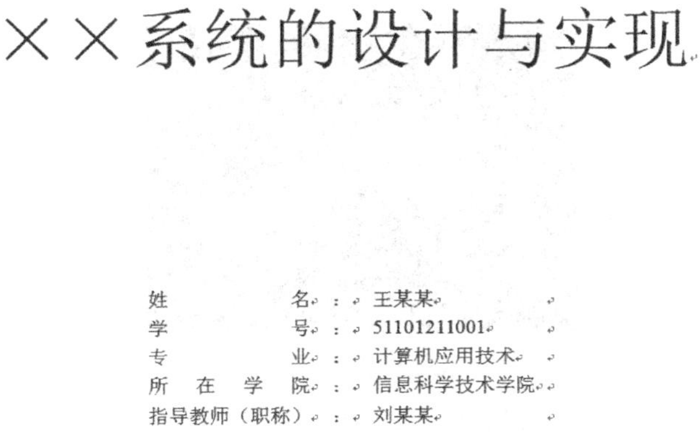

××系统的设计与实现

姓　　　　名	：	王某某
学　　　　号	：	51101211001
专　　　　业	：	计算机应用技术
所　在　学　院	：	信息科学技术学院
指导教师（职称）	：	刘某某

图 3-43　论文内封落款图示

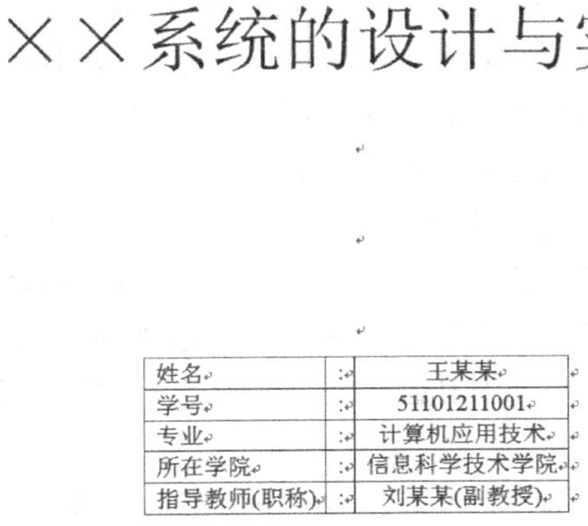

××系统的设计与实现

姓名	:	王某某
学号	:	51101211001
专业	:	计算机应用技术
所在学院	:	信息科学技术学院
指导教师(职称)	:	刘某某(副教授)

图 3-44　插入表格制作论文内封

第三步，选中第 1 列所有单元格，单击“开始”→“段落”→“分散对齐”，将文字均匀分布于该单元格；选中第 2 列和第 3 列所有单元格，设置左对齐，结果如图 3-45 所示。

姓　　名	:	王某某
学　　号	:	51101211001
专　　业	:	计算机应用技术
所 在 学 院	:	信息科学技术学院
指导教师(职称)	:	刘某某(副教授)

图 3-45　设置对齐效果图

第四步，将表格边框线设为无边框，最后结果如图 3-43 所示。

3.3.4　图表题注

在论文中插入图表后，还需要给每一张图片或每一个表格添加图表题注，以便可以在正文中引用它们。图表题注是指为图片、表格或其他图形对象添加的编号和说明文字。其形式为编号在前，说明文字在后。题注通常由 3 部分组成：题注标签、编号、说明文字。图 3-46 中图片下方的内容就是一个题注，"图"是题注标签，数字"1-1"中第一个数字是图片所在的章编号，第二个数字是图片在该章中的序号，"水母图像"是对图片的说明文字。

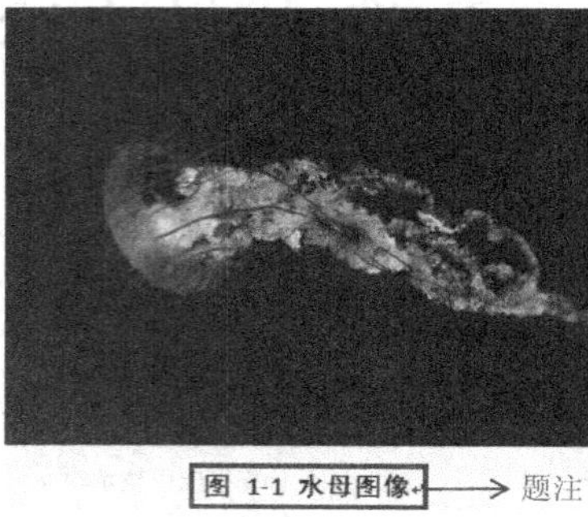

图 3-46　带题注的插图示例

虽然手工为每张图、每个表添加编号是"万能"的方法，但从开始添加到后期维护，手工添加的方法都是不明智的，因为一旦在其中添加或删除了某个图片或表格，那么后续的编号就要做相应调整。这样一来，在文档内容最终确定之前，就会在图片和表格编号上花费大量的时间。此外，为了确保准确无误，后期还要仔细检查所有图片和表格编号是否连贯。因此，手工添加图表题注是一项任务艰巨的工作。

正确的做法是使用 Word 中的图表题注功能。右击需要添加题注的图表，在弹出的快捷菜单中选择"插入题注"命令，打开"题注"对话框，在"标签"列表中选择相应的图表标签，如果没有合适的图表标签，则单击"新建标签"按钮，添加相应的图表标签。在"题注"列表中输入图表的说明文字，在"位置"中选择题注在图片上方还是下方(通常图题注在图片下方，表题注在表格上方)。

要插入如图 3-46 所示的包含章节号的题注，必须将每个章节起始处的标题设置为 Word 内置的标题 1～9 样式，否则在添加题注编号时，无法找到在"题注编号"对话框中设定的样式类型。此外，在标题样式中必须采用自动编号，即章节号必须为 Word 的自动编号，Word 无法识别手动输入的章节号数字。如果不设置自动编号，将会出现图 3-47 所示的出错提示。且添加的题注为“0-X”的编号，0 就表示无法识别的章节号；如果章节标题已使用多级列表自动编号，则需要将章的编号链接到指定的样式上，否则会出现如图 3-48 所示的错误。

图 3-47　不含章节号的出错提示

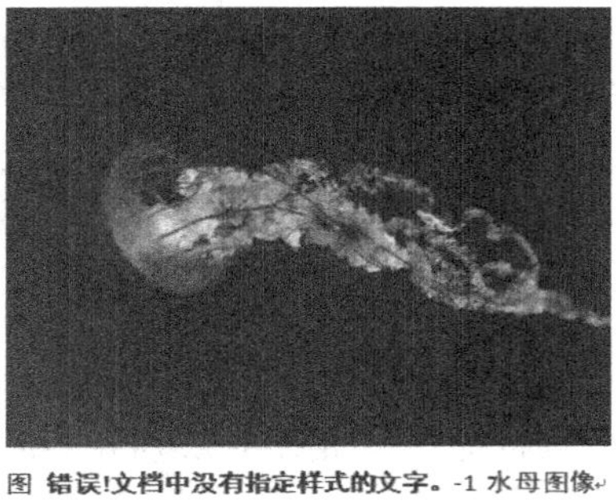

图 3-48　章标题未链接到指定样式上的错误结果

例 3-12　若要编辑如图 3-49 中所示的题注，应当如何操作？

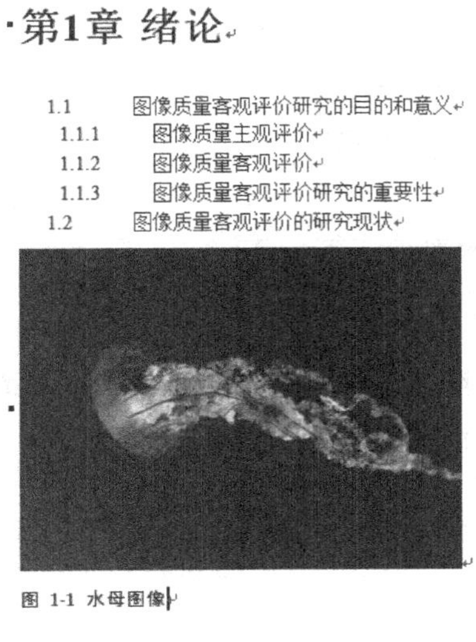

图 3-49　范例图示

第一步，按照“例 3-1”中所述，利用多级列表为章节标题自动编号。

第二步，需要将章的编号链接到指定的样式上，具体操作如图 3-50 所示。

第三步，右击图片，在弹出的快捷菜单中选择“插入题注”命令，打开“题注”对话框，在“标签”列表中选择“图”，在“题注”列表中输入“水母图像”，在“位置”中选择题注在图片下方，如图 3-51 所示。

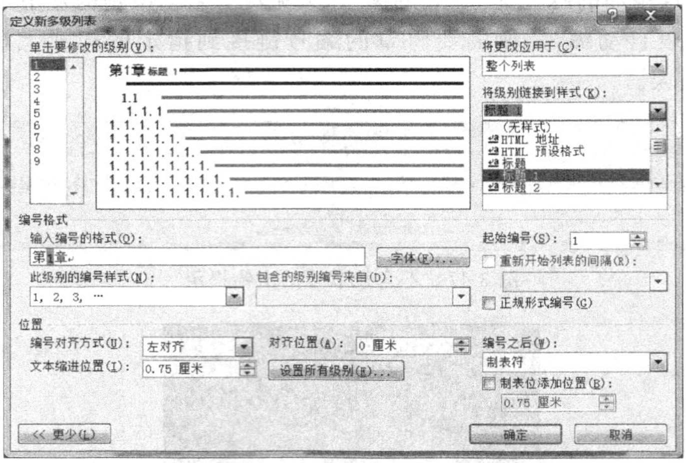

图 3-50　为章标题链接到指定样式

第四步，单击“编号”按钮，在弹出的“题注编号”对话框中，勾选“包含章节号”，将章节起始样式设为“标题 1”，选择分隔符为“-”，如图 3-52 所示，单击确定即可。

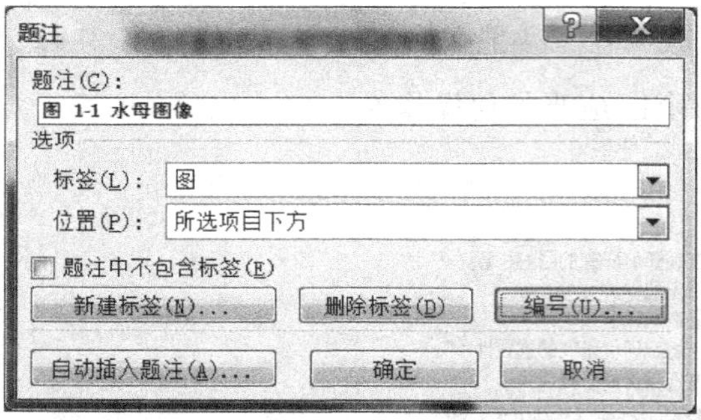

图 3-51　题注设置

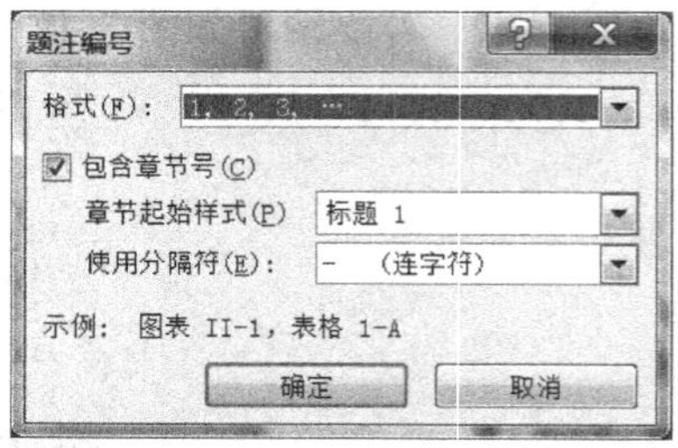

图 3-52　题注编号设置

对于表格而言，表格题注的添加操作与插图题注是一样的，此外，论文中其他可能需要引用的范例、公式等都可以添加带编号的题注。

3.4　公式编辑

使用 Word 2010 时，插入公式可使用 Word 2010 内置的公式编写和编辑功能，也可以使用外部的 Math Type 公式编辑器。无论使用哪种方法来编辑公式，公式的自动编号都可用“题注”功能实现，但公式与公式编号的对齐方法则有所不同。

3.4.1　公式编排规范

公式有排在行中(串文排)及单独占行的两种排法。串文排是指串排于正文行中间的公式。结论性公式或较长的公式，则单独占行，这种公式一律居中排列。

当论文中出现较多公式时，公式编号能起到引证和检索的作用。公式编号统一用阿拉伯数字编号并置于圆括号内。对于单篇论文（如发表的学术论文），由于公式不多，则可用自然数编号；对于学位论文、科技图书，由于公式较多，为了明确公式编号与篇、章、节的对应关系，则常在公式编号前加上篇、章、节的序号，公式编号居右排。

图 3-53 是学位论文中常见的公式编排格式示例。由此可见，常见的公式排版要求有：

（1）公式居中，编号居右。公式要求另起一行且居中放置，在正文各章中顺序编号，并在前面加上章的序号，编号用小括号括起来，放在右边行末。例如，公式编号“(1-1)”，它表示第 1 章第 1 个公式。

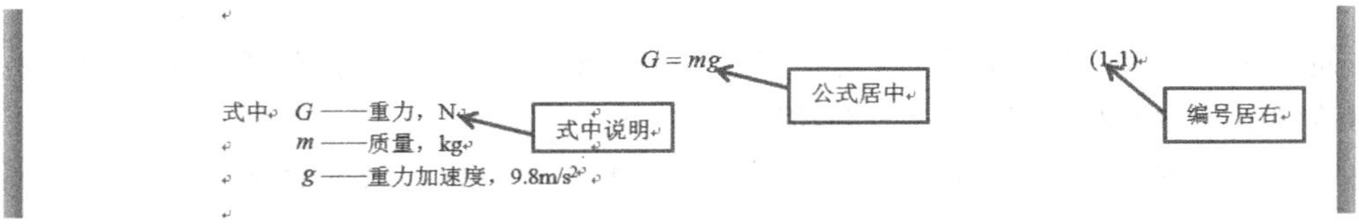

图 3-53　公式常见编排格式

（2）公式中变量的说明可采用“式中”的形式。对于公式中首次出现的量的符号，按照其在式中出现的顺序，用准确、简洁的语句对其进行逐一解释。公式说明中必要时可标出量的单位。“式中”二字顶格编排且与后面变量之间空两个半角空格，各行要求破折号对齐。

除了上述公式变量说明形式，还可采用“其中”的形式，如图 3-54 所示。公式中变量的说明采用“其中”形式时，“其中”二字顶格，不用破折号。

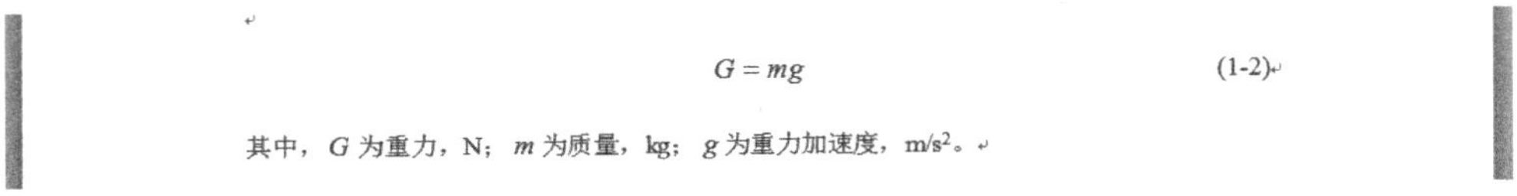

图 3-54　公式另一种编排格式

3.4.2　常见公式居中编号居右的编排

对于公式居中编号居右的编排，通常的做法是通过将公式所在行设为右对齐，通过空格来实现公式居中。但这样很难精确实现公式居中，而且当公式内容更改，长度发生变化或者页面设置发生变化时，还需要增减空格。如果论文中公式较多，这种方法就显得非常烦琐，且费时费力。

如图 3-55 所示的公式录入和排版需要解决两个问题：一是公式编号自动化；二是由公式和编号构成的段落样式（公式和编号要在同一行，公式居中对齐，编号在行的右端且右对齐）。第一个问题可参考 3.3.4 节图表题注中插图自动编号的方法；第二个问题需要单独设置。本小节将分别介绍使用 Word 自带的公式编辑器和 MathType 编排公式的两种方法。

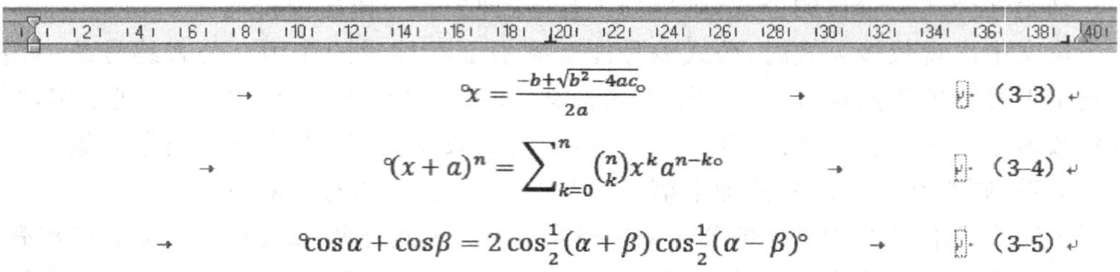

图 3-55　公式居中编号右对齐示例

1. 使用 Word 公式编辑器

使用 Word 编写公式很方便，公式编号自动化也容易实现，但让公式居中和编号右对齐却遇到麻烦，可使用制表位及宏的功能，按以下步骤来解决：

(1) 在用 Word 插入公式前，插入一个不间断空格①，输入公式后再插入一个不间断空格。

(2) 在新的一行上插入公式编号，再插入样式分隔符，将公式和编号排成一排。

(3) 设置制表位，使公式居中对齐，编号右对齐。

(4) 由于操作步骤较多，可录制一个宏命令，并添加一个快捷键。

例 3-13　使用 Word 公式编辑器如何插入如图 3-55 的公式居中编号右对齐的三组公式？

第一步，先使用组合键 Ctrl＋Shift＋Space 来输入一个不间断空格，再用公式编辑器来插入公式，插入公式后再插入一个不间断空格，结果如图 3-56 所示。

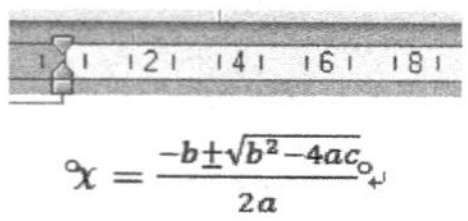

图 3-56　第一步操作结果图示

第二步，插入题注：按回车键将光标定位到公式下一行，单击"引用"→"插入题注"，在"题注"对话框中设置"标签"为公式，勾选"题注中不包含标签"复选框，如图 3-57 所示；再单击"编号"按钮，在弹出的"题注编号"对话框中勾选"包含章节号"复选框，"章节起始样式"选择"标题 1"，"使用分隔符"设为"-连字符"，如图 3-58 所示；先给编号添加右括号，按键盘上 Home 键，将光标移到行首，添加左括号，结果如图 3-59 所示。

注意：由于宏可以录制单击命令和选项以及键盘的操作信息，却无法录制光标在文档窗口的移动，所以，这一部分操作没有采用鼠标操作来移动光标位置，而采用了键盘操作。

---

① Word 编辑英文文章时，常遇到由多个单词组成的词组被分隔在两行文字里，这样很容易让人看不明白。可以使用不间断空格来代替普通空格使该词组保持在同一行文字里。在 Word 2003 之后的版本，可以使用组合键 Ctrl＋Shift＋空格键来输入不间断空格键。

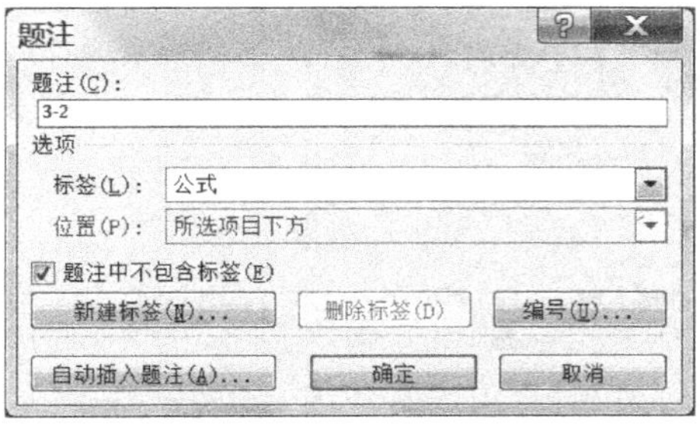

图 3-57 插入公式题注

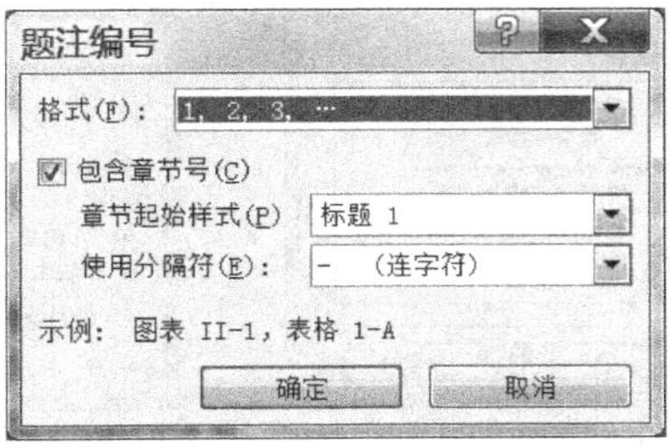

图 3-58 公式题注编号设置

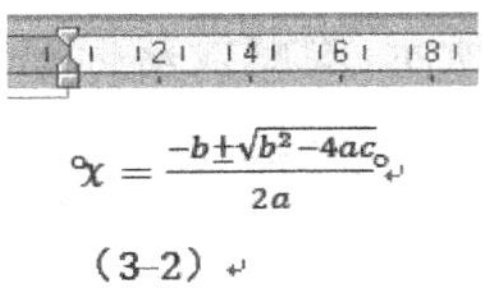

图 3-59 第二步操作结果图示

第三步,插入样式分隔符:用键盘向上方向键"↑"将光标上移一行,按键盘 End 键,将光标定位到该行末(此处未使用鼠标操作,原因同第二步注意中的内容);按 Ctrl+Alt+Enter 组合键,在行末插入样式分隔符,使公式与编号排在同一行,结果如图图 3-60 所示。

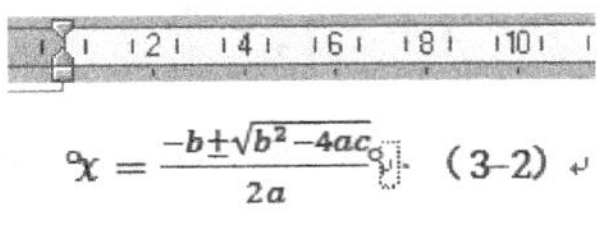

图 3-60 插入样式分隔符

第四步,设置制表位:插入样式分隔符后的光标位置应该在样式分隔符之后,这时按两下键盘向左方向键"←",将光标移动到不间断空格与样式分隔符之间;然后单击"开始"→"段落",在弹出的"段落"对话框中单击"制表位"按钮,在弹出的"制表位"对话框中,设置公式为居中对齐,其数值等于每行字符数(39 字符)的一半(如 19.5 字符),无前导符,设置编号右对齐,其数值为一行的字符数,无前导符,如图 3-61 所示。

第五步,第四步结束后的光标位置在分隔符和不间断空格之间,在此处按键盘上的 Tab 键,插入一个制表符;然后,按 Home 键,将光标移到行首,再插入一个制表符,就得

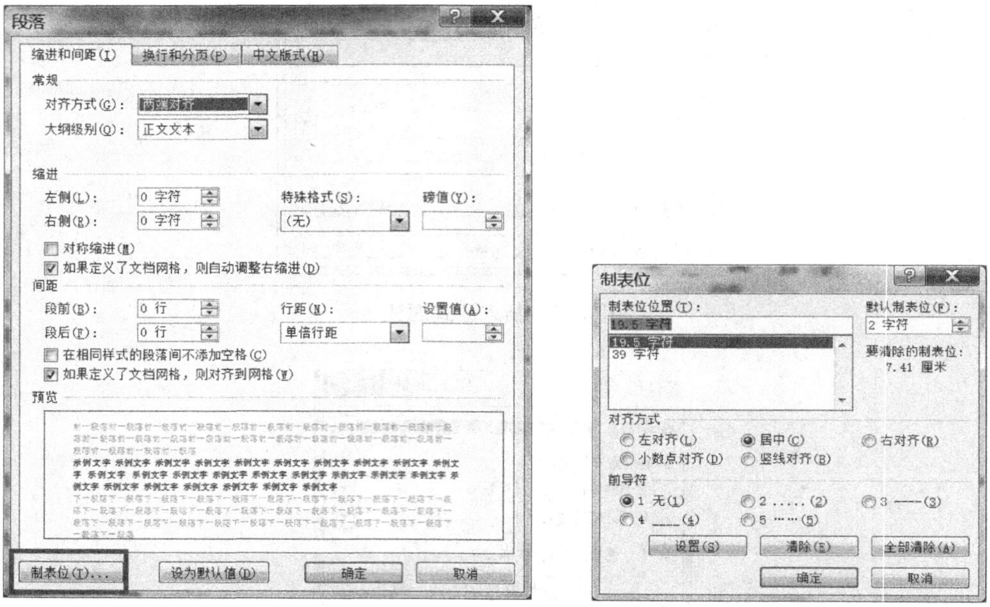

(a) “段落”对话框　　　　(b) “制表位”对话框

图 3-61　设置公式与编号对齐

到符合要求的对齐方式，如图 3-62 所示，隐藏段落标记“↵”，结果如图 3-63 所示。

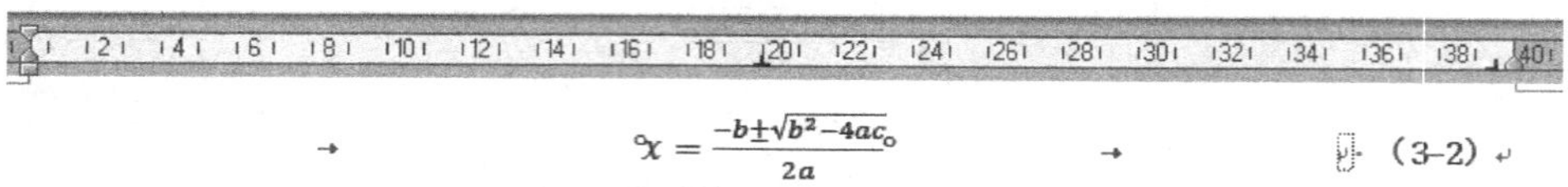

图 3-62　公式居中编号居右对齐结果

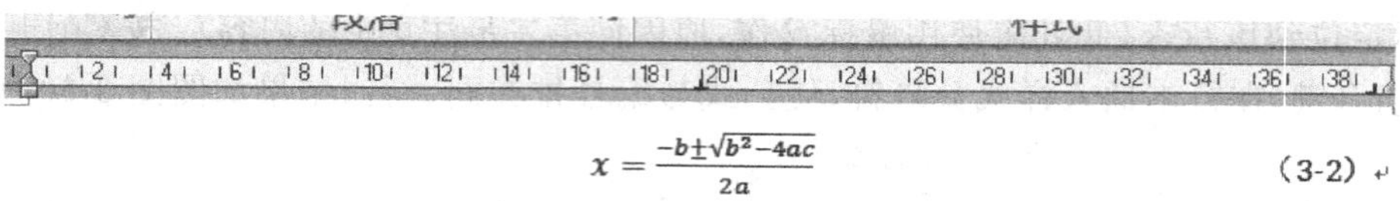

图 3-63　隐藏段落标记的公式与编号

将第二步到第五步的操作录制为一个宏命令，并分配一个快捷键(如 Ctrl＋Alt＋8)，以后使用就非常方便。

下面介绍录制宏的操作：

首先，在上述第一步操作结束后，单击“视图”→“宏”→“录制宏”，在弹出的“录制宏”对话框中输入“宏名”为“公式”，然后在“将宏保存在”下拉列表框中选择当前文件，则此次录制的宏只会对该文件生效。若选择“所有文档(Normal. dot)”，则在任何打开的 Word 文档中都可以使用该宏；在“说明”文档添加说明，如“设置公式的宏”，如图 3-64 所示。

接下来，将宏指定到工具栏或快捷方式，这里将宏指定到快捷方式：单击“键盘”按钮，在弹出的“自定义键盘”对话框中的“请按新快捷键”编辑栏中按下键盘上的 Ctrl＋

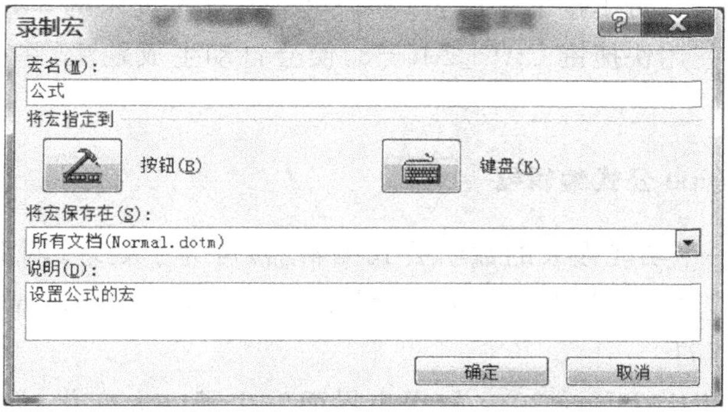

图 3-64　录制宏

Alt+8，则将组合键自动显示在编辑栏中，单击“指定”按钮，则设置好当前快捷键，如图 3-65 所示。

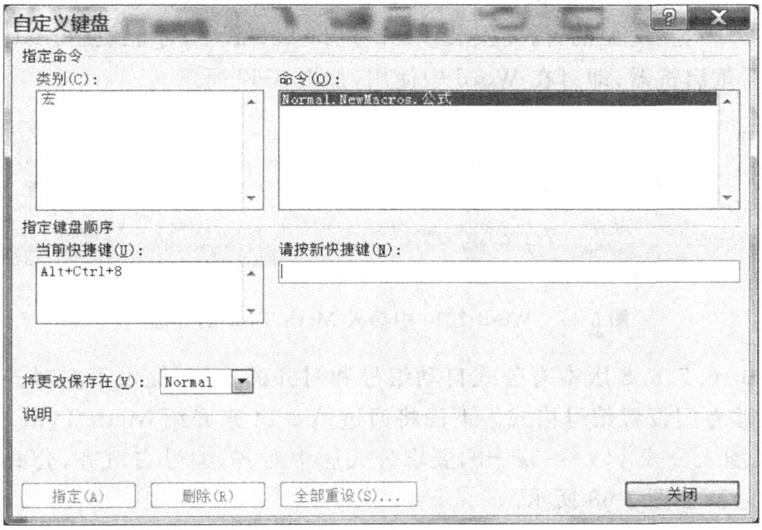

图 3-65　自定义快捷键

这样，就开始了录制宏的操作，接下来就可以继续上面的第二步到第五步操作，在第五步结束之后，单击“视图”→“宏”→“停止录制”，如图 3-66 所示。

图 3-66　停止宏录制

宏命令设置好之后，对于接下来的公式编号排版，首先按照例 3-13 的第一个步骤输入公式，接下来只要使用快捷键 Ctrl＋Alt＋8，便会自动生成题注，并实现公式和题注的排版。

2. 使用 Math Type 公式编辑器

Math Type 是一个功能强大的数学公式编辑器，可为字处理、网页和演示文档创建复杂的数学公式和符号。在与 MS Office 软件配合使用时，由于 Math Type 的版本不同，其使用方法也略有不同。

与 Office 2003 相比，Office 2010 的用户界面发生了巨大变化，为了适应这种变化，Design Science 公司相继开发了 Math Type 6.7、6.8 版本，使得在 Word 2010 中使用 Math Type 对公式进行自动编号和排版变得更为方便。

在安装了 32 位版本的 Word 2010 机器上，安装 Math Type 6.7 版本后，重启机器后即可在 Word 2010 中使用 Math Type。由于笔者安装了 64 位的 Windows 7 操作系统，安装的 Word 2010 是 32 位的，需要安装 Math Type 6.8 版本，才能使用 Math Type，该版本安装后，无需重启机器，即可在 Word 中使用，如图 3-67 所示。

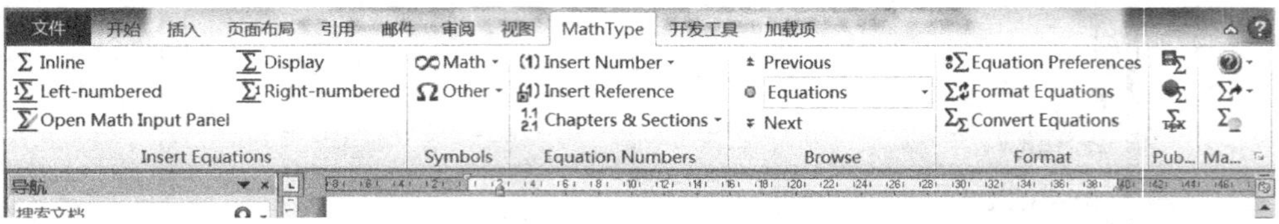

图 3-67 Word 2010 中插入 Math Type 的界面

Math Type 6.7、6.8 版本有公式自动编号和对齐的功能，提供了左对齐或右对齐的选择；而且能够专门设置编号格式。下面将通过例 3-14 来介绍 Math Type 的使用方法。

例 3-14 插入公式 $y(x)=5x+3$，要求公式居中对齐，编号右对齐，公式编号的样式为(章号-公式号)，如图 3-68 所示。

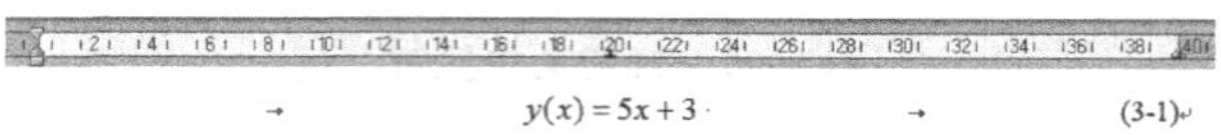

图 3-68 MathType 插入公式及编号示例

第一步，设置编号格式：单击 Math Type→Equation Numbers→Insert Number→Format，如图 3-69 所示；在弹出的 Format Equation Numbers 对话框中按照要求设置公式编号的样式，如图 3-70 所示，其中，Chapter Number 为章号，Section Number 为节或段号，Equation Number 为公式号，Enclosure 为格式，Separator 为章节和序号间的符号。

此外，还可使用 Advanced Format 设置诸如“公式 X-Y”的样式，如将该编辑框中的值设为“(公式＃C1-＃E1)”，输入公式后可得到如图 3-71 所示的编号样式。

第二步，将光标放置于需要插入公式的位置，单击 Math Type→Insert Equations→Right Numbered，如图 3-72 所示。

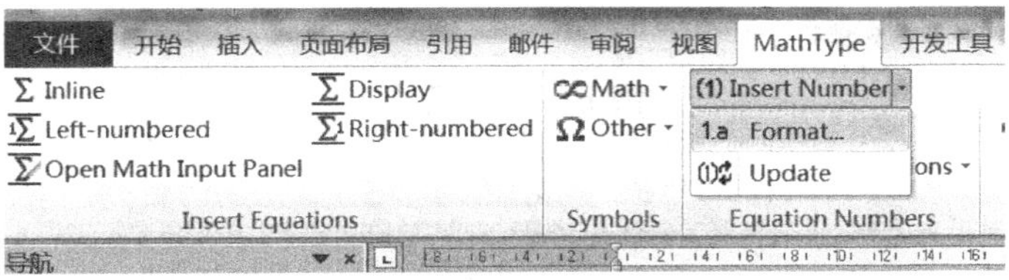

图 3-69　选择编号格式设置菜单命令

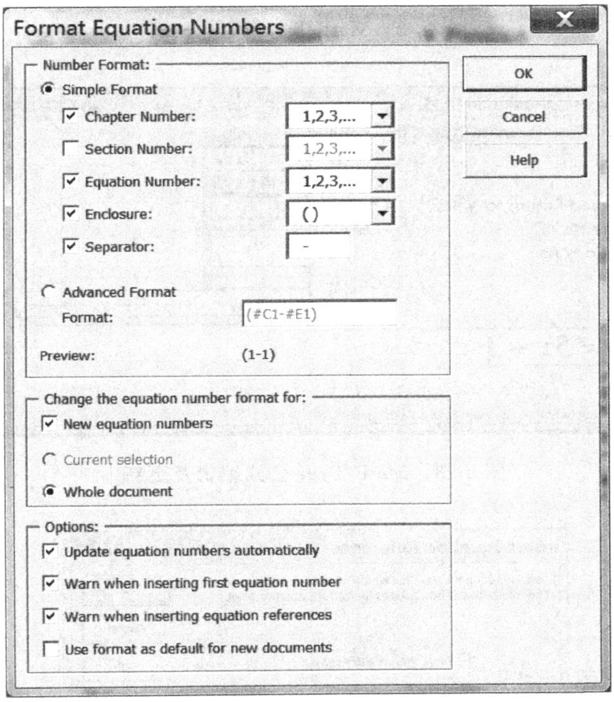

图 3-70　Math Type 编号格式设置

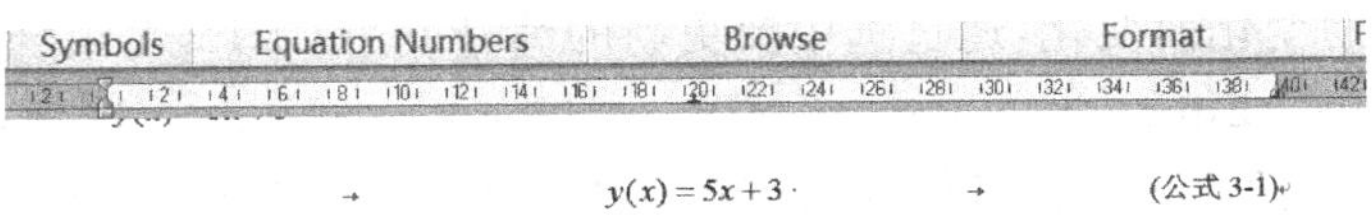

图 3-71　“公式 X-Y”编号样式

第三步，在弹出的公式编辑窗口中输入公式，公式编辑好后，单击 File→Update 文件名菜单命令，如图 3-73 所示，将公式插入文档。

在正文中引用公式编号时，可先把光标放到插入位置，单击 Math Type→Equation Numbers→Insert Reference，弹出 Insert Equation Reference 对话框，单击 OK 按钮，如图 3-74 所示；同时光标处会出现 equation reference goes here，双击需要插入公式的编号，即可在文中插入公式编号。

对于老版本的 Math Type，使用 Math Type 提供的更新命令，可以使插入到正文的

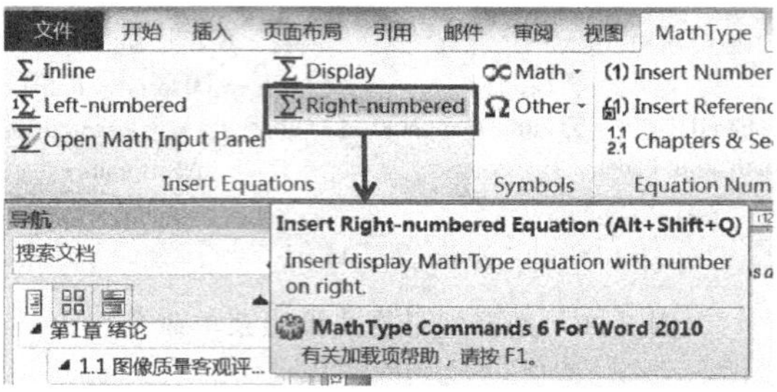

图 3-72　Math Type 插入公式

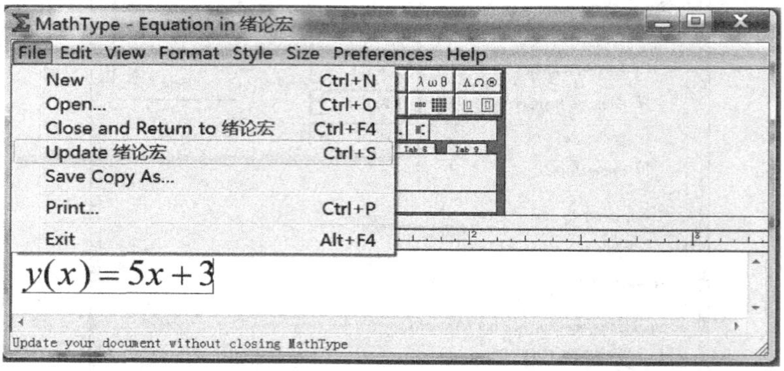

图 3-73　Math Type 公式编辑及更新

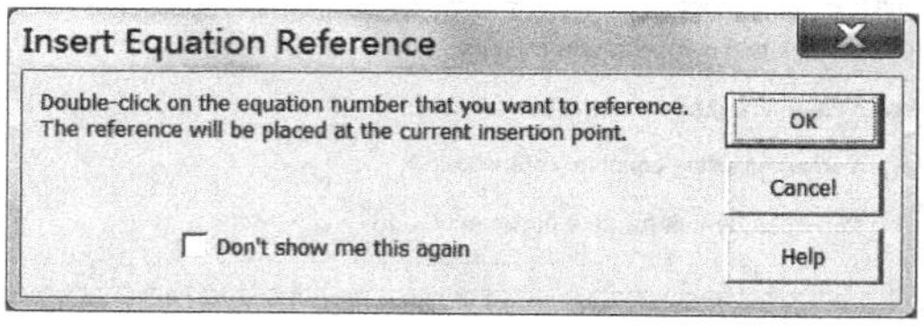

图 3-74　插入公式引用对话框

编号随公式编号的变化而变化，通过选中要更新的编号或用 Ctrl+A 组合键选中全文，然后单击 Math Type→Equation Numbers→Insert Number→Update 选项，就可以更新编号；Math type 6.8 插入的公式编号及其在正文中的引用，可以自动更新。

3. “式中”说明的编排

“式中”说明的编排通常是通过调整缩进的方式实现破折号对齐，但这样较难实现精确对齐，而且经常需要调整；为避免这样的烦琐工作，可以使用插入无框线的表格来实现。

例 3-15　利用表格插入如图 3-53 所示中的“式中”说明。

第一步，插入 2 列 3 行(因有 3 个变量)的表格。

第二步，将表格第 1 列第 1 行的单元格拆分为两列。

第三步，表格中各单元格的水平对齐及缩进方式分别为：“式中”所在的第一个单元格采用左对齐，无缩进；含有破折号“——”的单元格（本例有 3 个）采用右对齐，右缩进 −0.5 字符；含有文字说明及单位的单元格为两端对齐，左缩进 −0.5 字符。

第四步，将表格设置为“根据内容调整表格”。

第五步，将表格设置为“无框线”。

4. 公式转行

当公式很长时，一行排不下，就得转行，如图 3-75 所示。

$$I_i^p(t)=\frac{\partial F_s(t)}{\partial F_i(t)}=(1-F_1(t))(1-F_2(t))\cdots(1-F_{i-1}(t))(1-F_{i+1}(t))\cdots(1-F_n(t))=$$

$$\exp\left(-\left(\sum_{l=1}^{i-1}\lambda_l t\right)-\left(\sum_{k=i+1}^{n}\lambda_k t\right)\right)=\exp\left(-\left(\sum_{l=1}^{n}\lambda_k t\right)+\lambda_i t\right)=$$

$$\exp(-\lambda_s t)\exp(-\lambda_i t)=R_s(t)\exp(\lambda_i t)$$

图 3-75　公式转行示例

转行一般需要遵照以下规则：

(1) 优先在“=”或“≈”、“>”、“<”等关系符号处转行，关系符号留在行末，转行后的行首不必重复写出关系符号。

(2) 可在“+”、“−”、“×”、“÷”符号处转行，这些符号留在行末，转行后的行首不必重复写出符号。

(3) 可考虑在“$\sum$”、“$\prod$”、“$\int$”等运算符号和“lim”、“exp”等缩写字前转行，但绝对不能在这类符号之后立即转行。

(4) 如果“$\sum$”、“$\int$”等运算符号后面的式子一行无法排完，则可在其中的“+”、“−”或适当的相乘因子处转行。

(5) 对于长分子式，若分子分母均为多项式，则可在“+”、“−”处各自转行，并在转行处上行行末和下行行首分别加“→”和“←”符号；若分子分母均为非多项式，则可在某些适当的因子间各自转行。

(6) 行列式和矩阵不能从中间拆开转行，若行列式和矩阵中的诸元素式子太长，通栏无法排下时，可使用简单字符来代替元素，使行列式和矩阵简化，然后对每个字符加以说明。

例 3-16　插入如图 3-75 所示的转行公式，该如何操作？

第一步，利用 Math Type 公式编辑器输入公式，并在转行处按 Enter 键转行。

第二步，将光标置于公式的第一行的第一个“=”后面，插入“对齐方式符号”，如图 3-76 所示。

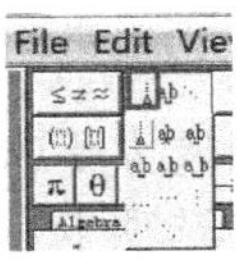

图 3-76　插入对齐方式符

3.4.3 文本公式混合排版

当公式与文本混合排版时，有时会出现行距过大或行距不均匀的问题，如图 3-77(a)所示。

如果将直方图的包络看作一条曲线，则选取直方图的谷可借助求曲线最小值的方法。设用 $h(z)$代表直方图，那么极小值点应满足：$\frac{\partial h(z)}{\partial z}=0$ 和 $\frac{\partial^2 h(z)}{\partial z^2}>0$。这些极小值点对应的灰度值就可用作分割阈值。	如果将直方图的包络看作一条曲线，则选取直方图的谷可借助求曲线最小值的方法。设用 $h(z)$代表直方图，那么极小值点应满足：$\frac{\partial h(z)}{\partial z}=0$ 和 $\frac{\partial^2 h(z)}{\partial z^2}>0$。这些极小值点对应的灰度值就可用作分割阈值。
(a)	(b)

图 3-77　文本公式混合排版示例

例 3-17　调整如图 3-77(a)所示公式文字混排时的行距，使之均匀分布，该如何操作？

单击“段落”→“缩进和间距”选项卡，取消勾选“如果定义了文档网格，则对齐网格”复选框，如图 3-78 所示。调整后的结果如图 3-77(b)所示。

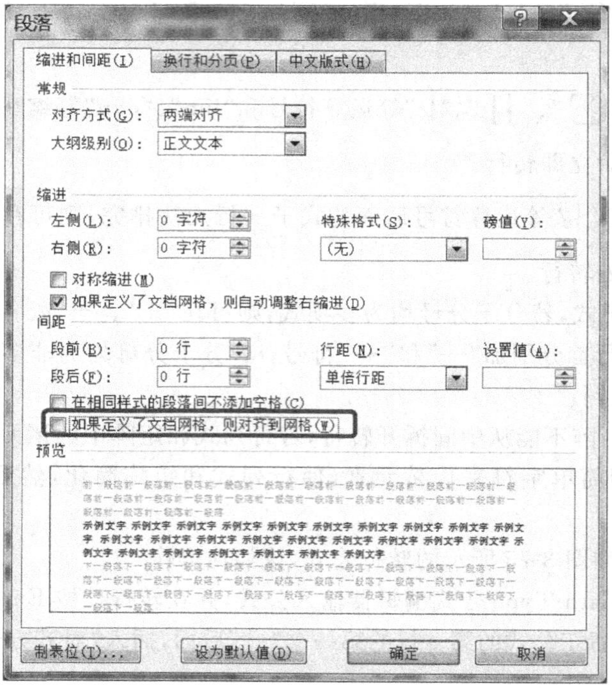

图 3-78　行距调整对话框

注意：该公式中有分式，导致公式高度大于文本高度；如果段落中的公式高度跟文本接近，可以单击“段落”→“缩进和间距”选项卡，将行距设置为固定值，固定值的设定值要将文档的字号、原来行距等因素综合考虑，保证前后段落行距的一致性。

3.5 交叉引用

在论文的编辑过程中，经常要在正文中引用图、表、公式及参考文献等其他位置上的内容，如“如图 1-2 所示”、“文献[3]表明”等类似的语句，目的是让读者去参考引用的内容，因为引用的内容与当前内容是紧密相关或可帮助理解的。例如，图 3-79 中出现了对论文 1.1.2 节内容的引用。

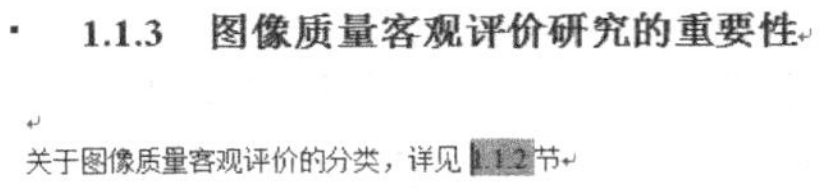

图 3-79　交叉引用范例

为便于表述，将放置“详见 1.1.2 节”这类文字的位置称为“引用位置”，将这些文字中所指向的位置称为“被引用位置”。使用手工输入完全可以完成这些内容的添加，但是一旦被引用位置上的内容有所变化，尤其是编号发生改变，那么引用位置上的文字就需要回过头去查找并修改，否则编号就无法对应了。当论文中出现大量的引用时，这种人工检查和修改的工作量是相当惊人的。

解决上述问题的最佳方法是使用交叉引用。只要被引用位置上的内容使用了自动编号，就可以利用交叉引用自动指向该编号，即使以后编号发生了改变也不用担心，因为 Word 会自动维护这些编号，只要更新这些编号即可使其同步更新。

例 3-18　若要编辑如图 3-79 中所示的引用，应当如何操作？

第一步，将光标置于要添加引用文字的位置，然后输入除编号以外的其他固定内容“详见节”，将要引用的节编号留空。

第二步，将光标置于“见”与“节”字中间，然后单击“插入”→“引用”→“交叉引用”按钮。

第三步，在弹出的“交叉引用”对话框中的“引用类型”列表框中选择“标题”，在“引用内容”列表框中选择“标题编号”；然后在下方的列表框中选择要引用的具体的标题，如图 3-80 所示。注意：勾选“插入为超链接”复选框，则可以让交叉引用具有超链接的功能，即按住 Ctrl 键的同时单击交叉引用文字，可跳转到被引用的位置。

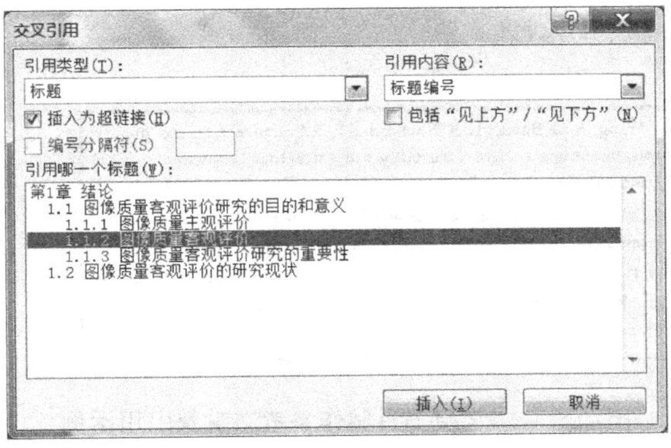

图 3-80　交叉引用设置

最后，单击“插入”与“关闭”按钮，就在“见”与“节”之间插入了一个编号，这个编号就是要引用的标题的编号。

如果被引用位置的编号发生变化，可以右击引用位置，在弹出的快捷菜单中选择“更新域”命令，就可以自动更新编号以匹配被引用位置的新编号。如果论文中出现了多处的交叉引用，可以按 Ctrl+A 组合键选中全文后，再按 F9 键进行全文档更新。

3.6 参考文献及其引用

参考文献一般列于正文之后，对于学位论文还要求另页编排。通常有“顺序编码制”和“著者-出版年制”两种著录形式。“顺序编码制”便于参考、检索和查阅，学位论文以及大部分期刊小论文中普遍采用这种形式。

当参考文献数量达到两位数以上，手工维护参考文献列表的编号及其在正文中的引用标识将是一项非常费力且容易出错的工作，尤其是正文调整时，正文中参考文献标注编号及参考文献列表都要进行修改。如何实现参考文献列表中的序号与正文中参考文献的引用编号的自动编排及同步，是大家最为关心的问题。

3.6.1 引文和书目

Word 2010 中提供了“引文与书目”功能，可以输入参考文献以及对参考文献的引用进行标注。该功能使参考文献的管理及其引用标识编号变得非常简单。只需通过建立一个“源”，无论这个源是自己录入的，还是计算机中其他文档的，还是网络共享的，都可以根据源，套用国际通用样式，将规范化的引文标识插入到文档中。不仅如此，还可以根据源自动生成参考文献列表。

例 3-19 插入如图 3-81 所示的参考文献列表以及对参考文献的引用标识，该如何操作？

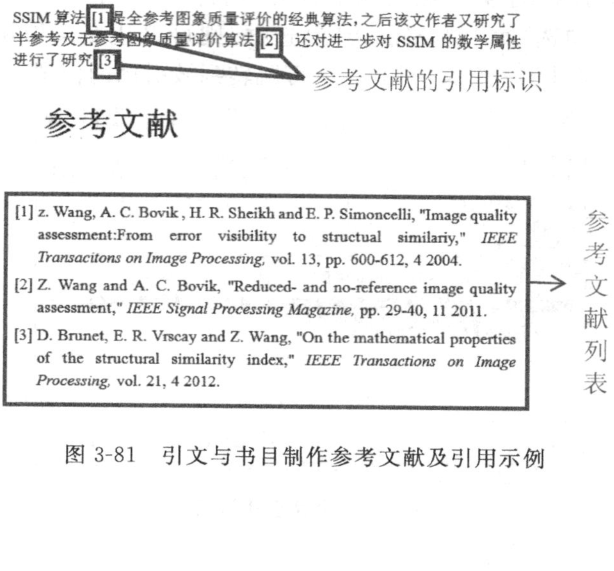

图 3-81 引文与书目制作参考文献及引用示例

第一步，设置"引文与书目"的样式，即参考文献列表及其引用标识的样式。单击"引用"→"引文与书目"→"样式"，在下拉列表中选择 IEEE 2006，如图 3-82 所示。

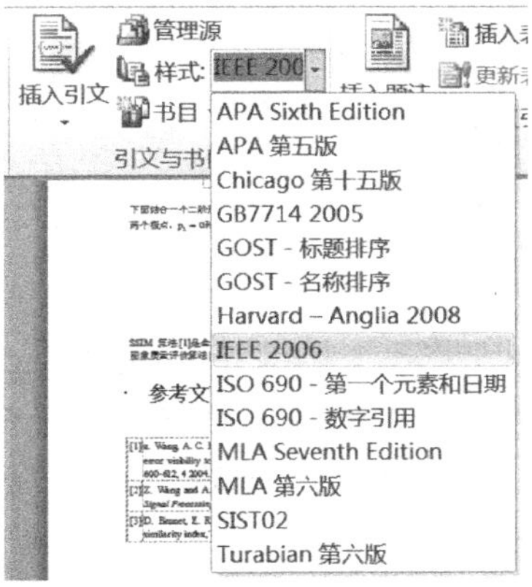

图 3-82　选择引文样式

第二步，将光标置于引用参考文献的位置，单击"引用"选项卡上的"引文与书目"，单击"插入引文"。引文可以在已有的源中选取，也可以选择添加新源或新占位符(若要添加源信息，请单击"添加新源"；要是对源信息掌握不完全，希望添加占位符，以便之后可以创建引文和填写源信息，可单击"添加新占位符"，在"源管理器"中，占位符源旁边将显示一个问号。)。本范例为添加新源，如图 3-83 所示。

图 3-83　插入引文

第三步，添加新源后，显示"创建源"对话框，如图 3-84 所示。单击"源类型"下拉列表，选择"期刊文章"；选择"语言"；单击"编辑"，弹出"编辑姓名"对话框，如图 3-85 所示，可逐一添加作者姓名；输入"标题"、"期刊标题"等相应的内容。

创建源对话框内容填写完毕并单击"确定"后，引文即被插入到论文中。此时，在向文档添加新引文的同时也新建了一个将显示于书目中的源。

第四步，创建了源之后，可以调用源中的数据自动产生参考文献列表，即书目。单击要插入参考文献列表的位置(通常位于论文的末尾)，在"引用"选项卡上的"引文与书目"组中单击"书目"，在下拉列表中选择适合的样式或单击"插入书目"，如图 3-86 所示，即可在论文中插入参考文献列表。

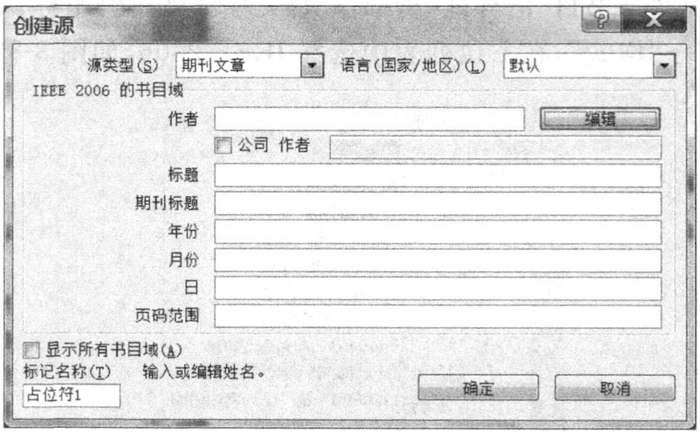

图 3-84　创建源

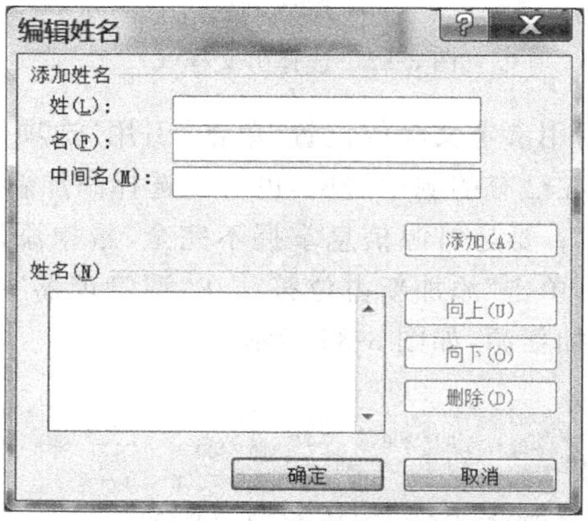

图 3-85　编辑作者姓名

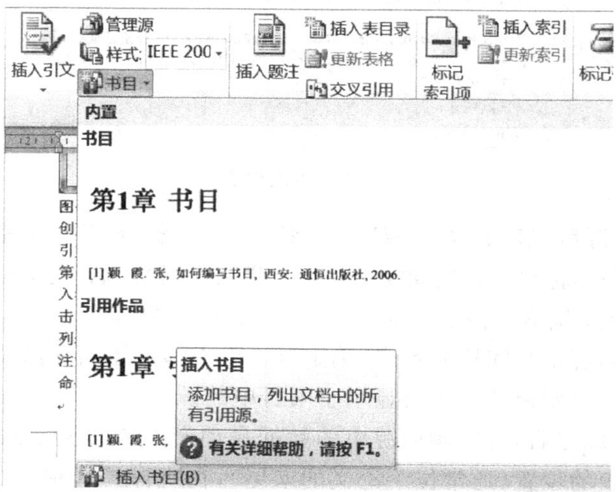

图 3-86　插入书目

注意：源，可以是在当前文档中，也可以是在这台计算机的其他文档中，可以使用"管理源"命令搜索在其他文档中引用的源。

通过以上方法创建参考文献列表及正文中对参考文献的引用标注编号后，当调整含有文献标注编号的正文时，后面的参考文献列表能够随之变化。由此可见，Word 2010 的引文与书目功能极大地方便了参考文献的管理，但其不足之处是它提供的参考文献样式种类有限，尚无法满足大、小论文的编排需求。例如，若正文中引用标识要求用上标形式，虽然可通过"字体"对话框逐一改变引用标识的样式，但是只要更新"引文与书目"，所有引用标识的样式又恢复到原始样式。若要实现这种样式的编排，可通过尾注功能来实现。

3.6.2　利用尾注实现参考文献编排

在 Word 中可以使用"交叉引用"来实现参考文献列表及其引用标识的编排，该方法能够实现当参考文献列表顺序发生变化时，正文中的引用标识编号会随之变化；但编排论文时，通常希望在调整含有文献标识的正文内容时后面的参考文献也随之变化，这一点交叉引用的方法无法实现，但可以利用 Word 的"尾注"功能来实现。下面将介绍中括号与尾注同步、先插尾注后统一加中括号两种方法。

1. 中括号与尾注同步法

例 3-20　利用中括号和尾注同步法，插入如图 3-87 所示的参考文献列表以及对参考文献的引用标识，该如何操作？

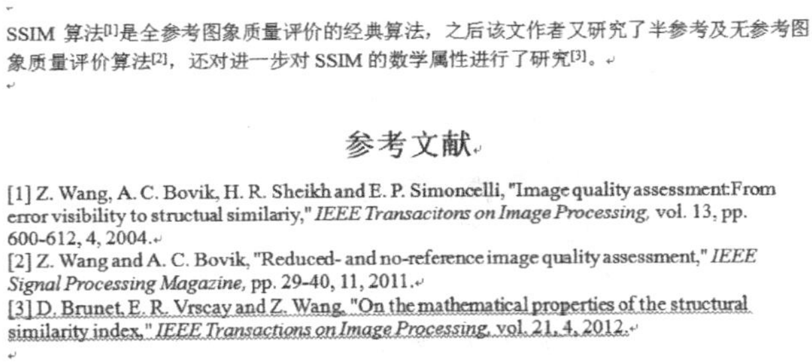
SSIM 算法[1]是全参考图象质量评价的经典算法，之后该文作者又研究了半参考及无参考图象质量评价算法[2]，还对进一步对 SSIM 的数学属性进行了研究[3]。

参考文献

[1] Z. Wang, A. C. Bovik, H. R. Sheikh and E. P. Simoncelli, "Image quality assessment:From error visibility to structual similariy," *IEEE Transacitons on Image Processing,* vol. 13, pp. 600-612, 4, 2004.
[2] Z. Wang and A. C. Bovik, "Reduced- and no-reference image quality assessment," *IEEE Signal Processing Magazine,* pp. 29-40, 11, 2011.
[3] D. Brunet, E. R. Vrscay and Z. Wang, "On the mathematical properties of the structural similarity index," *IEEE Transactions on Image Processing,* vol. 21, 4, 2012.

图 3-87　利用尾注著录参考文献及其引用标识示例

第一步，将光标置于正文中要插入参考文献引用标识的位置，输入一对中括号，即"["与"]"，并设置字体为上标。

第二步，将光标放在左、右中括号之间，选择"引用"选项卡，在"脚注"组，单击右下角的 按钮，弹出"脚注与尾注"对话框，如图 3-88 所示。在"位置"选项区，选中"尾注"，并在右边下拉框中选择"文档结尾"。在"格式"选项区，"编号格式"选择阿拉伯数字，"起始编号"设为"1"，"编号"设为"连续"。单击"插入"按钮，即插入了一个尾注。

第三步，在结束第二步操作后，光标自动跳转到文档尾部尾注文本处，直接录入参考文献即可(注意：此时参考文献列表中序号的字体为"上标"，选中序号，在"字体"对话框中，取消勾选的"上标"字体，并添加左右中括号)。

第四步，后面的参考文献引用标识只需要复制刚才插入的参考文献标识"[1]"，在需

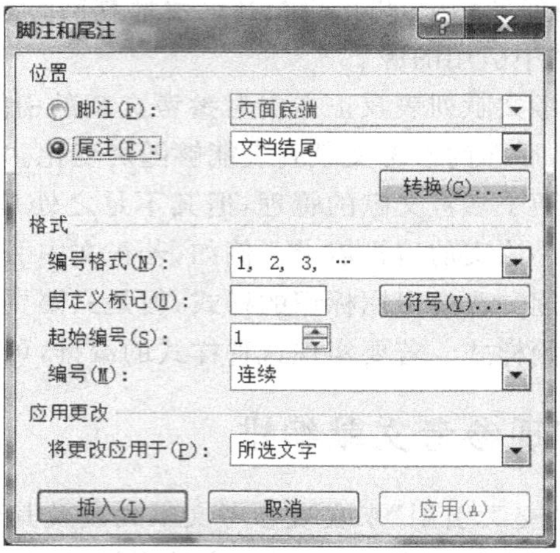

图 3-88　脚注与尾注对话框

要插入的地方粘贴，并修改参考文献列表中的文献即可；参考文献列表中的序号及左右括号会随之自动增加。

最后，在尾注的第一行有一条横线“——”尾注分隔符，需要将其删除。在“视图”选项卡的“文档视图”组中，选择“草稿”；再单击“引用”→“脚注”组中的“显示备注”。这个时候可以看到 Word 界面分成上下两个窗口，在下面的窗口中显示的就是尾注的内容，我们选择“尾注”下拉列表框中的“尾注分隔符”，如图 3-89 所示。在备注窗口中显示出尾注的横线，删除该横线。

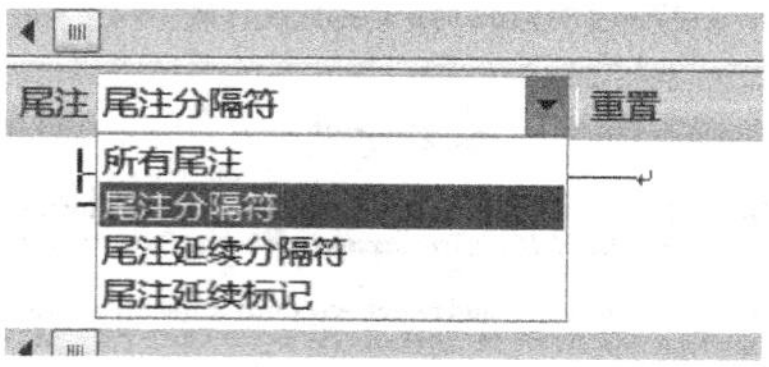

图 3-89　选择尾注区

该方法的主要特征是：首先利用尾注制作完成第一个文献标注编号，然后加上左、右中括号，调整好格式，后面的只需复制粘贴。由于尾注编号支持复制功能，会自动编号，因此，只要插入一次尾注即可，其他采用复制，并在尾注文本处修改文献即可。这一点非常方便，省去一次次地插入和设置。在复制尾注时，连同中括号一起复制。

2. 先插尾注后统一加中括号法

例 3-21　利用先插尾注再统一加括号方法，插入如图 3-87 所示的参考文献列表以及对参考文献的引用标识，该如何操作？

第一步，将光标置于需要插入文献引用编号处，如图 3-88 所示，设置“脚注和尾注”对话框，并插入尾注。在尾注文本处，录入参考文献。

第二步，当所有尾注引用编号插入完成后，利用“查找和替换”功能将尾注编号加上中括号。按 Ctrl＋H 组合键，打开“查找和替换”对话框，单击“更多”按钮，展开对话框；将光标置于“查找内容”文本框，单击“特殊格式”按钮，选择尾注标记“^e”，如图 3-90 所示，在“替换为”文本框中先输入一对中括号，并将光标置于括号内，单击“特殊格式”按钮，选择“查找内容”，“替换为”文本框中显示“[^&]”，然后单击“全部替换”按钮，如图 3-91 所示。

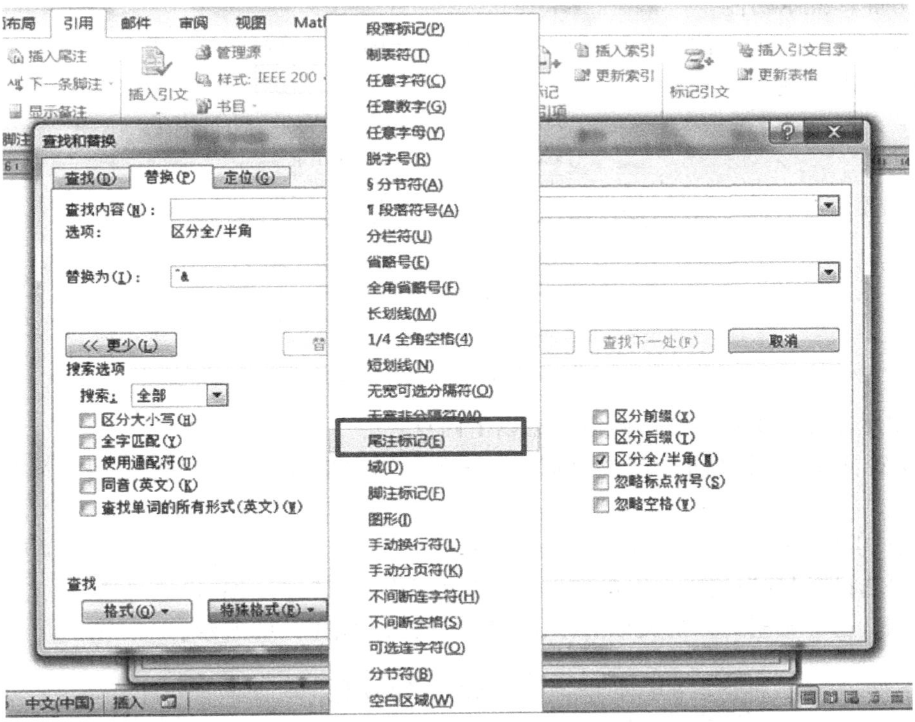

图 3-90　选择特殊格式尾注标记

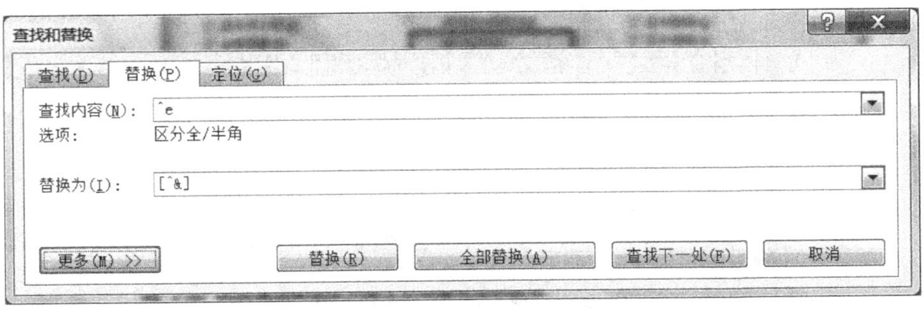

图 3-91　利用查找和替换为尾注引用编号加中括号

以上两种方法均利用尾注插入参考文献列表及其引用标识，并具有如下功能：

(1) 高度自动功能。

如果含有尾注引用的正文进行调整（如删除、复制、粘贴、移动等），则正文中的尾注引用仍会连续编号，而且参考文献列表处的尾注引用及其后面的文本也会自动进行对应的调整。

（2）快速切换功能。

单击参考文献列表中的尾注引用编号，可以返回到正文中的尾注引用编号位置，反之亦然。

（3）屏幕提示功能。

当鼠标指向正文中的尾注引用编号位置时，会弹出屏幕提示（如图 3-92 所示），便于查看引用文献情况。

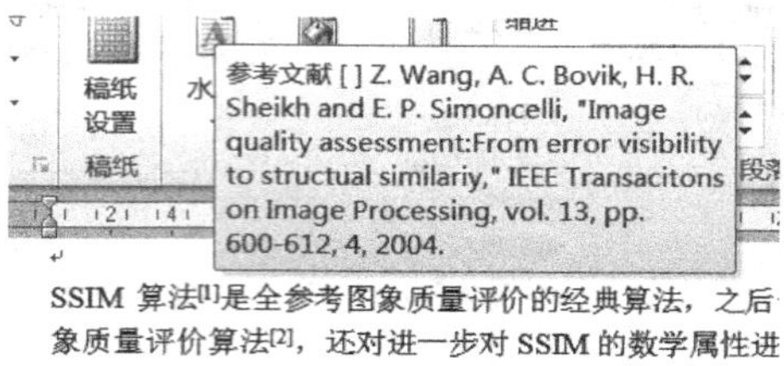

图 3-92　光标置于尾注处会有提示

使用尾注方法编排参考文献需注意以下两点：

（1）论文多次引用同一篇文献时，第一次引用时制作尾注，再次引用时采用交叉引用。

单击“引用”→“题注”→“交叉引用”命令，打开“交叉引用”对话框，在“引用类型”下拉列表框中选择“尾注”；在“引用内容”下拉列表框中选择“尾注编号”；勾选“插入为超链接”复选框，选中希望插入的文献后单击“插入”按钮，如图 3-93 所示。

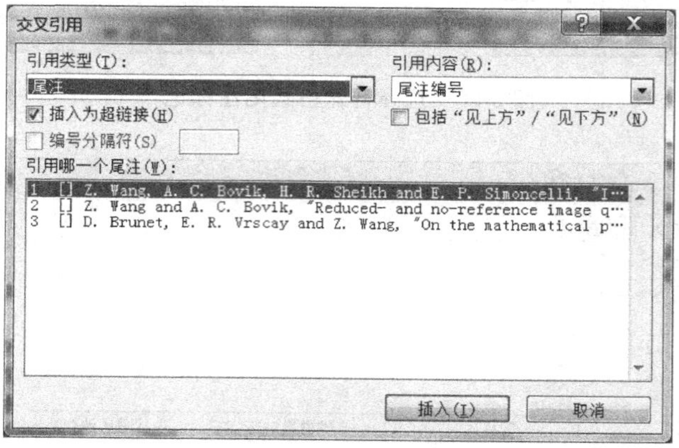

图 3-93　尾注编号的交叉引用

（2）在引用文献时，出现如“文献[5-7]”这样的情况，即文献“6”在正文中没有显示。

具体实现方办法是将不希望出现的编号隐藏。例如“文献[5-7]”的制作过程是，把引用编号“6”保留，即“文献[5-67]”或“文献[56-7]”，再选中“6”，在“字体”对话框的“效果”选项区中勾选“隐藏”。在打印时可以不打印隐藏文字（打印选项的默认设置）。

3.6.3　使用 EndNote 制作参考文献

科研工作者常常会在文献使用过程中遇到这样一些问题，例如：诸多文献从不同数据库重复下载；文献存放混乱，难以很快找到需要的文献；写论文时，文后参考文献的编写非常烦琐；多次投稿时，要反复修改参考文献格式。为了能够方便的解决遇到的这些有关参考文献的问题，本节将介绍利用 EndNote 来管理和制作参考文献的方法，首先将介绍什么是 EndNote。

1. EndNote 简介及版本介绍

EndNote 是 Thomson Scientific 公司开发的参考文献管理软件，支持国际期刊的参考文献格式有 3776 种，写作模板几百种，涵盖各个领域的杂志。它能直接连接上千个数据库，并提供通用的检索方式，提高科技文献的检索效率；将 EndNote 快捷工具嵌入到 Word 编辑器中，可以很方便地边书写论文边插入参考文献；国外数据库下载数据时，均支持 EndNote。

EndNote 的工作原理如图 3-94 所示。

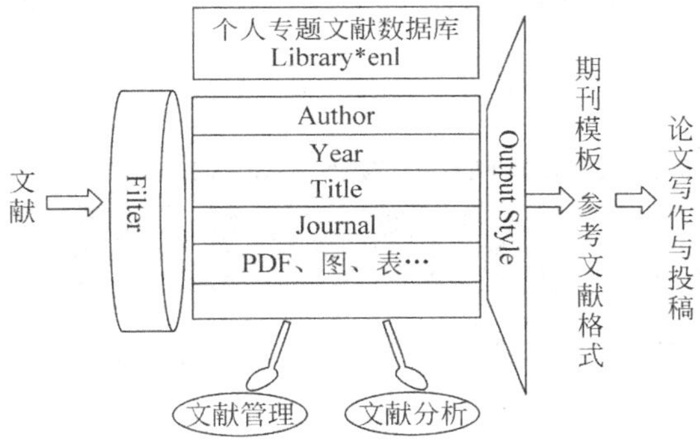

图 3-94　EndNote 工作原理示意图

由图 3-94 可见，EndNote 是一款强大的参考文献管理软件。它的功能主要有：

(1) 在文献管理方面，可以在本地建立个人数据库，随时检索收集到的文献记录；通过检索结果，准确调阅所需 PDF 全文、图片和表格；将数据库与他人共享，对文献进行分组，查重对比和自动获取全文。

(2) 在论文撰写方面，随时调阅、检索相关文献，将其按照期刊要求的格式插入文后的参考文献；迅速找到所需图片和表格，将其插入论文相应的位置；在转投其他期刊时，可迅速完成论文及参考文献格式的转换等。本书所用版本为 EndNote X4 美国杜克大学大客户版。

需要注意的是，安装 EndNote X4 之后，Word 中原有的“引文与书目”功能将无法使用，以下将介绍在文献管理和论文撰写中如何使用 EndNote。

2. EndNote 文献导入

在导入文献之前，可以先就某一个研究领域通过 EndNote 建立一个专门的“图书馆”，步骤如下：

单击 EndNote 菜单：File→New，新建一个“图像质量评价领域”的图书馆，如图 3-95 所示，保存后，结果如图 3-96 所示。

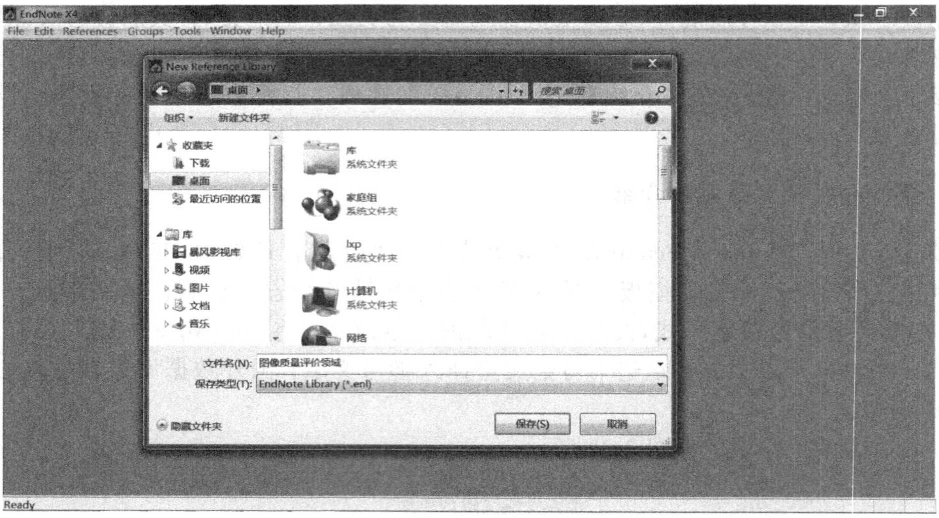

图 3-95　新建个人图书馆

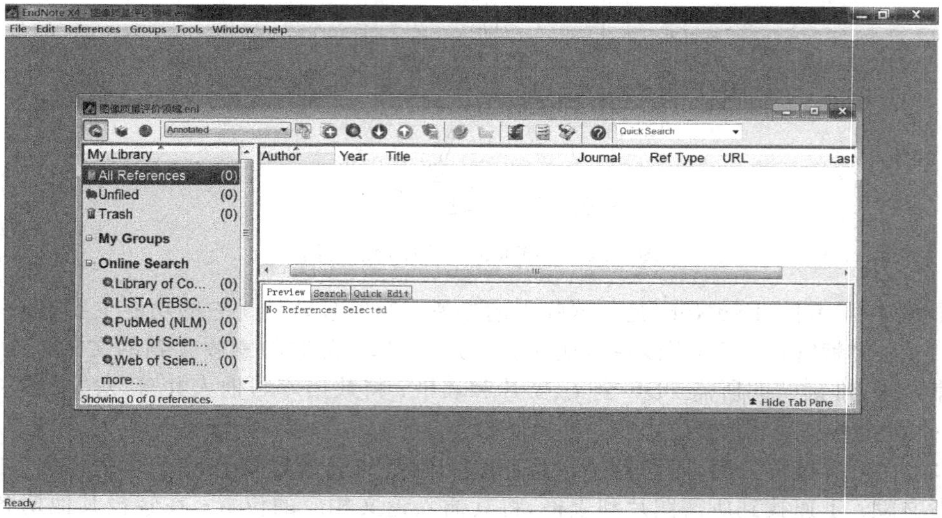

图 3-96　打开新建图书馆

EndNote 文献导入有网站输出、格式转换、手工输入、在线检索 4 种方式，以下内容将涉及各大文献数据库网站，由于网页内容时常更新，导致文献导入的形式也不断变化，读者看到本书时，文献导入方式可能会与文中不同。本文中涉及这部分的内容仅供参考。

1）网站输出

网站输出即直接进入网上的数据库，从数据库检索，筛选文章，直接导入到 EndNote。

以 Web of Science 为例，具体操作如下：

第一步，进入 Web of Science，输入关键词进行检索，检索结果如图 3-97 所示，选择"保存至 EndNote"。

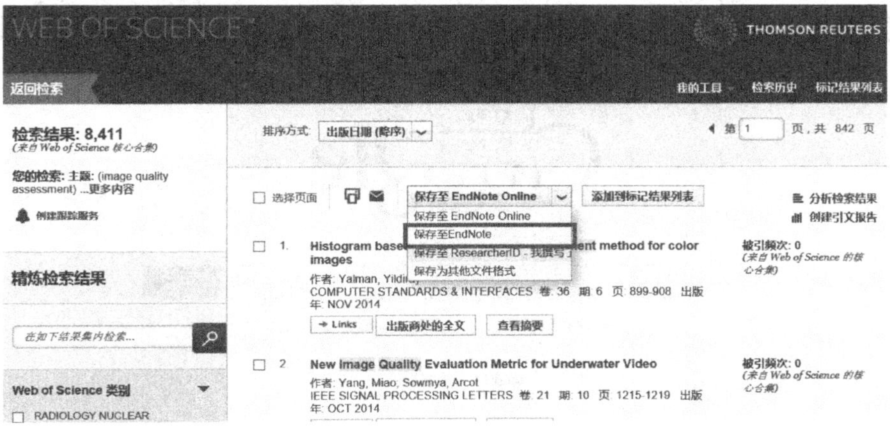

图 3-97　Web of Science 检索结果

第二步，在弹出的对话框中输入记录数、选择记录内容，单击"发送"，如图 3-98 所示，可下载扩展名为. ciw 的文件，双击该文件，50 篇文献的记录便输入到 EndNote 中，如图 3-99 所示。

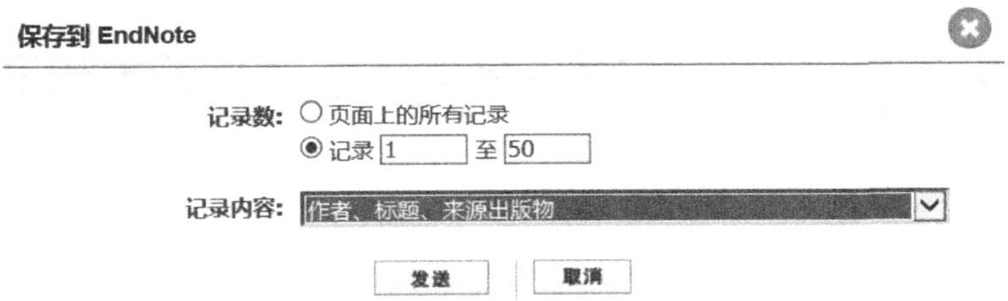

图 3-98　输出记录和格式

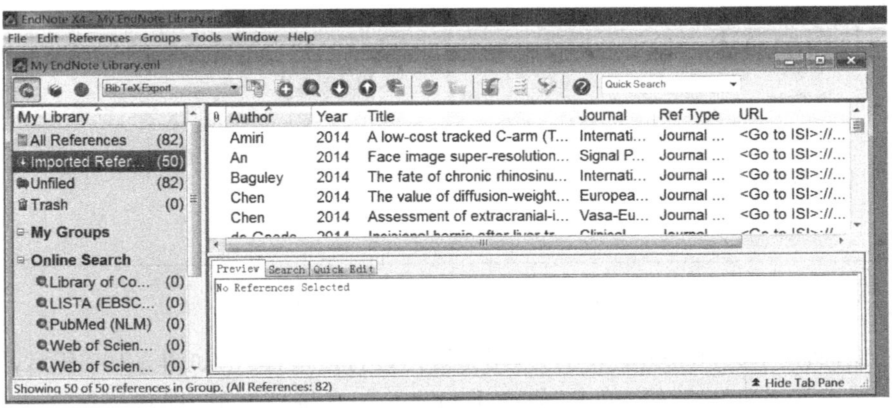

图 3-99　导入 50 篇文献到 EndNote

以 Google Scholar 为例，具体操作如下：

第一步，进入 Google Scholar 主页，单击“更多”→“设置”，如图 3-100 所示。

图 3-100　Google 学术搜索设置

第二步，在弹出的“Google 学术搜索设置”中，对学术搜索设置进行修改，将“参考书目管理软件”设为“显示导入 EndNote”，并保存，如图 3-101 所示。

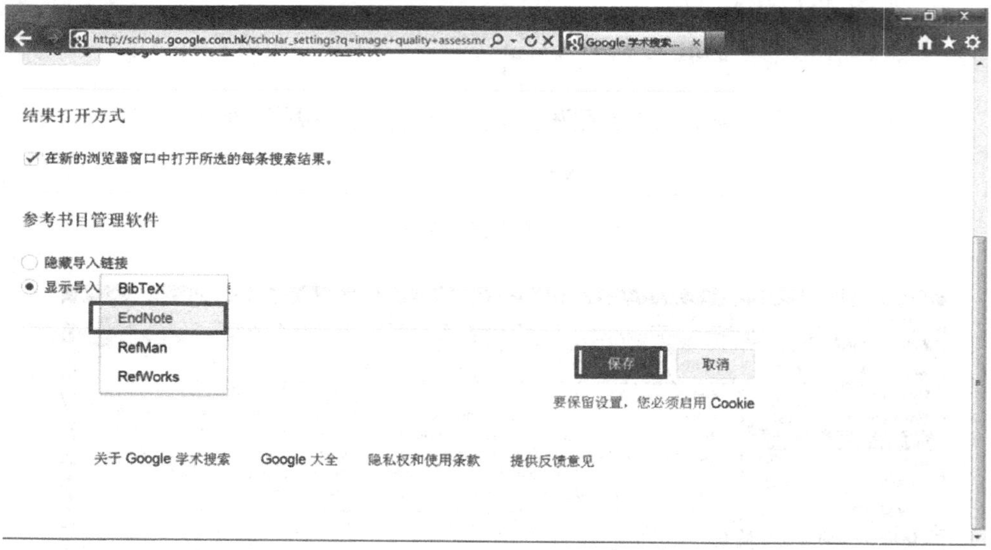

图 3-101　设置导入为 EndNote

第三步，回到 Google Scholar 主页，用关键词进行搜索，结果如图 3-102 所示，在检索页面显示导入 EndNote 链接，单击“导入 EndNote”，直接打开后，即将该篇文献导入到 EndNote，如图 3-103 所示。

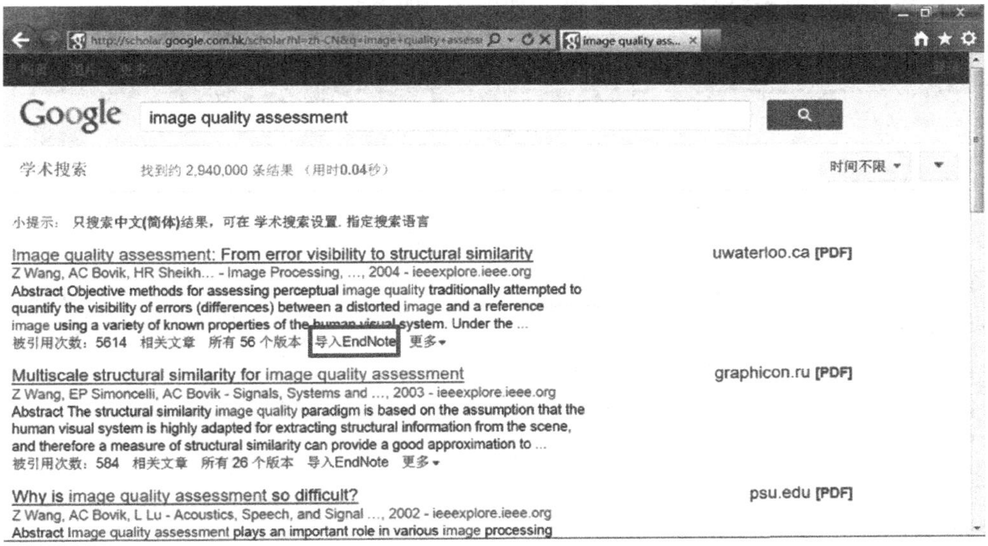

图 3-102　Google 学术搜索检索结果

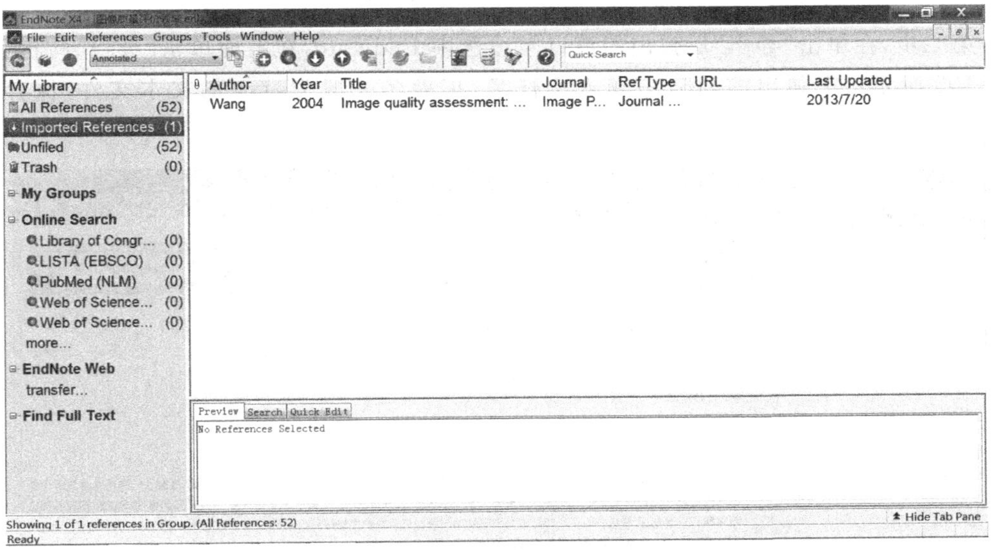

图 3-103　Google 学术搜索文献导入 EndNote

与 Web of Science 不同的是，Google Scholar 无法选择多个记录一同导入，只能逐篇导入。

2）格式转换

格式转换是指从数据库下载纯文本数据导入 EndNote 的方式。

以中国知网为例，其具体步骤如下：

第一步，打开中国知网，选标准检索，输入关键词后检索文献。查到文献后，通过文章前的复选框选择需要的文章。选择时当前页上的文章选完后，可以直接翻到下一页继续选择。选择结束后单击“导出/参考文献”，如图 3-104 所示。

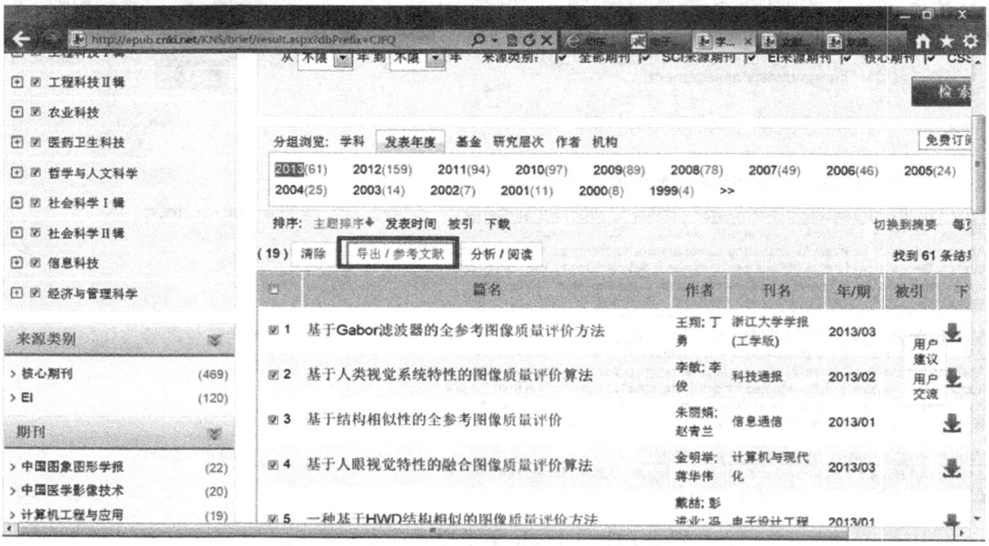

图 3-104　中国知网检索界面

第二步，在单击“导出”后弹出的窗口左边选中 EndNote，在上面单击“导出”按键，如图 3-105 所示；在弹出的窗口中输入文件名，扩展名一般为. txt 的文本文件，保存到本地。

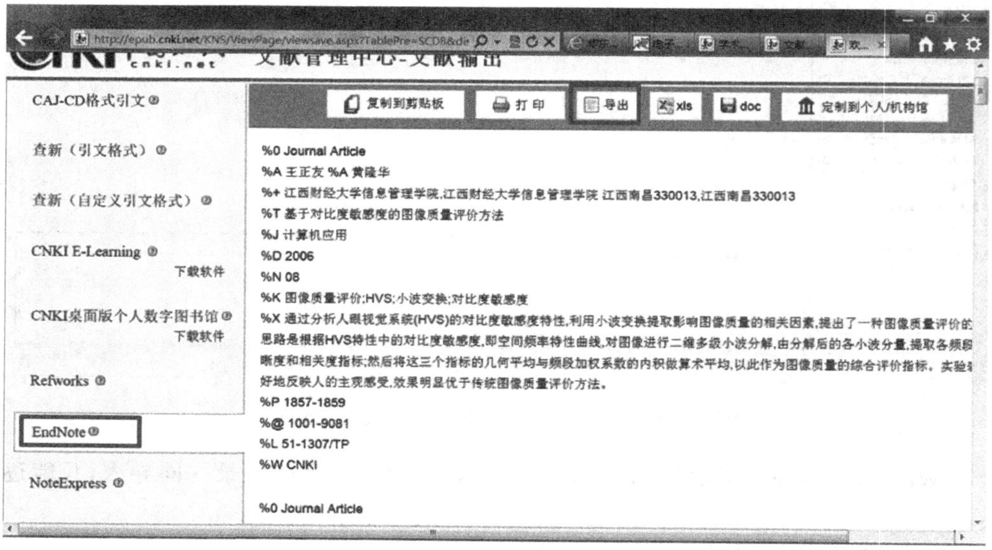

图 3-105　导出为 EndNote

第三步，打开 EndNote 软件，单击 File→Import→File，打开如图 3-106 所示对话框。单击 Import File 后的 Choose 按键找到刚才保存的检索结果文本文件；设置 Import Option：EndNote Import，Duplicates：Import All(导入文本文件中所有结果)或 Discard

Duplicates(把文本文件中与当前数据库中重复的文献过滤掉)，Text Translation：No Translation；单击 Import 即可把保存在文本文件中的检索结果导入到 EndNote 当前库中，如图 3-107 所示。

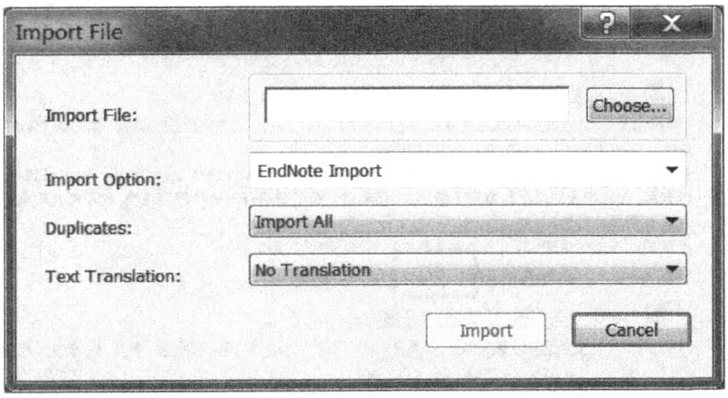

图 3-106　Import File 对话框

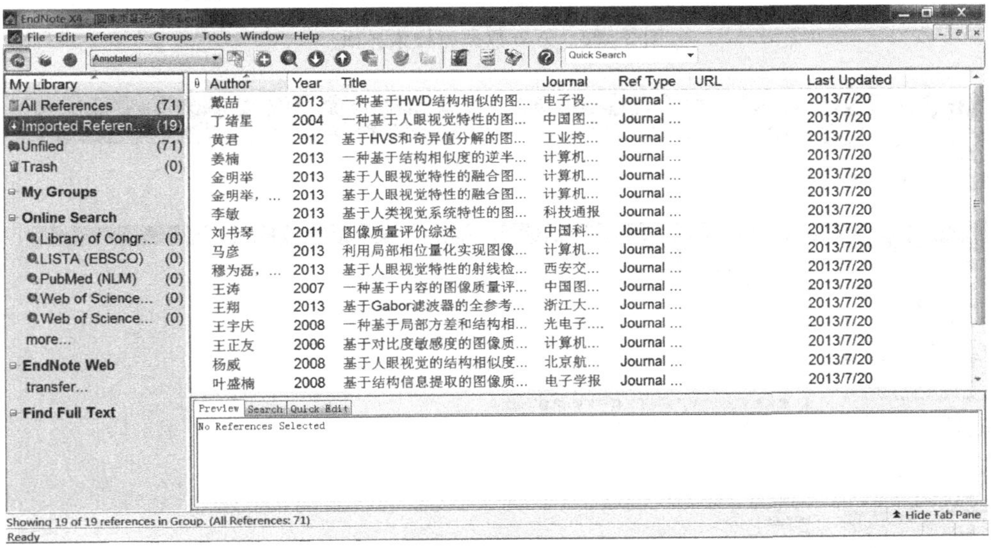

图 3-107　中国知网文献导入 EndNote

以万方为例，其具体步骤如下：

第一步，在万方数据库检索网站上检索文献后，单击文献下面的"导出"链接，如图 3-108 所示。

第二步，同第一步操作，在其他需要导出的文献下，单击"导出"链接，直到所有文献都已导出。在随后打开的窗口左边选中 EndNote 选项，然后单击上面的"导出"链接，如图 3-109 所示。

第三步，与中国知网导出、保存文本文件、导入 EndNote 的步骤相同，在打开的窗口中输入文本文件名，扩展名同样为 txt 的文本文件；打开 EndNote 软件，单击 File→Import→File，单击 Import File 后的 Choose 按键找到刚才保存的检索结果文本文件；设

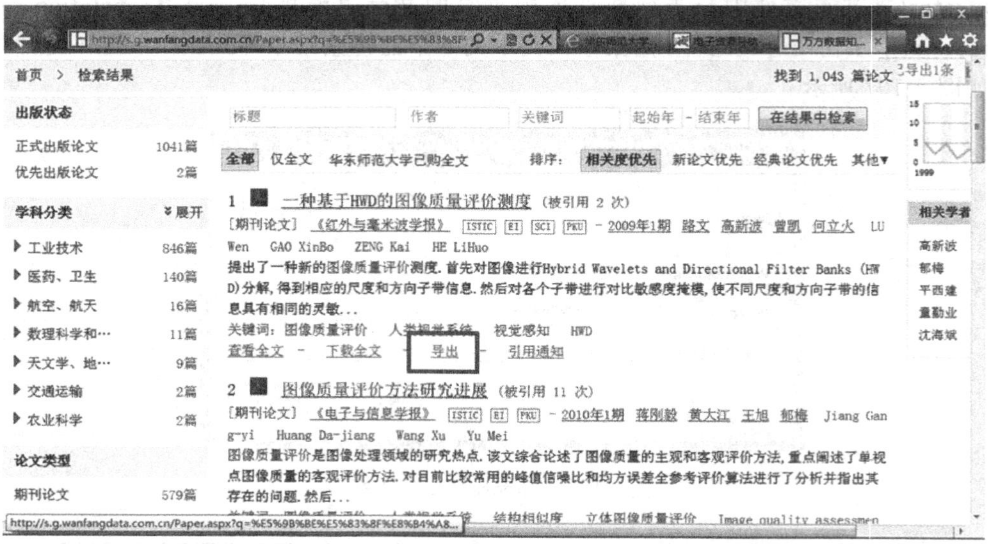

图 3-108　万方数据库检索界面

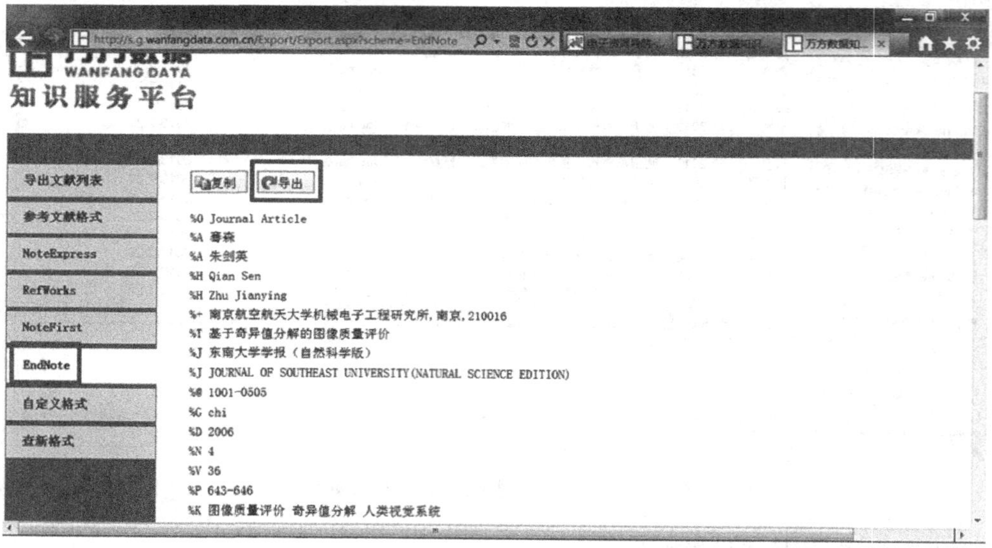

图 3-109　选择 EndNote 导出

置 Import Option：EndNote Import，Duplicates：Import All(导入文本文件中所有结果)或 Discard Duplicates（把文本文件中与当前数据库中重复的文献过滤掉），Text Translation：No Translation；单击 Import 即可把保存在文本文件中的检索结果导入到 EndNote 当前库中。

除了下载的纯文本数据可以导入 EndNote 外，也可以将下载的 pdf 文献全文导入 EndNote X4，方法如下：

将一篇 pdf 全文导入 EndNote：打开 EndNote 软件，单击 File→Import→File 命令，

单击 Import File 后的 Choose 按键找到保存的 pdf 文件，如图 3-110 所示；一篇 pdf 格式文件转换成功，导入结果如图 3-111 所示。

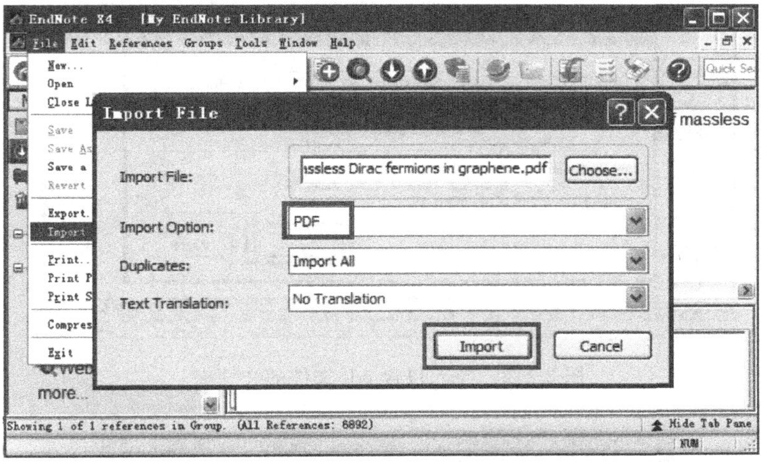

图 3-110　导入 pdf 文件

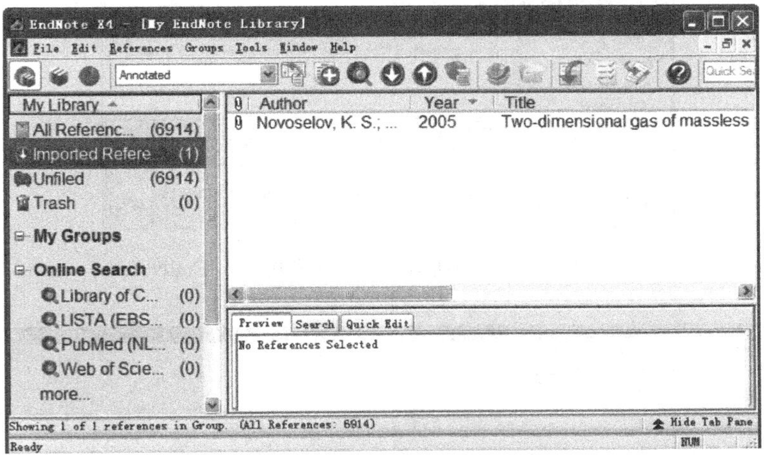

图 3-111　pdf 格式成功导入 EndNote

将文件夹内所有 pdf 文件导入 EndNote：打开 EndNote 软件，单击 File→Import→File 命令，单击 Import File 后的 Choose 按键找到包含 pdf 文件的文件夹，如图 3-112 所示；文件夹内所有 6 篇 pdf 文件全部转换成功，导入结果如图 3-113 所示。

3）手工输入

手工方式，主要针对一些纸质期刊书籍信息，需要将信息手工导入 EndNote；有时也可以借助 Google Scholar 将文献的基本信息导入。

手工添加新记录的步骤主要有：

第一步，打开 EndNote 软件，单击 References→new Reference，选择文献类型，如图 3-114 所示。

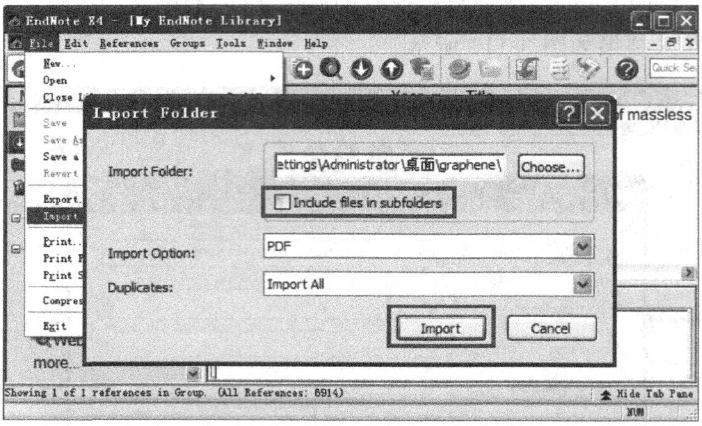

图 3-112　导入包含 pdf 文件的文件夹

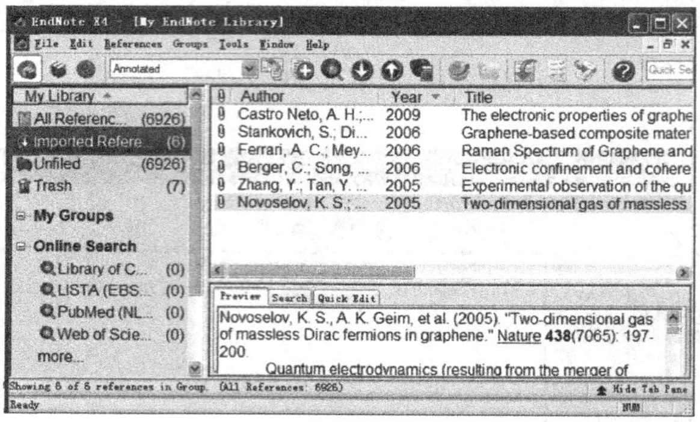

图 3-113　文件夹内所有 pdf 文件成功导入 EndNote

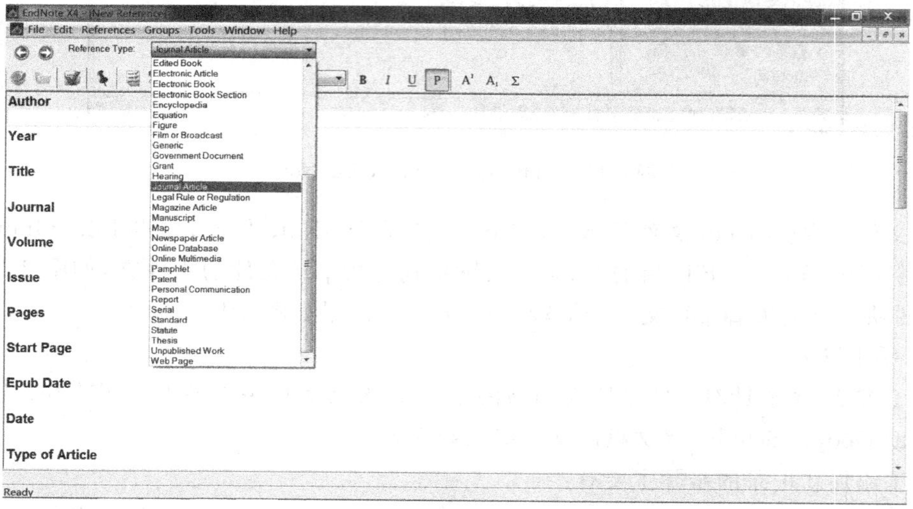

图 3-114　选择文献类型

第二步，添加文献信息：作者姓名，一名一行，名在前姓在后，姓前名后加逗号，关键词，一词一行，单击 go to next reference 即可成功添加文献信息。

4）在线检索

在线检索指直接从 EndNote 连接数据库进行检索下载相关信息。

以 Web of Science 在线搜索文献为例，具体步骤如下：

第一步，单击工具栏按钮 Online Search，在弹出的 Choose A Connection 对话框中选择一个文献检索数据库，如 Web of Science(TS)，如图 3-115 所示。

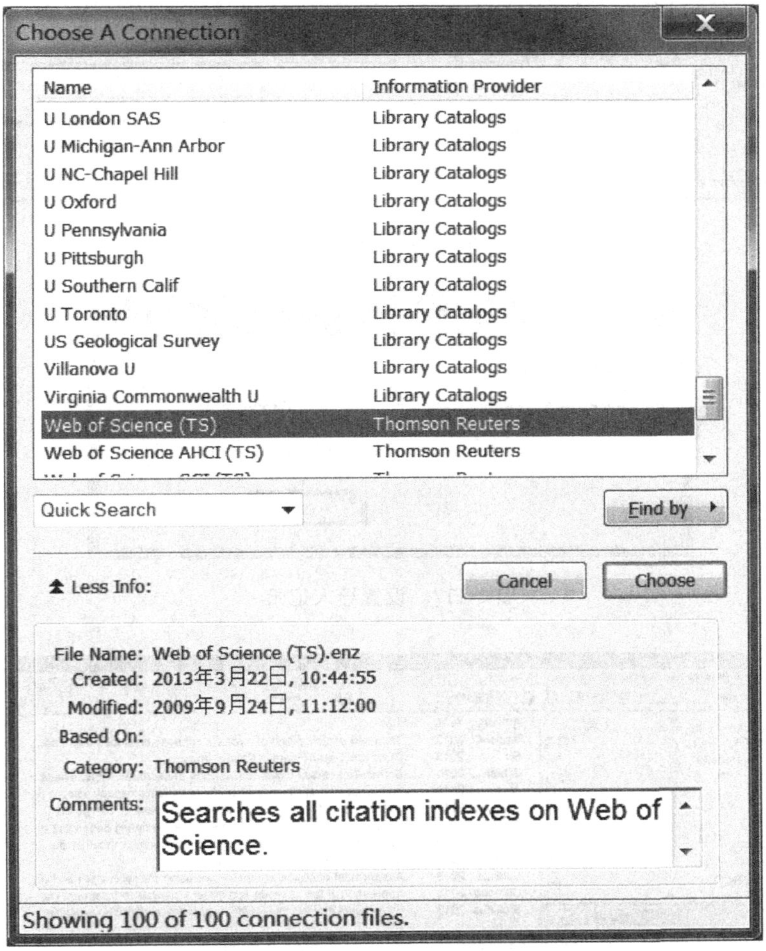

图 3-115　选择文献检索数据库

第二步，如图 3-116 所示，输入检索式，单击 Search 按钮。

第三步，在弹出的对话框中设置导入记录，如图 3-117 所示，最终从 Web of Science 在线搜索到的 836 篇文献中导入 50 篇文献，如图 3-118 所示。

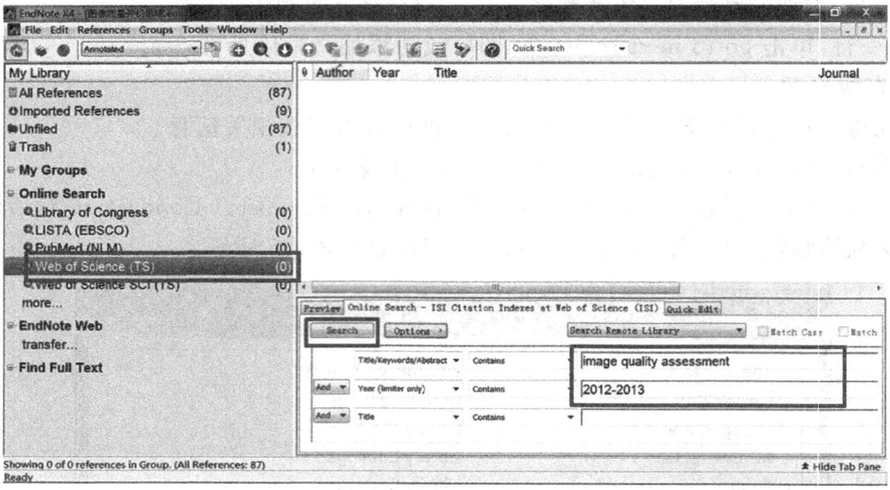

图 3-116　在线检索输入检索式

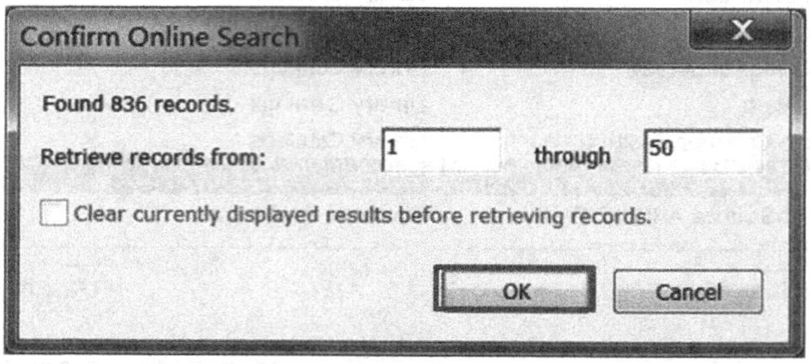

图 3-117　设置导入记录

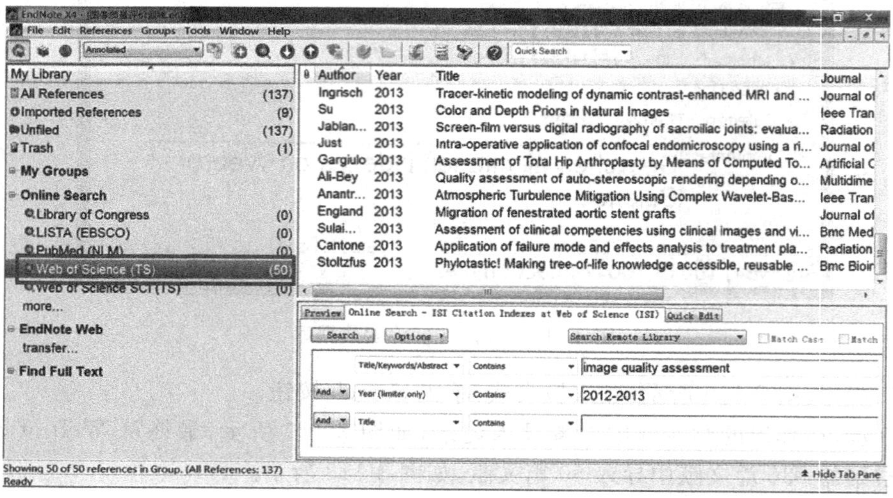

图 3-118　50 篇文献成功导入 EndNote

3. EndNote 文献管理功能

(1) 排序：单击 Author 等字段名。图 3-119 为单击 Author 字段，文献按作者名顺序排列。以此类推文献还可以按照 Year、Title 等字段排序。

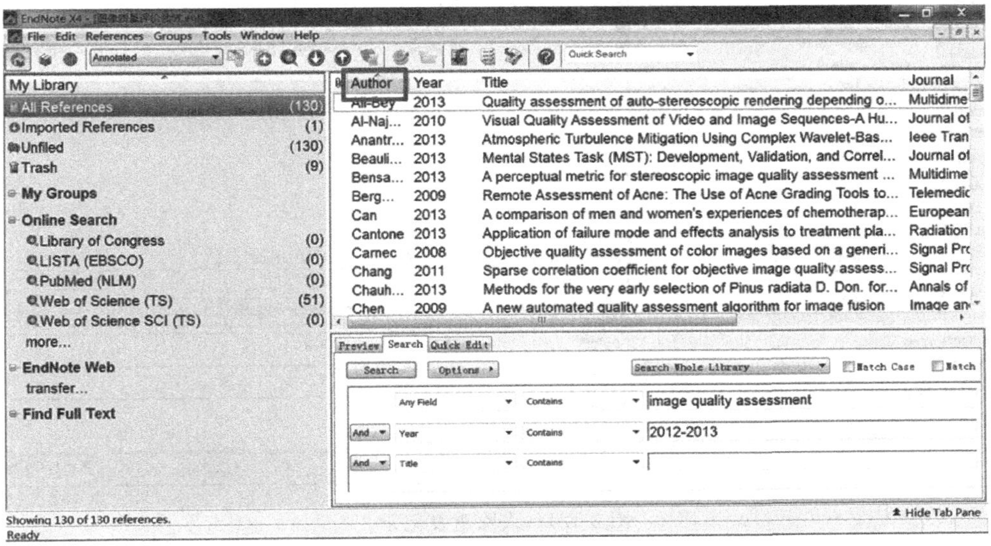

图 3-119　单击 Author 按作者名顺序排列

(2) 查找：利用 Search 选项卡，快速找到论文。图 3-120 为在所有参考文献中查找作者 Wang 撰写的文献的结果，共找到 Wang 撰写的论文 8 篇。

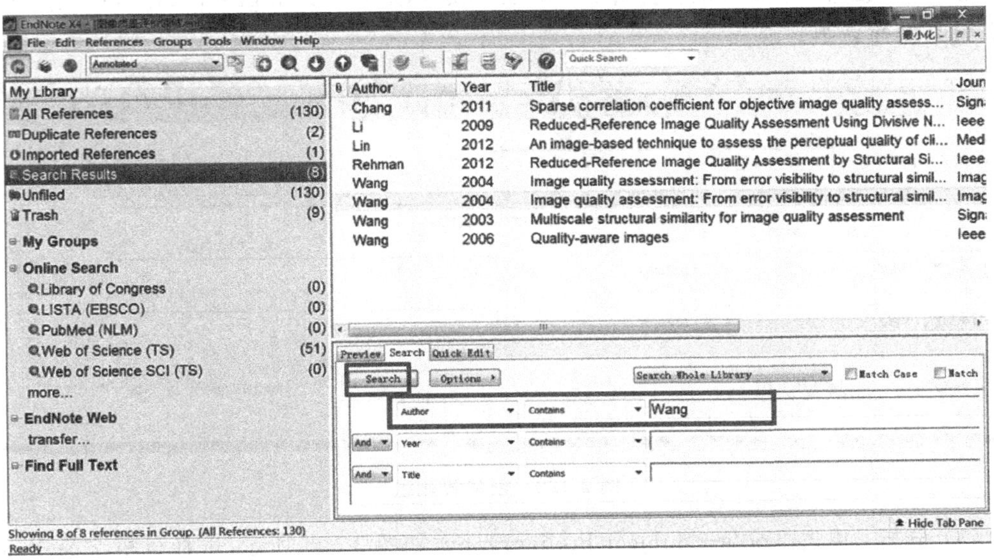

图 3-120　查找论文

(3) 去重：单击菜单 References→Find Duplicates，去除文献中的重复记录，如图 3-121。

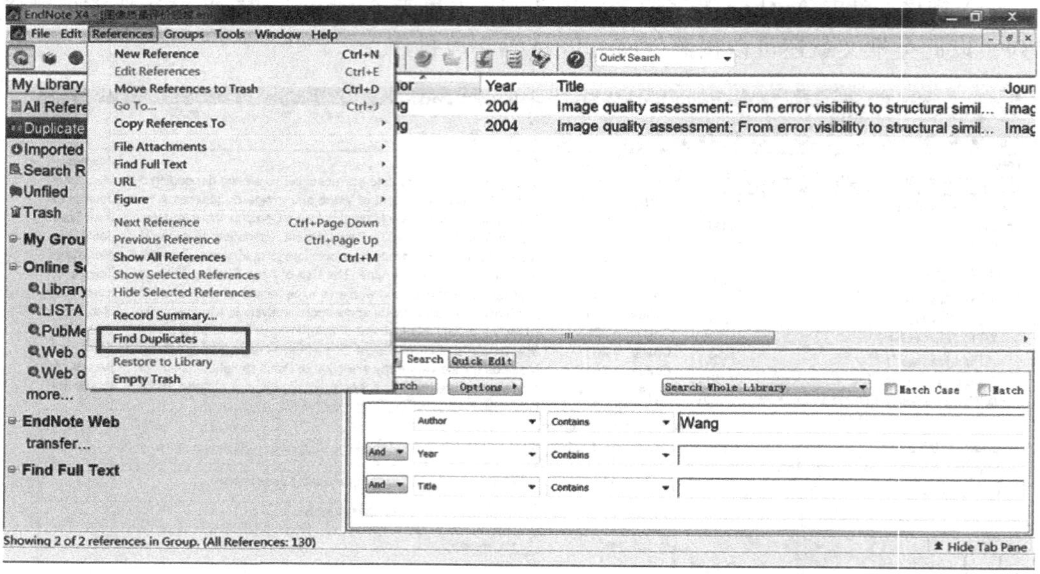

图 3-121　去除重复记录

(4) 分组：单击 Groups→Create Group 创建一个新组，可以为新组重命名，并且将所选的文献记录通过右键添加到新组中；还可以通过 Groups→Create Smart Group 创建一个智能组，如图 3-122 所示，创建一个作者名为 wang 的文献组，7 条文献自动匹配并添加入 Wang 组，如图 3-123 所示。此外，单击 Groups→Create from groups，还可以通过组合已有组来创建新组。

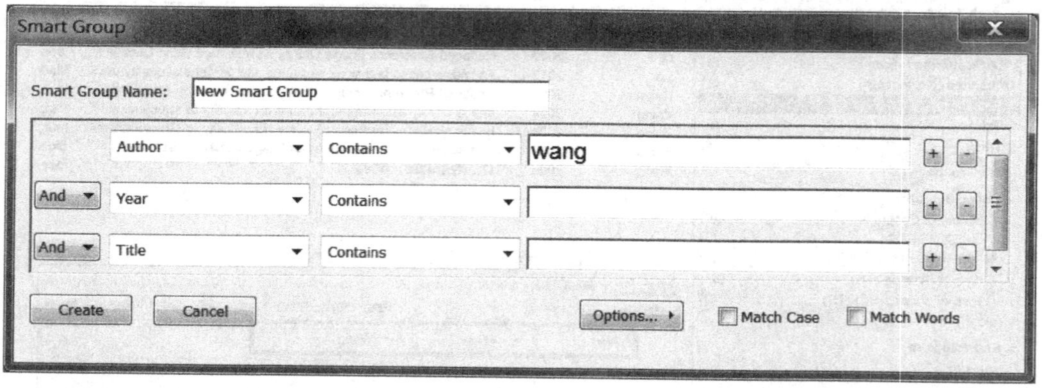

图 3-122　创建智能组

(5) 分析：单击 Tools→Subject Bibliography，如图 3-124 所示，选择分析字段 Year，可对文献进行分析，结果所选组的文献按照 Year 年代进行了统计，如图 3-125 所示。

(6) 全文：选中一条文献或若干条文献记录，利用 Find Full Text 按钮自动查找全

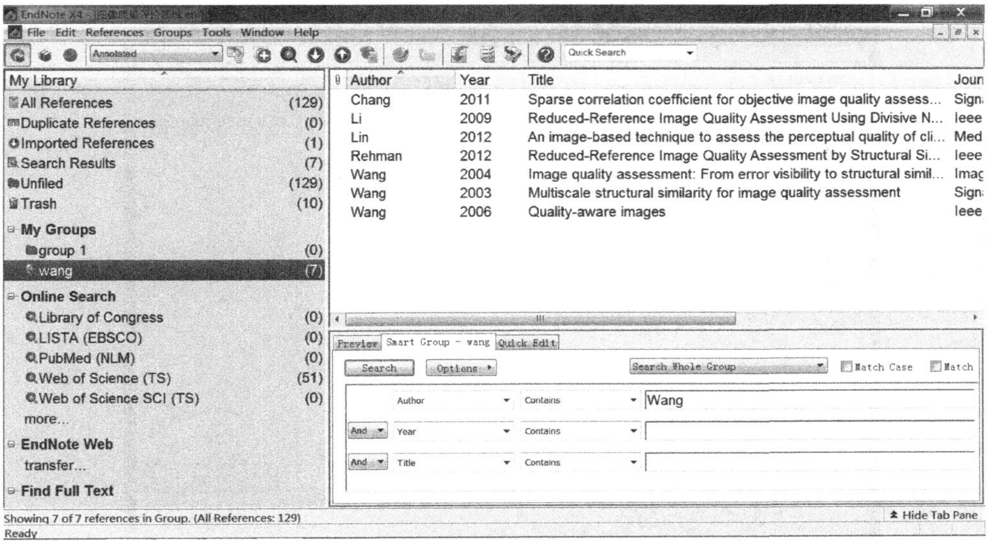

图 3-123　7 条文献添加到 wang 组

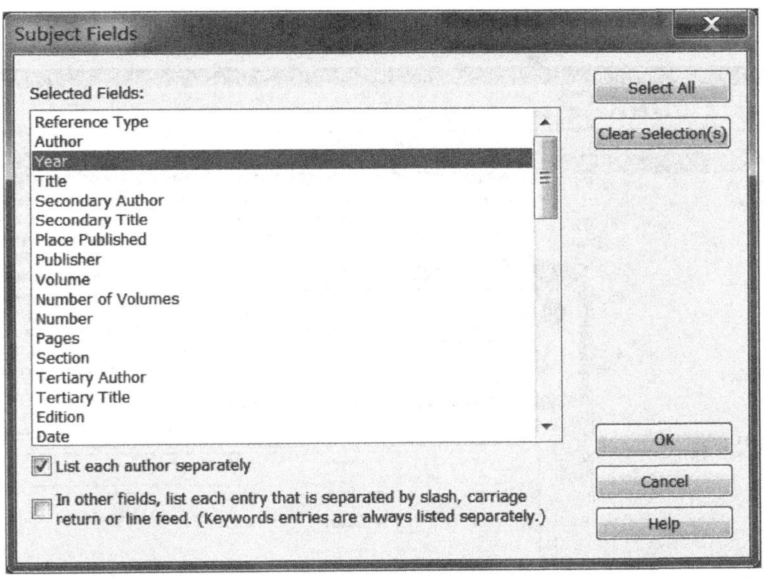

图 3-124　选择分析字段 Year

文，如图 3-126 所示，结果显示所选记录的全文已找到，如图 3-127 所示，最后，可利用 Open File 按钮打开找到的 pdf 文件全文。

4. EndNote 文献编排

在 Word 中撰写文章时，若要插入文献，可在 EndNote X4 选项卡中单击 Citations→Find Citation 选项，在弹出的对话框中输入检索词，查找并插入目标参考文献，如图 3-126

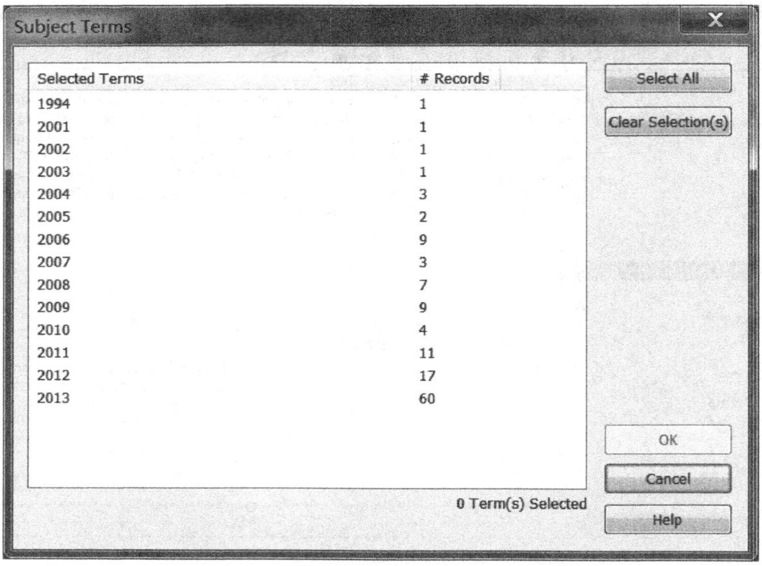

图 3-125　所选组文献按 Year 统计

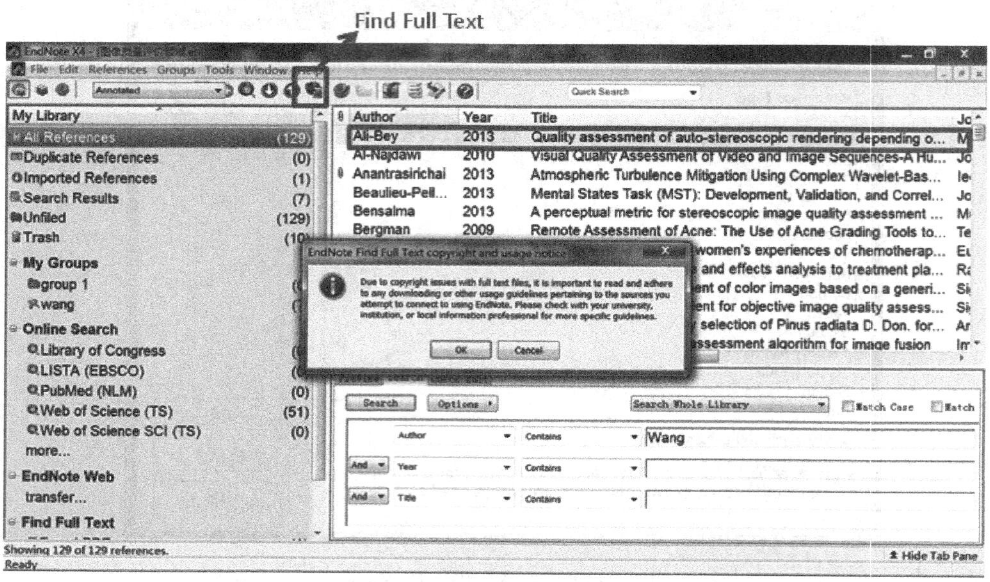

图 3-126　寻找所选记录的全文

所示。插入参考文献后的文档如图 3-129 所示。

在插入一篇参考文献之后，在此之前或之后再次插入参考文献，参考文献编号将自动更新。若要将参考文献格式从当前的 IEEE 改为 Nature，则只需要如图 3-130 所示，单击 Style→Select Another Style，在弹出的对话框中选择 Nature 即可，最终结果如图 3-131 所示。

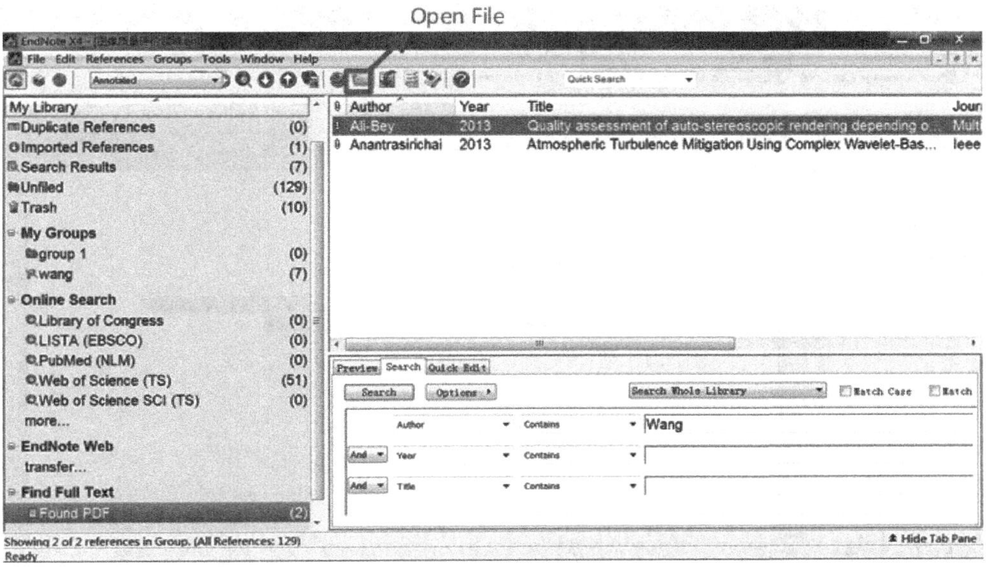

图 3-127　查找全文结果

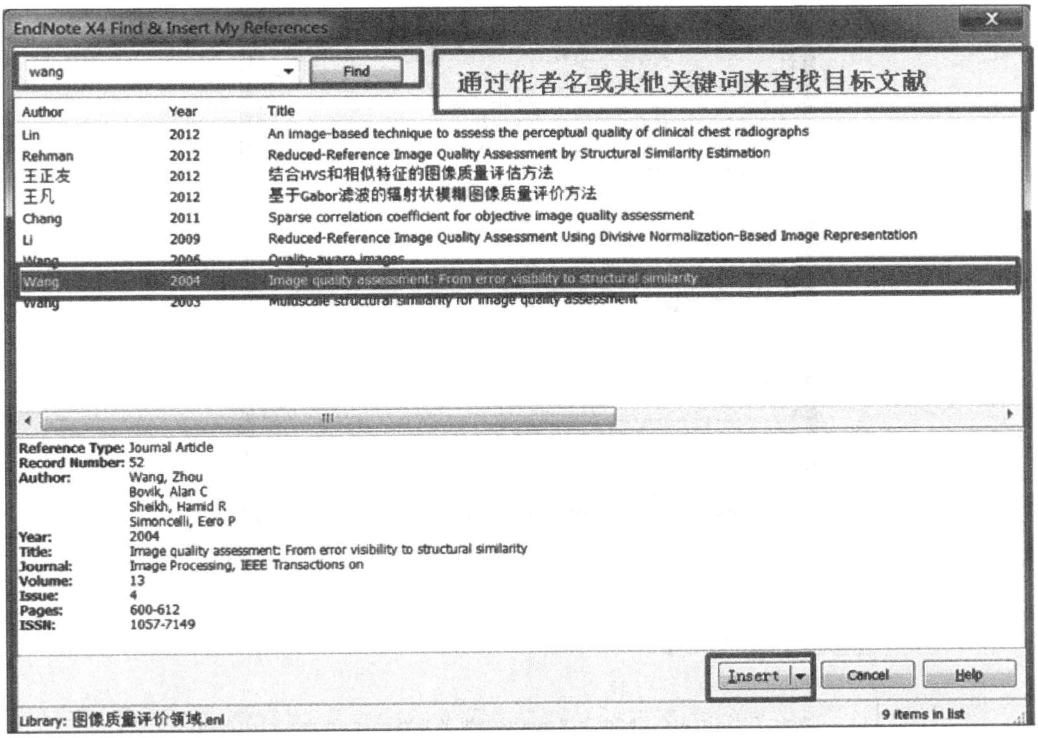

图 3-128　插入参考文献

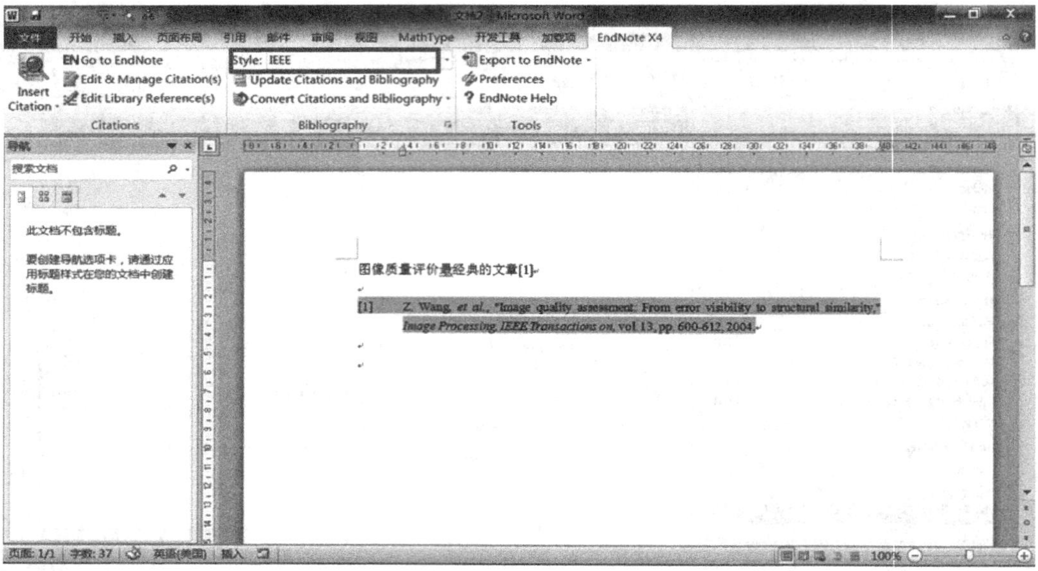

图 3-129　插入参考文献结果

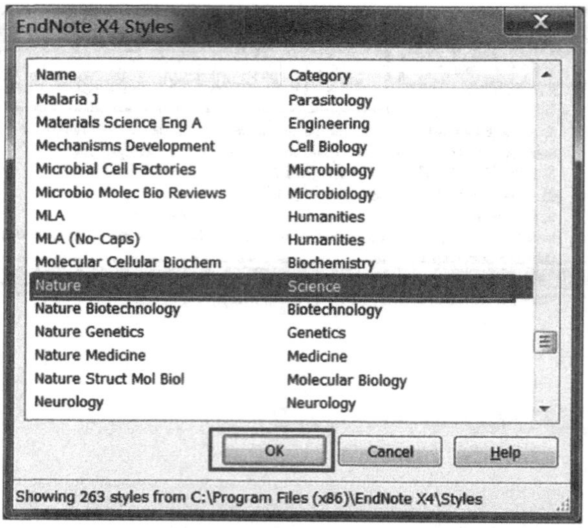

图 3-130　选择 Nature Style

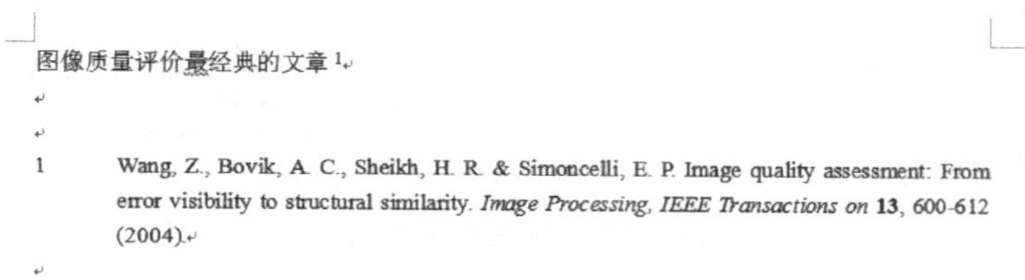

图 3-131　Nature 格式编排的参考文献

5. EndNote 模板写作

EndNote 自带很多期刊的模板，单击 Tools→Manuscript Templates，弹出对话框如图 3-132 所示，可选择 EndNote 自带模板 ACS 进行写作；选中模板后，根据导航提示填写相应信息，如图 3-133 所示；然后，在相应位置填写内容，如图 3-134 所示，即可完成论文写作。

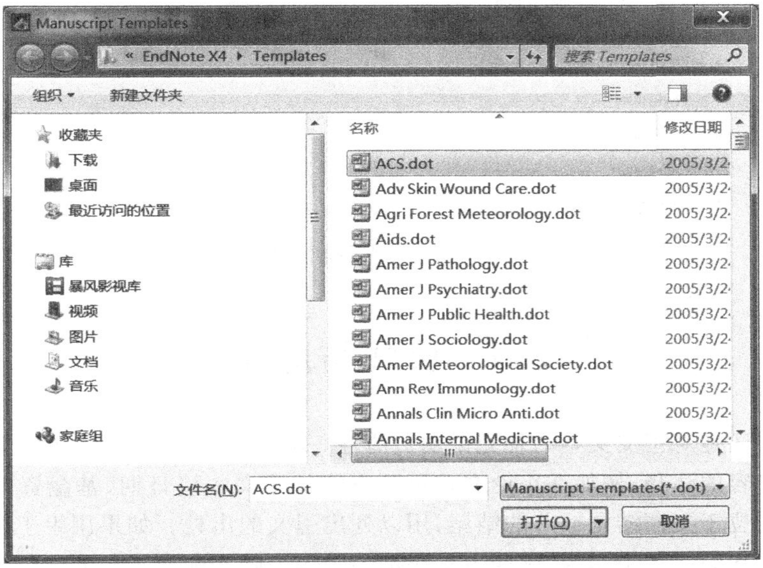

图 3-132　选择 ACS 文稿模板

图 3-133　模板导航

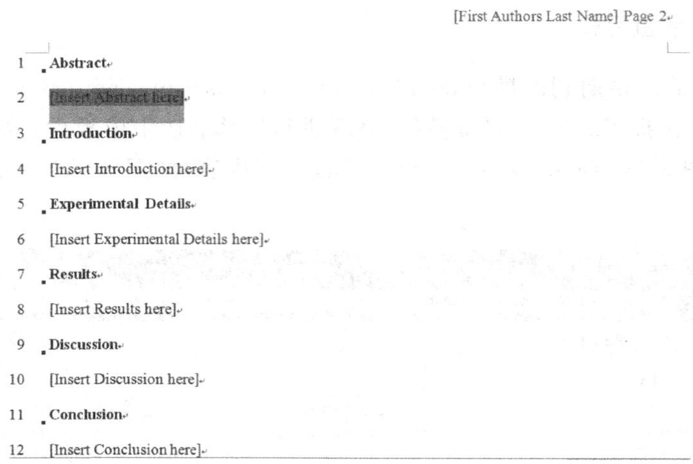
[First Authors Last Name] Page 2

Abstract

[Insert Abstract here]

Introduction

[Insert Introduction here]

Experimental Details

[Insert Experimental Details here]

Results

[Insert Results here]

Discussion

[Insert Discussion here]

Conclusion

[Insert Conclusion here]

图 3-134　ACS 模板文档

3.7　脚注与尾注

脚注和尾注是对正文文本的补充说明。脚注一般位于页面底端或文字下方，可以作为文档某处内容的注释，例如在小论文首页下方添加论文收稿日期、基金资助、作者简介等。尾注一般位于文档结尾或节的结尾，用以列出引文的出处。如果用手工绘制横线，并在下方添加文本的方法来实现，这些手工添加的内容会随着前面正文的变化而移位。

例 3-22　插入如图 3-135 所示的论文脚注。

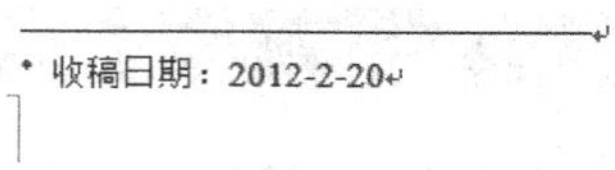

图 3-135　脚注示例

第一步，将光标置于论文标题后，选择"引用"→"脚注"选项卡，单击右下角的 按钮，弹出"脚注与尾注"对话框，如图 3-136 所示。在"位置"选项区，选中"脚注"，并在下拉框中选择"页面底端"。在"格式"选项区，"自定义标记"输入符号" * "。单击插入按钮，就插入了一个脚注。

第二步，完成第一步后，光标会自动跳转到脚注文本处，只要在此处输入"收稿日期：2012-2-20"即可。

注意：如果标题上不要求加星号" * "，也不需要任何可打印符号，该如何处理？一种方法是选中标题旁以及页面底端的脚注标识" * "，在"字体"对话框中设置其为隐藏；另一种方法是在"自定义标记"文本框中输入不打印字符，具体操作步骤为：在"脚注和尾注"对话框中单击"自定义标记"文本框右边的"符号"按钮，打开"符号"对话框，在"字体"下拉列表中选择"symbol"，然后，单击字符区域左上角的第一个字符，选择一个不打印字符，如图 3-137 所示，最后单击"确定"按钮。

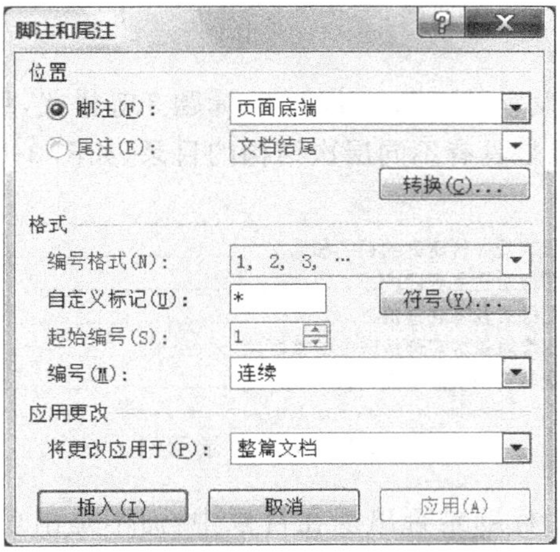

图 3-136 脚注设置

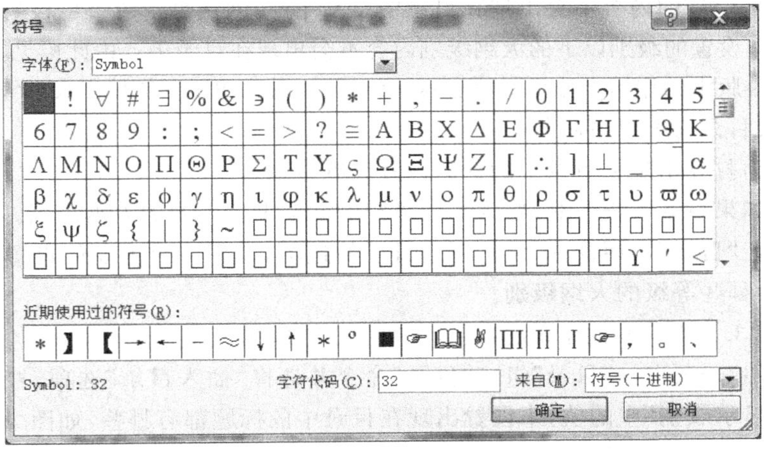

图 3-137 插入不打印字符

3.8 目录与索引

在小论文中通常没有目录和索引的制作要求，但学位论文和书籍中需要添加目录，有的书籍还需要提供索引。

3.8.1 目录

通常论文中的目录主要指论文各级标题以及页码的列表，放在正文之前，我们将这种目录称为论文目录，除此之外，还有图目录、表格目录等。Word 2010 提供了丰富的目录制作功能，使用起来非常方便，而且制作和后期维护都是自动化的。

1. 论文目录

如果为文档中的标题设置了标题 1、标题 2、标题 3 等样式，那么就可以让 Word 自动为这些标题生成目录，而且是具有不同层次结构的目录，如图 3-138 所示。

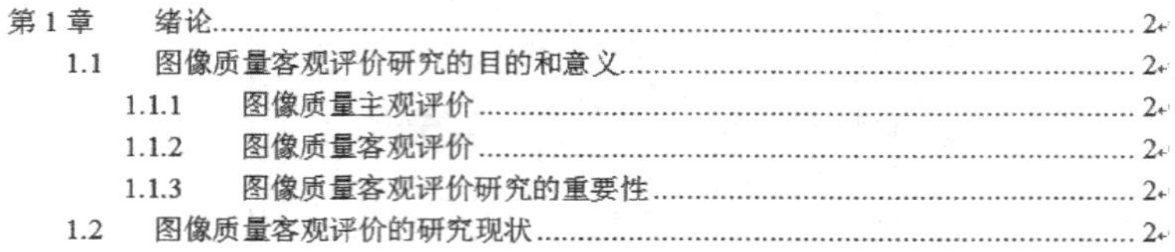

图 3-138　论文目录示例

Word 是如何知道这些标题是否出现在目录中，而不是出现其他内容呢？表面上看起来是这些标题套用了标题样式的原因，实质上是由于这些标题样式包含不同的大纲级别，Word 在创建目录时会检查这些标题的大纲级别，以此来判断各标题在目录中的层级，设为“正文文本”的内容不会出现在目录中；另外，在创建目录时可以设置目录中显示的大纲的级别，设置的级别以下的大纲级别内容不会出现在目录中。由此可见，大纲级别在 Word 自动化排版中的作用十分重要，很多具有层级关系的功能都依赖于大纲级别的设置。

创建论文目录需要以下步骤：

第一步，为打算出现在目录中的标题设置大纲级别。

第二步，如果目录不止一级，要为不同级别的标题设置不同的大纲级别。

第三步，在“目录”对话框中，设置创建目录的选项，其中一个主要的设置是决定提取目录时要包含哪些等级的大纲级别。

前两步在 3.1.2 节中已经详述，这里主要详细讲解第三步：

单击“引用”选项卡→“目录”组→“目录”命令并选择“插入目录”选项，打开“目录”对话框。通过“显示级别”中的值，来设置出现在目录中的标题都有哪些，如图 3-139 所示。

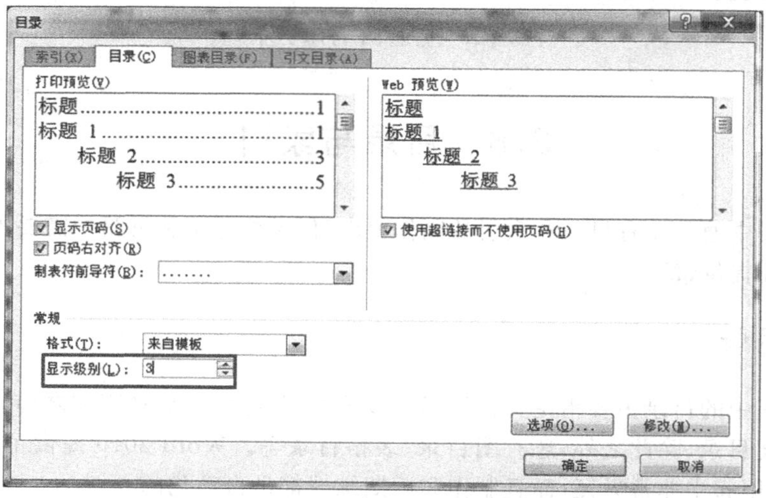

图 3-139　设置目录显示级别

创建目录前，可以设置目录的外观：单击"修改"，可以修改目录样式，如图 3-140 所示。

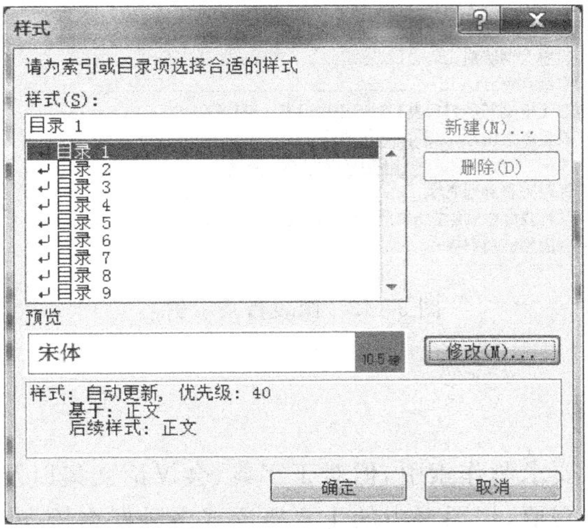

图 3-140　修改目录样式

设置了修改样式、显示级别后，单击"目录"对话框中的"确定"按钮，即可在文档中指定位置上生成目录。

2. 图表目录

为论文中的图和表格生成一份清单，即图表目录。要制作图表目录，必须为图片和表格添加图表题注。需要注意两点：第一，正确设置图片和表格的题注标签，例如图片的题注标签用"图"，表格的题注标签用"表"，这样可以区分图片和表格；第二，为图表题注内容设置指定的样式，在创建图表目录时会用到这个样式。在完成以上两项工作后，接下来创建图表题注的工作就非常简单了。与创建论文目录类似，单击"引用"→"题注"→"插入表目录"命令，打开"图表目录"对话框，如图 3-141 所示。

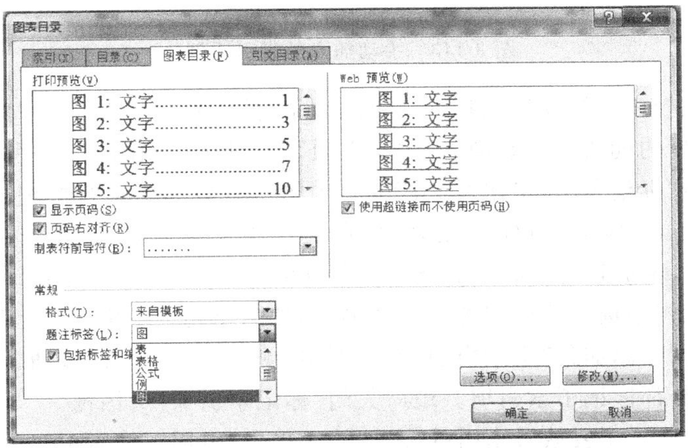

图 3-141　插入图表目录

在“题注标签”中选择图片或表格所使用的题注标签，单击“确定”按钮，即可创建图片或表格的目录，如图 3-142 所示。

图 2-1 常见大纲示例......5
图 2-2 设置大纲级别......6
图 2-3 多级列表......7
图 2-4 在【定义新多级列表】对话框中设置一级标题......8
图 2-5 设置多级编号......9
图 2-6 大纲的设置......9
当前文档
按住 Ctrl 并单击可访问链接
图 2-7 保存列表到列表库......10
图 2-8 从列表库中删除指定的多级编号列表......11
图 2-9 将级别链接到样式......12

图 3-142　图表目录示例

3.8.2　索引

学位论文中一般不要求制作索引，但对于字典、会议论文集以及有些书籍会要求提供索引。索引是根据一定需要，把图书中的主要概念或各种题名摘录下来，标明出处、页码，按一定次序(如按字母顺序)分条排列，以供人查阅。制作索引的目的是为了便于读者快速查找某个词语在书中所处的位置。Word 制作索引可分为手工标记索引和自动创建索引两种。

1. 手动创建索引

创建索引的主要任务就是在文档中将所有要出现在索引中的词语标记出来，以便告诉 Word 哪些内容是索引。标记后利用 Word 的自动功能生成索引即可。

例 3-23　要插入如图 3-143 所示的索引，该如何操作？

大纲, 1, 2, 5, 6, 7, 10, 12, 13, 15, 16, 52, 53
公式, 1, 3, 4, 16, 17, 27, 31, 32, 33, 34, 36, 37, 38, 39, 40, 57, 58
目录, 1, 4, 5, 6, 13, 15, 43, 46, 48, 52, 53, 54, 55, 58
交叉引用, 1, 3, 4, 41, 42, 46, 50
论文, 1, 2, 4, 5, 6, 15, 16, 17, 18, 19, 24, 25, 27, 28, 31, 32, 41, 42, 45, 50, 51, 52, 54, 55, 57
图表, 1, 17, 18, 28, 32, 54, 55, 58

图 3-143　手动插入的索引示例

第一步，在文档中选择要出现在索引中的词语，然后单击“引用”→“索引”→“标记索引项”命令，所选择的词语会自动填入“主索引项”文本框中，如图 3-144 所示。

第二步，单击“标记全部”按钮对文档中出现的所有该词语进行标记。如果只想标记单独的某个，则单击“标记”按钮。此时，将在文档中看到所选的词语右侧多了一个以“XE”开头的标记，表示其左侧的词语被标记了索引项，如图 3-145 所示。

第三步，在文档中选择要标记的下一个词语，然后单击“引用”→“索引”→“标记索引项”命令，则将该词语添加到“主索引项”文本框中，单击“标记全部”按钮。重复此步骤，直到文档中所有词语都标记了索引项。最后关闭“标记索引项”对话框。

第四步，将光标置于要放置索引的位置，然后单击“引用”→“索引”→“插入索引”命令

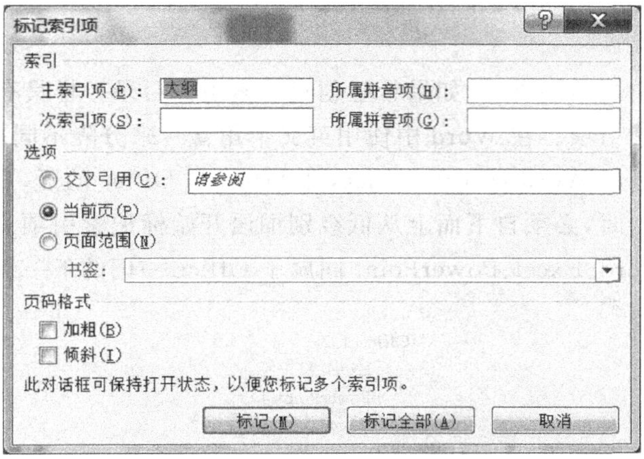

图 3-144　标记索引项对话框

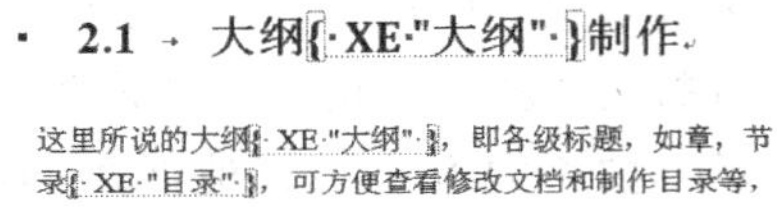

图 3-145　索引标记

打开“索引”对话框，在此处设置索引的格式。与创建目录类似，可通过单击“修改”按钮来设置索引样式的格式，如图 3-146 所示。

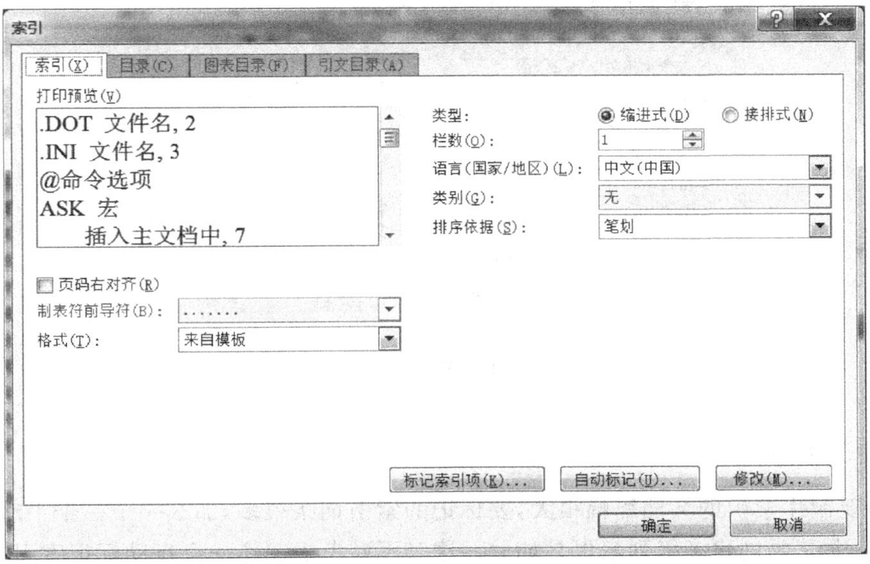

图 3-146　索引设置对话框

第五步，设置好以上步骤，单击“确定”按钮，即可在指定位置上创建如图 3-143 所示的索引。

2. 多级索引

上面创建的索引是单层级的，如果希望创建的索引像目录一样具有多个层级，则需要设置主索引项和次索引项。在 Word 中使用英文半角冒号来分隔不同层级的索引项。例如，“Office：Word”表示 Word 从属于 Office，即 Word 是 Office 的下一级。

在创建多级索引时，必须自下而上从低级别词语开始标记索引项。例如，图 3-147 中的索引包含两层，Word、Excel、PowerPoint 同属于 Office 一词的下一级。

Office, 1, 2
    Excel, 2
    PowerPoint, 4
    Word, 1

图 3-147　多级索引示例

要插入如图 3-147 所示的多级索引，在标记索引项时要分别进行如下标记，先选择低级别的词语，例如“Word”，然后打开“索引标记项”对话框，将“主索引项”内容修改为“Office：Word”，如图 3-148 所示。按相同方法对其他低级词语进行标记，然后标记上一级词语“Office”，最后生成索引即可。

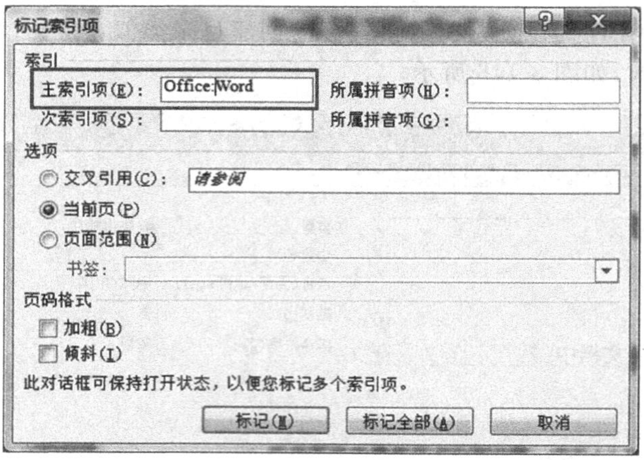

图 3-148　多级索引设置

3. 自动创建索引

如果要制作索引的文档篇幅很大，要标记的索引词条很多，那么一个一个手动标记会十分麻烦，尤其要创建多级列表更是如此。这时不妨考虑制作一个自动标记索引文件，其工作原理是：在这个文件中整理好多级索引中涉及的各个词条，并以表格的形式将它们依次排好，表格的左列放置要出现在索引中的词条，右列放置多级索引中各词条的上下级关系。可以新建一个 Word 文档，插入一个两列表格，在左侧单元格输入要建立索引的文字，在右侧单元格输入第一列中文字的索引项以及次索引项，中间以冒号分隔，保存该文件。如图 3-149 所示就是一个自动标记索引文件的例子。

制作好自动标记索引文件后，单击“引用”→“索引”→“插入索引”命令打开“索引”对话框。然后单击“自动标记”按钮，在打开的对话框中选择制作好的自动标记索引文件。单击“打开”后，Word 将按照自动标记索引文件中记录的内容，在文档中对相应的词语标记为索引项。最后利用前面的方法生成索引就可以了。

Word	Office:Word
Excel	Office:Excel
PowerPoint	Office:PowerPoint

图 3-149　自动标记索引文件示例

3.9　样　　式

在论文编排过程中，常需要对内容的格式进行批量设置和修改，这时就需要使用样式。样式是对某一类特定文字进行若干种格式设置的组合。文档中特定的文字（例如标题、小标题、正文、程序代码、图、表等）需要特定的呈现风格（包括字体、字体大小、字距、行距、颜色、前后段距离等），并且在整篇文档中保持同一种风格。Word 允许用户将这样的设置储存起来并赋予名称，将来可快速套用于文字身上。样式是排版的最根本要素，Word 提供的许多自动化功能，例如目录等，都必须通过样式来完成。

3.9.1　样式的类型

根据样式应用方向的不同，样式被分为 5 类：字符、段落、链接段落和字符、表格、列表。其中前 3 类最常用，后 2 类样式的应用针对性很强。

与设置字符格式类似，字符样式仅用于控制所选字符的字体格式，字符样式不能设置段落格式。段落样式则同时包含字体和段落两种格式。链接段落和字符样式与段落样式包含的内容相同，唯一区别是设置效果不同。段落样式是将其格式应用于整段，无论是否选中该段落，只要鼠标位于段落内就会将格式应用于整段。而链接段落和字符样式则根据是否选择部分内容来决定格式的应用范围。如果只选择了段落内的一部分文字，则将样式中的字符格式应用到选区上；如果选择整段或只单击段落内，则会同时应用字符和段落两种格式。此外，无论是字符样式还是段落样式，都包含边框和底纹的设置，可以对选区中的文字或整段设置边框或底纹效果。列表样式决定列表外观，包括项目符号样式、编号方案、缩进和任何标签文本等特征。表格样式确定表格的外观，包括标题行的文本格式、网格线以及行和列的强调文字颜色等特征。

样式的大多数操作都在“样式”窗格中进行。单击“开始”→“样式”右下角的图标，可打开“样式”窗格。最开始打开样式窗格时，可单击“样式”窗格右下角的“选项”按钮，在弹出的“样式窗格选项”对话框中，将“选择要显示的样式”改为“所有样式”，如图 3-150 所示，这样就可以查看到相对较为完整的样式列表。

如图 3-151 所示，该样式列表列出了 Word 推荐的样式，所有样式的作用对象都是文字或者段落。回车符表示样式类型为段落，字母 a 表示样式类型为字符，¶a 表示类型为链接段落和字符，该样式即可应用于段落，也可以用于文字。（由于列表型和表格型样式

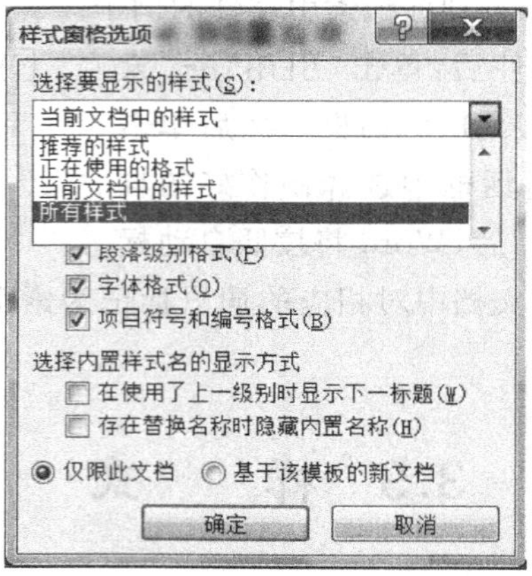

图 3-150　显示所有样式

主要应用于 Word 早期版本，目前功能已逐渐被弱化，Word 2010 的“样式”窗格中，列表型样式都采用回车符表示，即为段落型。表格型样式已不显示，使用“管理样式”可以查看到内置的表格型样式，随着表格工具的广泛使用，很少人会在“样式”窗格中创建或修改表格样式。)

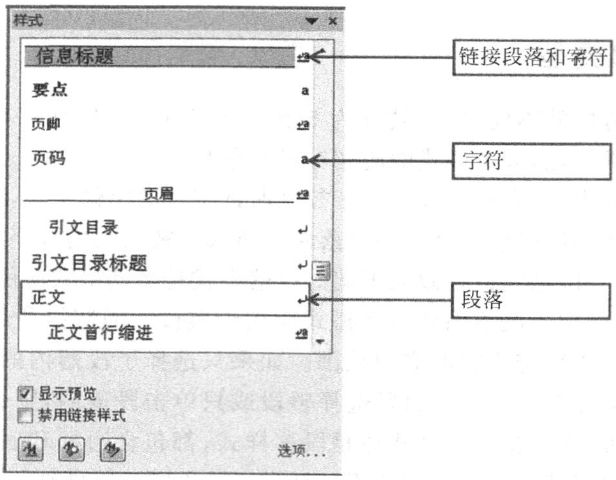

图 3-151　样式窗格

3.9.2　内置样式与自定义样式

1. 内置样式

文字和段落样式的分类，根据创建主体不同，样式可分为两类：一类是 Word 为文档中许多部件的样式设置提供的标准样式，称之为内置样式；另一类是用户根据文档需要自己设定的样式，称为自定义样式。基本上内置样式可满足大多数文档，而自定义样式能够让文档样式更为个性化，符合文档实际需求。

在学位论文中，通常习惯于在章标题上应用内置样式标题 1，随后逐级递减，在插入页眉和页脚、题注、脚注、尾注等部件后，Word 会自动调用这些部件对应的样式与之匹配。但当摘要和关键词、论文正文等有特定需要的样式时，仍然需要用户自行创建。

如果样式用在为生成文档目录中的各级标题中，最好是直接修改 Word 内置的标题 1～9 样式，因为很多排版功能都是建立在标题 1～9 样式上的。在符合论文格式要求的前提下，如表 3-1 所示的内置样式可以在论文中使用。

表 3-1　学位论文所需的部分 Word 内置样式

样式名称	样式类型	用　　途	快捷键
正文	段落	套用于主体文字	Ctrl+Shift+N
标题 1～标题 9	链接	套用于章名、大标题、中标题、小标题等 关系到页码格式的编号设置、题注的编号设置、目录的自动生成、文档结构图的生成、多级编号的设置等	标题 1～标题 3 Ctrl+Alt+1 Ctrl+Alt+2 Ctrl+Alt+3
列表	段落	套用于项目符号与编号中的多级编号	
目录 1～目录 9	段落	套用于 1～9 层目录	
题注	段落	套用于题注	
图表目录	段落	套用于各种(图、表等)题注所产生的目录	
脚注引用	字符	套用于脚注的代表符号(安插于正文之中)	
脚注文本	链接	套用于脚注的说明文字	
尾注引用	字符	套用于尾注的代表符号(安插于正文之中)	
尾注文本	链接	套用于尾注的说明文字	
页码	字符	套用于页码	
页眉	链接	套用于页眉(包括文字下方的横线)	
页脚	链接	套用于页脚	

2. 自定义样式

内置样式的套用可以满足部分文档的要求，但在很多情况下，需要自定义创建样式。例如，学位论文中需要统一正文的格式为：字体：宋体、小四；行距：1.5 倍行距、首行缩进 2 字符。显然，没有内置的样式满足论文要求。该格式的设置对于一小段文字虽然不复杂，但对于一篇数万字的论文，如果不使用样式，将非常烦琐。通过样式来管理格式能够简化论文的编写与修改，并且目录、页码、题注编号的生成也都基于样式，便于日后对文档内容进行查找和引用。自定义样式一般有以下三种方法：

(1) 方法一：用修改法建立段落的样式。可以通过修改原有样式的方法，快速更改某一类段落的格式，修改法处理样式后，原样式名称不变，但其中一组修饰参数不同。此方法在同一标题类样式的基础上，便于批量更改同一样式的段落。

例 3-24　在论文中，将 Word 默认的“正文”样式“宋体、五号”更改为论文实际所需的“宋体、小四、1.5 倍行距、首行缩进 2 字符”格式。通过套用修改的正文样式格式化文本。

第一步，在当前文档中，选中采用正文文本的某一段落。

第二步，按要求设置格式，调整字体为“小四”，在段落对话框中设置特殊格式为“首行缩进”，行距为“1.5 倍”行距。

第三步，在“样式”窗格上的“正文”样式右侧单击下拉按钮，弹出快捷菜单。

第四步，在快捷菜单中单击“更新正文以匹配所选内容”。可以查看到文档中所有采用正文样式的段落都已被更新为“宋体、小四、1.5 倍行距、首行缩进”格式。

需要注意的是：由于“正文”样式是内置样式，Word 文档默认文字采用正文样式，在本文档中随后输入的文字也都会自动套用修改后的样式。

(2) 方法二：使用“根据格式设置创建新样式”对话框创建新样式。

例 3-25　创建如例 3-24 所示的正文字体样式。

第一步，在“样式”窗格底部 3 个按钮中最左侧的按钮，用于创建新样式。单击该按钮，弹出“根据格式设置创建新样式”对话框，如图 3-152 所示。在“样式名称”框中输入新样式的名称为“论文正文”；在“样式类型”框中选择新样式的类型为“段落样式”；“样式基准”为“正文”；“后续段落样式”为“论文正文”。

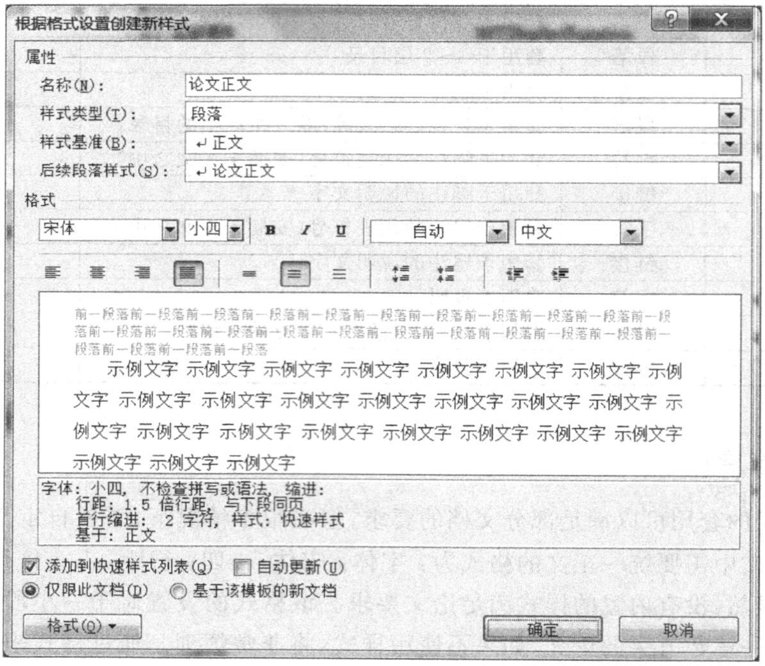

图 3-152　创建新样式对话框

第二步，在“格式”区，设置“字体”为“宋体、小四”；单击对话框左下角“格式”按钮，在弹出的快捷菜单中选择“段落”，在“段落”对话框中设置“首行缩进、1.5 倍行距”。可以查看到“论文正文”样式出现在快速样式库中。

在“根据格式设置创建新样式”对话框中主要设置样式的属性和格式两部分内容，可完成样式的创建工作，此对话框的具体选项说明如下：

① 属性

“名称”：新样式的名称，名称可以包含空格，但必须区分大小写。

“样式类型”：可以选择字符、段落、链接段落和字符、列表和表格五种样式类型。若选择字符类型，则对话框中用于设置段落格式的属性将灰色显示，选择新建表格样式或列表样式，则该对话框明显不同。

“样式基准”：是指样式设置的起点，决定了样式最初的形态，然后由此开始进行更进一步的设置。Word 将选定段落或插入点所在段落作为新样式的基准样式。若要以另一种样式作为新样式的基准样式，则单击下拉按钮，从“样式基准”下拉列表中进行选择。如果不需要基准样式，可以从下拉列表中选取“无样式”。

“后续段落样式”：指当前段落结束，按下 Enter 键后，下一段设置的样式。这样做的好处是可以实现样式的自动设置，无须手工为每个段落设置样式。例如，假设当前设置的是名为“标题 1”的样式，将该样式的“后续段落样式”设置为“正文”。然后在文档中为当前段落应用“标题 1”样式，按下 Enter 键后，下一段的样式自动被设置“正文”。这就是设置“后续段落样式”的作用。

② 格式。

“格式”区列出了常用的字体和段落格式，对于不是特别复杂的样式而言，这里给出的格式基本够用。如果要设置更为复杂的格式，则单击左下角“格式”按钮，如图 3-153 所示，其中列出了更多的格式类别。

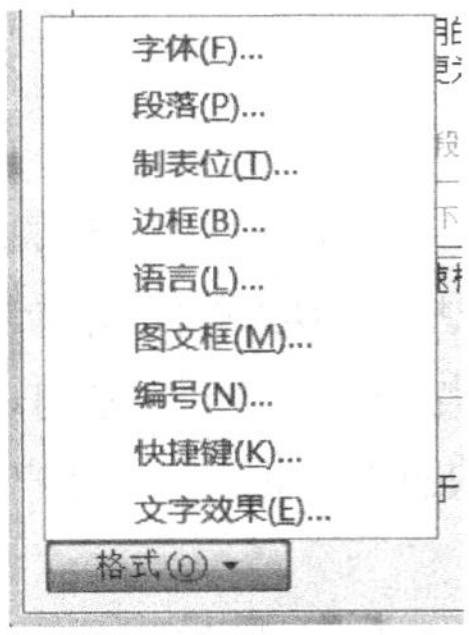

图 3-153 格式按钮下的更多格式类别

③ 预览效果。

每一个设置动作生效后，都会在预览图显示设置结果，这样可以更好地了解不同选项对格式的影响，也可以大体了解样式的整体外观。同时，在预览图下方还会以文字的形式描述样式包含的具体格式信息。

④ 其他选项。

“添加到快速样式列表”：勾选此项可将当前样式添加到功能区的“开始”→“样式”的“快速样式列表”中。

“自动更新”：勾选此项在大多数时候会带来麻烦，因为如果手工对该样式所作用的内容的格式进行修改，那么样式的格式会自动随手工修改结果而变，这样会产生可怕的混乱效果，因此不建议使用该项。

"仅限此文档"：样式的创建与修改仅在当前文档内有效。

"基于该模板的新文档"：样式的创建与修改被传送到当前文档所依赖的模板中，这样就会影响使用同一个模板创建的其他文档，选择此项也是不用打开模板而快速修改模板中样式的简捷方法。

(3) 方法三：将所选内容保存为新快速样式。

例 3-26 创建如例 3-24 所示的正文字体样式。

第一步，在文档中选中正文的一个段落，将格式设置为"宋体、小四、首行缩进 2 字符、1.5 倍行距"。

第二步，单击"快速样式列表"右下方的"其他"按钮，如图 3-154 所示。在出现的下拉菜单中，选择"将所选内容保存为新快速样式"，在弹出的"根据格式设置创建新样式"对话框中，输入样式名称，单击"确定"按钮后，会自动将样式添加到"快速样式列表"和"样式"窗格中。

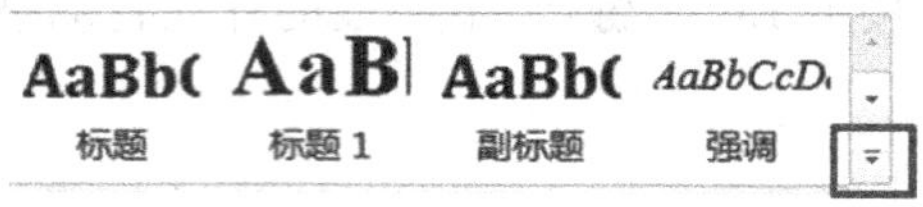

图 3-154 快速样式列表右下方的其他按钮

3.9.3 样式的使用示例

1. 样式快捷键

当排版中要频繁使用某些样式时，每用一次样式就去"样式"窗格中单击一次样式名，就会严重降低排版速度。最好的方法是为频繁使用的样式设置快捷键，这样就可以使用一次按键代替鼠标往返于文档页面与"样式"窗格之间了。

Word 给内置样式创建了部分快捷键，也允许用户使用 Ctrl、Alt 或功能键指定快捷键组合给自定义样式创建快捷键。

要为创建的新样式指定快捷键，具体步骤如下：

第一步，在"根据格式设置创建新样式"对话框中，如图 3-153 所示，单击"格式"按钮并选择"快捷键"命令，弹出"自定义键盘"对话框，如图 3-155 所示。

第二步，在"命令"列表框中显示了要设置快捷键的样式。在"当前快捷键"框中显示了所选择样式的当前快捷键，若未设置快捷键，则此框为空。在"说明"区域中显示了该样式的格式说明。

第三步，在"请按新快捷键"框中输入快捷键的组合键，如 Ctrl+O，直接在键盘上按下组合键 Ctrl+O，该组合键即可显示在"请按新快捷键"框中。

为一个已创建的样式指定快捷键，步骤如下：

首先，右击要添加快捷键的样式，在弹出的菜单中选择"修改"命令，然后打开用于修改样式的对话框，单击"格式"按钮并选择"快捷键"命令，打开"自定义键盘"对话框，后面的步骤与创建的新样式指定快捷键的第二、三步相同。

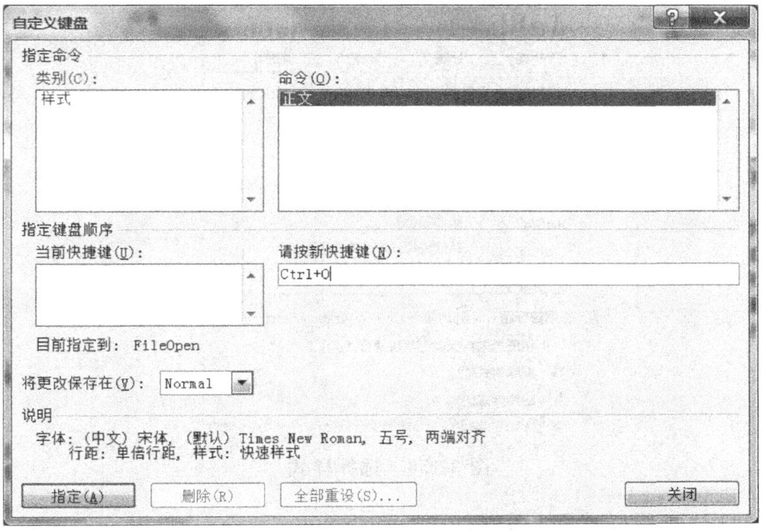

图 3-155　“自定义键盘”对话框

注意：在默认情况下，Word 不显示自定义键盘快捷键，因此，必须记住应用于样式的快捷键。

2. 应用样式

样式创建完成后，可在“快速样式列表”和“样式”窗格中查看。如需应用样式，可选中相应的文字段落或直接将鼠标置于段落中，然后可以在“快速样式列表”或“样式”窗格中选择应用。

例 3-27　利用例 3-24 中新创建的“论文正文”样式，将论文中原为“正文”样式的文字(不连续)替换为“论文正文”样式。

方法一：使用“快速样式列表”(与使用“样式”窗格相同)

第一步，将光标置于“正文”样式的段落中，可查看到“开始”→“样式”的“快速样式列表”中“正文”样式有个黄色边框，表示当前文字是正文样式。

第二步，右击“快速样式列表”中的“正文”样式，在下拉列表中选择“选择所有 532 个实例”，如图 3-156 所示，此时可看到文档中应用正文样式的段落已被全部选中。

第三步，单击“快速样式列表”中的“论文正文”样式，即可将原来“正文”样式的文字全部替换为“论文正文”样式。

方法二：使用“查找和替换”功能替换样式。

第一步，全选文档，单击“开始”→“编辑”→“替换”，显示“查找和替换”对话框。

第二步，将光标置于“查找内容”编辑框，单击“查找和替换”对话框底部的“格式”按钮，在下拉菜单中选择“样式”。

第三步，在“查找样式”对话框中找到所需的“正文”样式。

第四步，同样将光标置于“替换为”编辑框，重复第二、三步，选择“论文正文”样式。

第五步，单击“替换”即可。

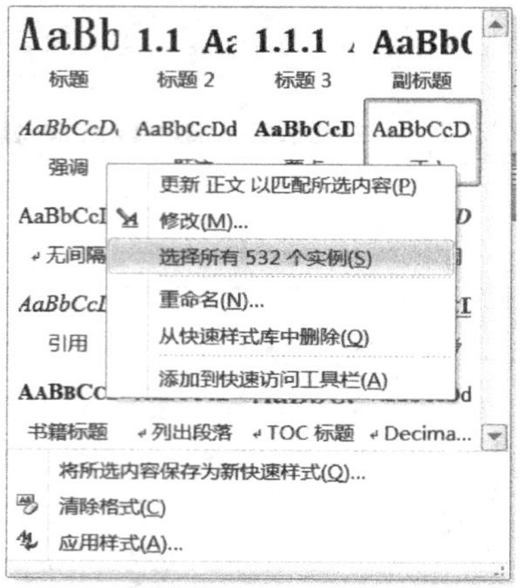

图 3-156 选择样式

方法三：使用"应用样式"对话框。

第一步，按方法一中的第一、二步操作选中所有"正文"样式的段落。

第二步，单击"快速样式列表"右下角的其他按钮，在下拉列表中选择最底部的"应用样式"按钮，打开"应用样式"对话框，如图 3-157 所示。

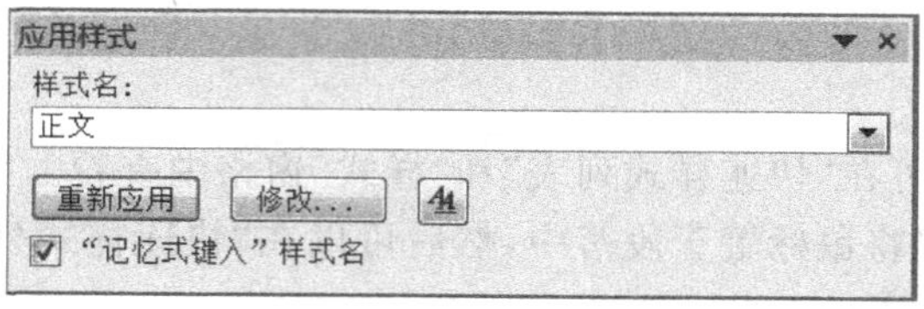

图 3-157 应用样式对话框

第三步，在"样式名"中可自行输入要应用的样式名称，或在下拉列表中选择要应用的"论文正文"样式。确定样式名后单击"重新应用"即可完成套用。

3. 修改样式

要修改某一样式，可以在"快速样式列表"、"样式"窗格、"应用样式"对话框中操作，但并不是使用"快速样式列表"右侧的"更改样式"命令。

例 3-28 将"论文正文"样式中的字体修改为"楷体"，该如何操作？

第一步，在"快速样式列表"中，右击"论文正文"，在下拉菜单中选择"修改"。

第二步，在显示的"修改样式"对话框中，如图 3-158 所示，将字体改为"楷体"，单击"确定"后，文档中应用为"论文正文"的样式将全部应用楷体字体。

若样式已经应用于文字中，则修改样式将直接体现在文字中；若样式还未应用，则还需将修改后的样式应用到文字才能够生效。

4. 删除样式

当文档不再需要某个自定义样式时，可以将该样式删除。文档中原先由删除的样式

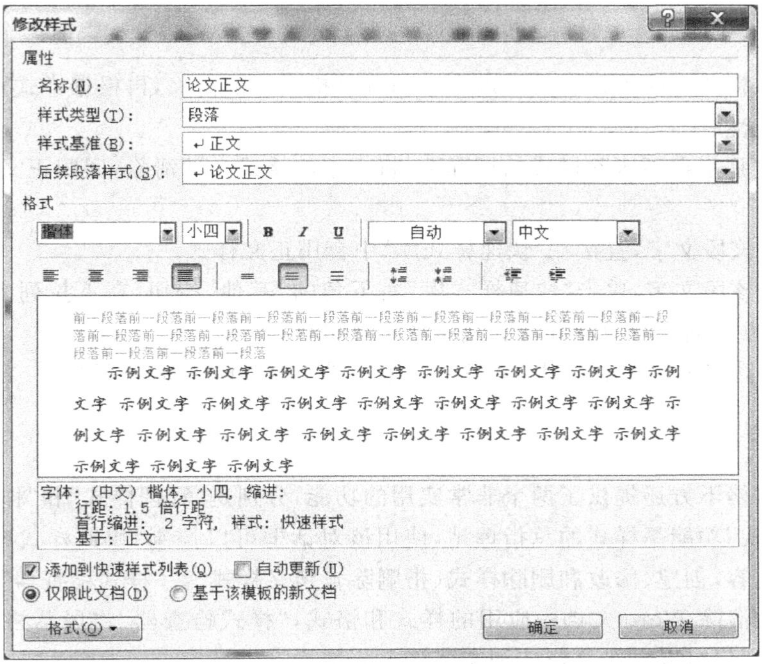

图 3-158　修改样式对话框

所格式化的段落改变为“正文”样式。

在“快速样式列表”中，可右击要删除的样式，在下拉菜单中选择“从快速样式库中删除”命令。删除后该样式便不在“快速样式库”中，但在“样式”窗格中的列表中还存在；在“样式”窗格的列表中找到该样式，单击“样式”右侧的下拉菜单，如图 3-159 所示，选择“删除论文正文”，该样式将被彻底删除。若选择“添加到快速样式库”，可重新在快速样式库中查看该样式。注意：Word 提供的内置样式不能被彻底删除。

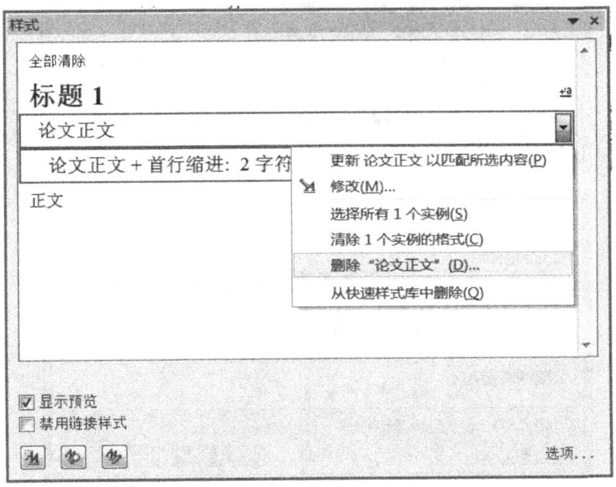

图 3-159　在样式窗格中删除样式

5. 清除格式

通过清除格式功能可以将文档内容中的各种格式全部清除，再根据样式重新排版，保证文档的美观性。

清除格式是指在不删除样式的情况下，将文字的格式全部清除，回归正文样式。有以下 3 种方法：

(1) 选中该段文字，直接在“快速样式库”中套用正文样式。

(2) 选中该段文字，单击“快速样式库”右下角的“其他”按钮，在下拉列表中选择“清除格式”。该方法同样可以删除所选文字的全部格式。

(3) 选中该段文字，在“样式”窗格中的样式列表中选择“全部清除”。

6. 管理样式

“样式”窗格下方还提供了两个非常实用的功能，分别是“管理样式”和“样式检查器”。其中“管理样式”功能是样式的总指挥站，使用该对话框可以控制“快速样式库”和“样式”窗格的显示内容，创建、修改和删除样式(指删除自定义样式)。“样式检查器”功能可以帮助用户显示和清除 Word 文档中应用的样式和格式，“样式检查器”将段落格式和文字格式分开显示，用户可以对段落格式和文字格式分别清除。

单击“样式”窗格下方“管理样式”图标，打开“管理样式”对话框，显示“编辑”、“推荐”、“限制”、“设置默认值”四个选项卡。

“编辑”和“推荐”选项卡分别如图 3-160 和图 3-161 所示，它们都默认将样式“按推荐”排序。所谓的“推荐”样式，即为出现在“快速样式库”中的部分样式。在“编辑”选项卡中可以进行样式的新建和修改。在“推荐”选项卡中可以同时选择一个或多个样式修改优先级，或将所有样式设置在快速样式库中“显示”、“使用前隐藏”或“隐藏”。请注意“全选”和“选择内置样式”按钮，可以通过它们快速区分 Word 的内置样式和自定义样式。

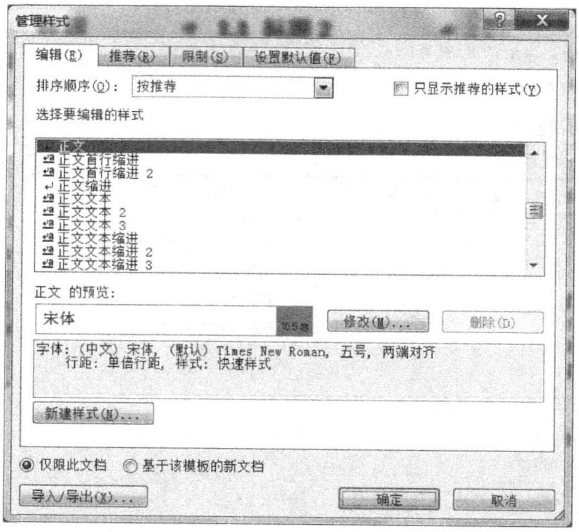

图 3-160　编辑选项卡

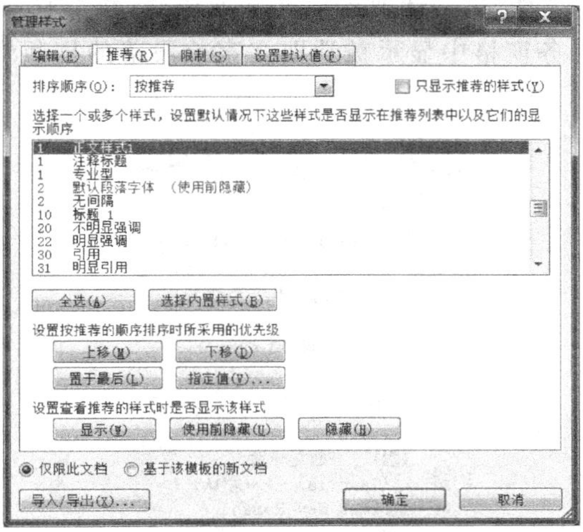

图 3-161　推荐选项卡

“设为默认值”选项卡主要是对正文样式进行修改。而“限制”选项卡是设计需极其严格控制其内容格式的模板和窗体的优秀工具，能够限定用户在使用该 Word 文档时可使用的样式，若配合模板使用将发挥很大的作用。

例 3-29　如何在“显示格式”任务窗格中，比较两段文本的格式区别。

默认情况下，Word 2010 的功能区中未显示“显示格式”按钮。用户可以将其放置到“快速访问工具栏”中，操作步骤如下所述：

第一步，打开 Word 文档窗口，依次单击“文件”→“选项”按钮，切换到“快速访问工具栏”选项卡，单击“从下列位置选择命令”下拉三角按钮，在下拉菜单中选择“不在功能区中的命令”选项，在命令列表中选中“显示格式”选项，然后单击“添加”按钮将该命令添加到快速访问工具栏列表中，并单击“确定”按钮，如图 3-162 所示。

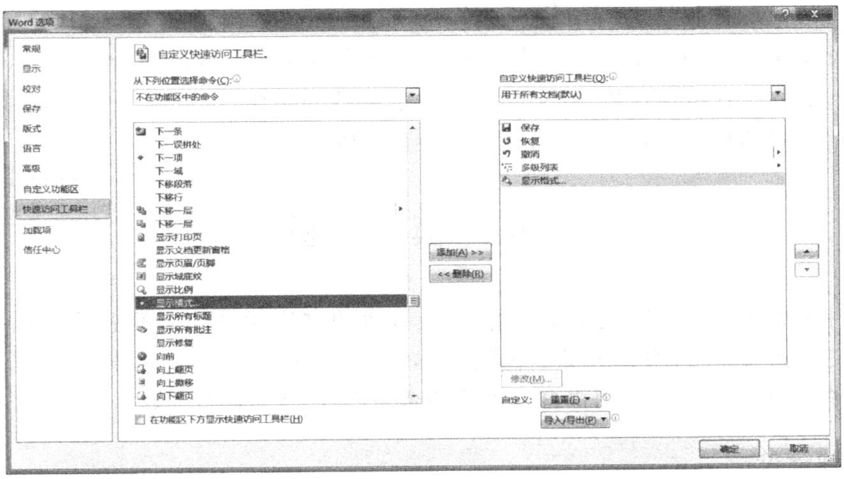

图 3-162　添加显示格式到快速访问工具栏

第二步，返回 Word 文档窗口，选取若干文字或段落，然后在"快速访问工具栏"中单击"显示格式"按钮，在任务窗格中显示被选取文字或段落的排版格式。即为图 3-163 中第一个框显示的内容。

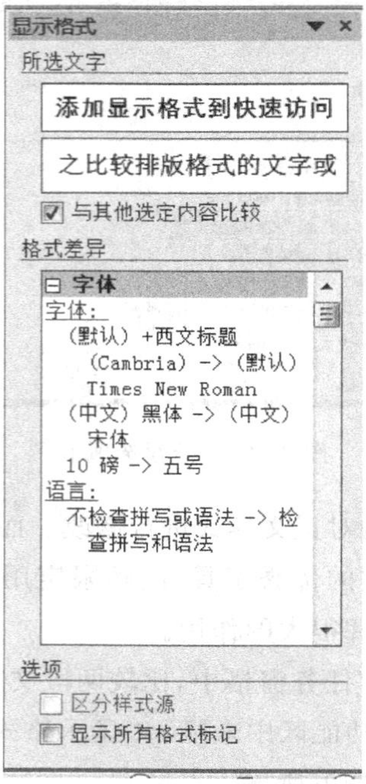

图 3-163 比较格式

第三步，选中"与其他选定内容比较"复选框。

第四步，在文档中选取要与之比较排版格式的文字或段落。

第五步，"格式差异"框中列出了两处文字或段落排版格式上的差异。符号"→"左边为原文字或段落的排版格式，右边为后选取的文字或段落的排版格式。对比显示，选取的第一段英文文字字体为 Cambria，而第二段英文字体为 Times New Roman。

在"显示格式"任务窗格中，如果要改变选定字符的字体，可以单击"字体"链接，既可以打开"字体"对话框"字体"选项卡，在其中设置字体。

3.10 模　板

当某种格式的文档经常被重复使用时，最有效的方法就是使用模板。模板中主要储存着以下三类信息：(1)页面格式：包括开本、页面方向、页边距、页眉/页脚等的设置；(2)样式：包括 Word 内置和用户自己创建的多个样式；(3)示范内容。

1. 模板分类

Word 2010 根据后缀名区分，支持三种类型的模板，当用户使用模板创建新文档时，这三种模板的区别并不明显。但是,当用户修改和创建模板时,模板类型就显得很重要了。

(1) Word 97-2003 模板(.dot):用户在 Word 早期版本中创建的模板。这种模板无法支持 Word 2007 和 Word 2010 的新功能。基于此类模板创建文档时,标题栏会显示“兼容模式”字样。

(2) Word 2007-Word 2010 模板(.dotx):这是 Word 2010 的标准模板,支持 Word 2007-2010 的所有新功能,但是不能存储宏。用户可以在基于该模板的文档中储存宏,但是不要在模板中储存。无法储存宏主要是为了安全起见,因为宏可以携带病毒。

(3) 启用宏的 Word 模板(.dotm):这个模板和标准模板唯一的区别就在于这个模板储存了宏。

2. 模板的模板

在 Word 中,任何文档都衍生于 Normal.dotm 模板,即使是在空白文档中修改并建立的新文档,也是衍生于 Normal.dotm 模板。

在“文件”选项卡中选择“新建”或者是单击快速工具栏上的“新建空白文档”按钮,会自动生成一个空白文档。这个文档就是依据 Normal.dotm 生成的,也继承了共用的 Normal 模板默认的页面设置、格式和内置样式设置。基本上 Word 文档都是基于 Normal.dotm 生成的,即使将新建文件另存为一个新模板,该模板也同样基于 Normal.dotm,故可将 Normal.dotm 称为模板的模板。在用户调整样式或宏时,可以选择将变更保存在当前文档、当前文档的模板或者是 Normal.dotm 模板三个位置,而且不同的存储位置有不同的影响范围:

(1) 如果选择 Normal 模板,则所做的改变对以后所有文档都有效。

(2) 如果选择当前文档名,则所做的改变只对本文档有效。

(3) 如果选择当前文档基于的模板名,则所做的对以后建立的基于该模板的文档有效。

例如,在调整页面设置之后可以单击“页面设置”对话框下方的“默认”按钮,将更改写入 Normal.dotm,改变默认设置。这样,每次新建文件时,都可以根据自定义页面设置生成新文件。Normal 模板默认存放在 C:\Users\用户名\AppData\Roaming\Microsoft\Templates 文件夹下(Win7),可以通过“模板和加载项”查看。

注意:建议不要将过多更新添加到 Normal 模板中,可以想象,在新文件的建立过程中,过于臃肿的 Normal.dotm 会导致载入速度变慢,启动时间变长。可以删除 Normal 模板,Word 2010 会自动重新生成一份,只是原先对模板所做的更改都不会被保留。

再例如,在“根据格式设置创建新样式”对话框下方,可选择“基于该模板的新文档”复选框,意思是指新建的样式添加到当前活动文档选用的文档中,从而使基于同样模板的文档都可以使用该样式。否则新样式仅在当前的文档中存在。

如图 3-164 所示,在“根据格式设置创建新样式”对话框下方选择“格式”→“快捷键”,

可以在“自定义键盘”对话框中查看到如图 3-165 所示的效果。修改后的快捷键可以选择保存到 Normal 模板、当前文档模板以及当前文档中，保存不同位置的影响范围不同。

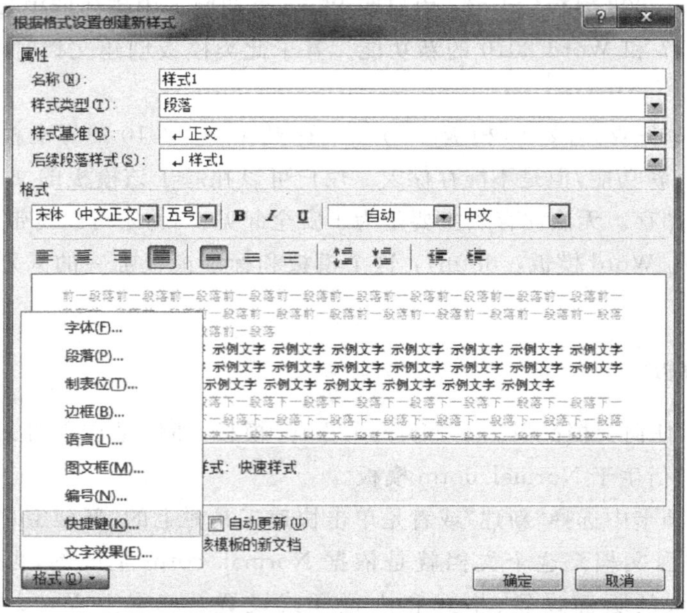

图 3-164　选择快捷键

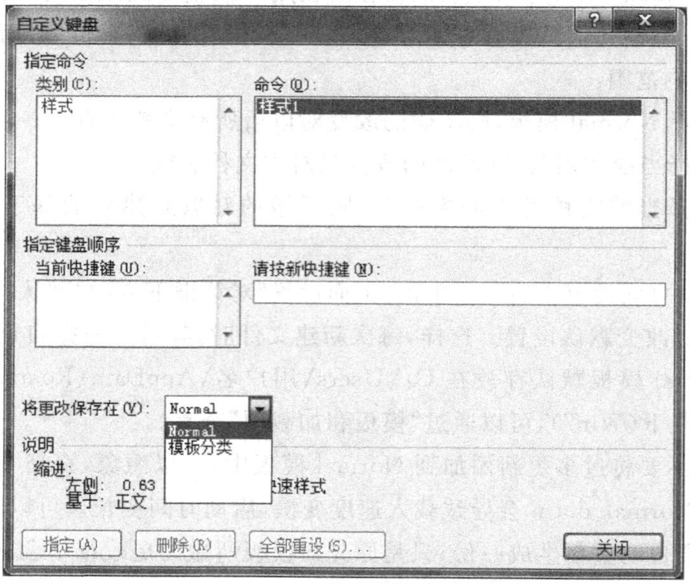

图 3-165　自定义键盘

3. 论文撰写中模板的使用

在论文编排时，常用的格式务必设置为一个样式，这样可以提高工作效率。而对于模板，除了共有模板 Normal. dot 之外，还可以单独建立不同应用场合下使用的模板。

学位论文的写作与排版过程一般有两种。

(1) 先将内容录入后再进行排版(内容优先原则)。

(2) 先行设置好格式、样式和模板后再进行录入(模板优先原则)。

这两种处理方式要视情况使用，在写作论文前的准备阶段，暂不需要进行排版时，可以不使用模板，但至少要使用大纲。如果需要制作较大文档，要符合正式排版要求时，最好先行制作模板。

创建模板，可以选择根据现有文档创建，或者是新建模板。如需从空白文件上新建模板，其方法与新建一篇毕业论文相近。在制作模板前，需确定模板中包含的内容，根据内容设立框架结构。

建议流程为：在 Word 中，设置页面(选择纸张、设置页边距)→撰写标题、设置标题样式→选择导航＋页面视图的视图方式→分节、根据标题样式设置多重编号→撰写正文定义样式→设置题注→设置题注交叉引用→创建引文和书目→分节设置页眉和页脚→自动生成目录(包括图表目录)→美化封面→另存为模板。

若使用现有内容新建模板，可以在一篇毕业论文撰写完成后，希望另一篇毕业论文可以沿用其内容、页面设置、样式与格式、宏、快捷键等设置，可以将它作为模板来创建文档。单击可用模板列表中的“根据现有内容新建”按钮，即可根据现有文档创建模板。

第4章　Word 版面设计及其他辅助功能

论文内容编排结束后，接下来介绍论文的版面设计以及论文的进一步修改完善等辅助工作。论文的版面设计主要包括：页面布局、页眉、页脚和页码的设置等，版面设计最好在论文编排之前进行，这样可以避免后期版面调整时可能出现的问题。论文修改主要包括批注、修订等。最后本章还将介绍论文定稿后的安全和处理技巧。

4.1　页面布局

页面布局是论文版面设计的重要组成部分，在 Word 2010 中，“页面布局”选项卡包括“页面设置”、“页面背景”等多个功能组，分别列出了页边距、纸张方向、纸张大小、页面颜色、边框等功能。

在一个没有分节的文档中，页面布局可选择作用于整篇文档或者是插入点之后，但在分节后的文档中，页面布局可以选择只应用于当前节。在 Word 排版中，页面是一种与打印纸匹配的显示方式，页面设置的最小有效单位，是“节”(具体见 4.2.1 节)。

1. 纸张选取

Word 新建文档默认使用 A4 幅面的纸张，纸张方向为纵向。毕业论文的纸张选取虽然各所学校有所不同，但大多要求为标准 A4 幅面或 16 开幅面，纵向。在“页面布局”→“页面设置”功能组中，“纸张方向”可将文档设为纵向或横向，“纸张大小”可设置论文幅面。

2. 版心设置

版心是指页面中去除上下左右留白的正文内容所在区域，更为直观地说，版心就是页面视图中表示页面的四个直角中间的区域。版心设置是指根据纸张选取情况，调整页边距和装订线距离。

1）版心的常规设置

在新建的空白文档中，Word 默认左右页边距为 3.18cm，上下页边距为 2.54cm。页边距是指文档中的文本与纸张边线之间的距离。版心设置可直接单击“页面设置”→“页边距”按钮进行设置。Word 可保留上次的自定义设置，也提供“普通”、“窄”、“适中”、“宽”、“镜像”等五种页边距进行选择。前四种页边距设置都是设置页面上下左右的边距，只有“镜像”方法设置的是上下里外的边距，主要用于双面打印的文档，可直接装订。

单击“页面设置”→“页边距”→“自定义边距”按钮，弹出“页面设置”对话框，在“页码范围”的“多页”选项卡中，Word 为排版中不同情况提供了“普通”、“对称页边距”、“拼页”、“书籍折页”、“反向书籍折页”五种多页面设置方式，便于书籍、杂志、试卷、折页的排版。

对论文、书籍等的页面设置，可以选取“对称页边距”，则左、右页边距标记会修改为“内侧”、“外侧”边距，同时“预览”框中会显示双页，且设定第 1 页从右页开始。

2) 使用标尺设置页边距

除了上述利用“页面设置”→“页边距”的精确设置页边距的方法，还可以通过水平标尺或垂直标尺来设置页边距。具体步骤如下：

第一步，在页面视图下，确认文档中是否有标尺。如果没有，可单击滚动条顶部的标尺按钮来显示标尺，如图 4-1 所示。

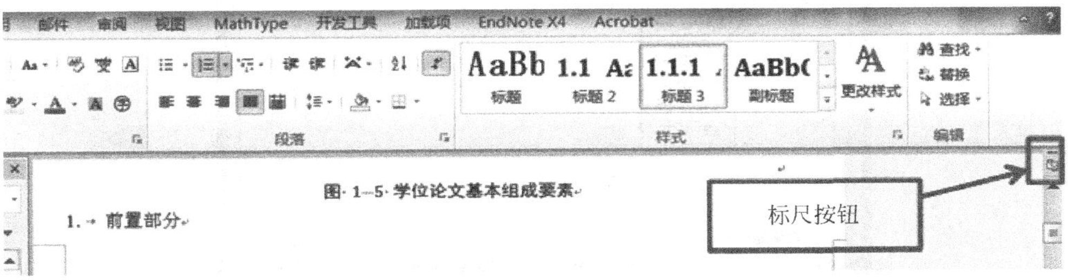

图 4-1　标尺按钮

第二步，将光标置于要设置页边距的文档或所在的节中，将鼠标放在水平或垂直标尺的页边距线上，当鼠标变成双向箭头时，左键拖动页边距线，按住 Alt 键拖动页边距时，可以显示文本区域的尺寸和页边距大小。

注意：垂直标尺上有上边距、下边距；水平标尺上除了有左边据、右边距，还有左缩进、右缩进、悬挂缩进和首行缩进四个标记。

(1) 首行缩进标记：拖动这个标记，可以设置光标所在段落的首行第一个字的位置，在中文文档中一般段落首行缩进两个字符。

(2) 悬挂缩进标记：拖动这个标记，可以设置光标所在段落中除第一行以外的其他行左边的起始位置。

(3) 左缩进标记：拖动这个标记，首行缩进和悬挂缩进会同时移动，可以调整光标所在的整个段落的左边起始位置。

(4) 右缩进标记：右缩进和左缩进是相对的，拖动它可以调整光标所在的整个段落的右边结束位置。

3. 页面背景

在“页面布局”选项卡的“页面背景”组中，可以对页面的颜色、边框和水印进行设置。

4. 文档网格

有些文档要求每页包含固定的行数及每行包含固定的字数，可在“页面设置”→“文档网格”选项卡中对页面中的行和字符进行进一步设置，如图 4-2 所示。

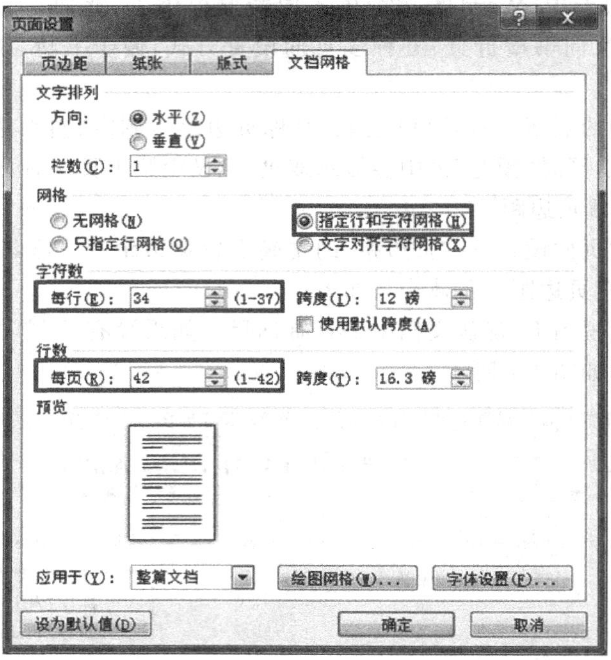

图 4-2　文档网络设置对话框

5. 应用于“本节”

应用于“本节”是经常被人疏忽的一个功能，但在实际应用中却非常实用。“节”是贯穿 Word 高级应用的重要概念，通常用分节符表示。在插入分节符将文档分节后，选择将页面设置的操作应用于本节，则可在指定的节内进行页面设置。在“页面设置”对话框中的“纸张”、“页边距”、“版式”、和“文档网格”选项卡设置中，都可以将操作应用于本节。

若在文档中选中某些文字再进行页面设置，则“应用于”下拉菜单中会变为“所选文字”、“所选节”、“整篇文档”，选择“所选文字”可为选中的文字设置不同的页面参数。

4.2 分隔设置

Word 提供了多种分隔符，其中页面与页面的分隔使用分页符，节与节之间的分隔使用分节符，还提供了分栏符调节分栏页面的文字排版。多种分隔符的使用，使版面设计更为灵活。

4.2.1 分节符

“节”作为文档版面设计的最小有效单位，可为“节”设置页边距、纸型或方向、打印机纸张来源、页面边框、垂直对齐方式、页眉页脚、分栏、页码、行号、脚注和尾注等多种格式类型。“节”操作主要通过插入分节符来实现。

添加分节符的具体操作方法如图 4-3 所示，单击“页面布局”→“页面设置”→“分隔符”→“分节符”按钮。分节符有“下一页”、“连续”、“偶数页”、“奇数页”四种，具体类型及功能见表 4-1 及图 4-4。

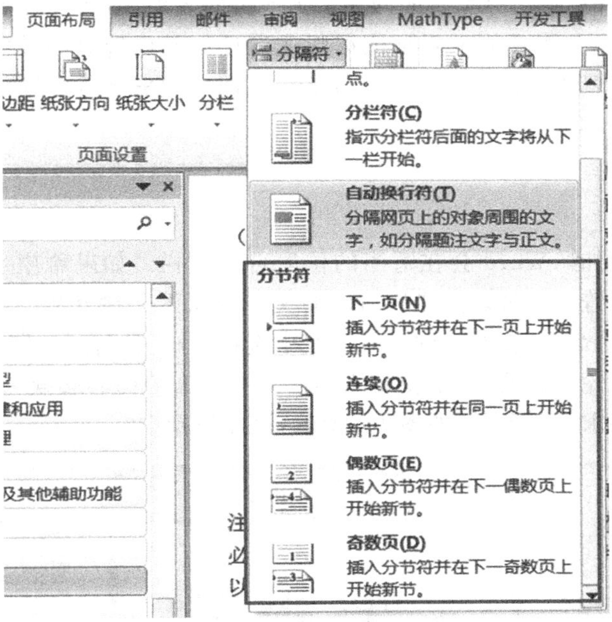

图 4-3　分节符

表 4-1　分节符类型及其功能

分节符类型	功　　能
下一页	下一页插入一个分节符后新节从下一页开始
连续	连续插入一个分节符后新节从同一页开始
奇数页	插入一个分节符后新节从下一个奇数页开始
偶数页	插入一个分节符后新节从下一个偶数页开始

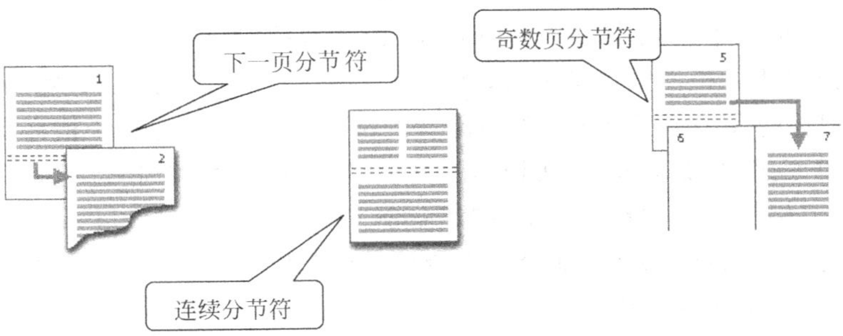

图 4-4　分节符类型

如果需要单独调整某些文字或者段落的页面格式，也可先在文档中选取这些文字。在“页面设置”对话框中完成相关设置后，选择“应用于所选文字”，即可将设置应用到所选文字中。Word 2010 会自动在所选文字的前后分别插入一个分节符，为该文字单独创建一个节。

虽然“下一页”分节符与分页符同样显示为换页的效果，但如果需要进行节格式操作，则必须插入分节符。文档分节主要是依据版式设计以及内容分布的需要。文档分节之后，就可以根据节设置版式。本章将在 4.3.3 小节以实例来介绍分节文档中的页眉、页脚和页码的设置。

4.2.2 分栏符

在设定文档分栏时，Word 会在适当的位置自动分栏。如果希望手动选择分栏的位置，可通过插入分栏符来实现。分栏符后面的文字将从下一栏开始。可选择“页面布局”选项卡中的“分隔符”命令，在显示的下拉列表中选择“分栏符”命令，即可插入分栏符。

例 4-1 在毕业论文撰写中，需要将文档中某一页面的内容转换为横向页面，该页面中包括图和文字，要求分栏显示，如图 4-5 所示，该如何操作？

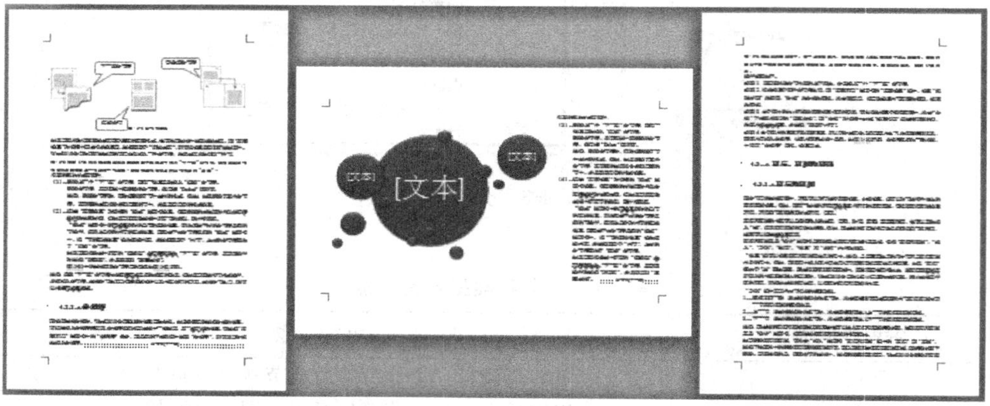

图 4-5 横向页面显示案例

操作步骤如下：

第一步，将该页设为单独的一节，即在该页前后分别插入一个“下一页”分节符。

第二步，将光标置于该页中，在“页面布局”选项卡的“页面设置”组中，设置“纸张方向”为横向，“分栏”为两栏。单击确定后，将自动设置本节页面为横向，栏宽为两栏。

注意：若图片的大小不适合页面栏宽相等的情况，可先将光标置于横向页面中，单击“分栏”下拉菜单底部的“更多分栏”按钮，在“分栏”对话框中去掉“栏宽相等”复选框前面的勾，为图片加大栏宽，并选择“应用于本节”命令。

若图片的宽度不及页面宽度，部分文字会显示在图片之下。为页面美观起见，在图片后插入分栏符，让文字在第二栏中显示。

4.3　页眉、页脚和页码

在分节后的文档页面中，不仅可以对节进行页面设置、分栏设置，还可以对节进行个性化的页眉、页脚和页码的设置。例如，在同一文档不同的节，设置不同的页眉页脚，奇偶页页眉页脚设置不同，不同章节页码编写方式不同等等。

4.3.1　页眉和页脚

页眉和页脚的内容可以是任意输入的文字、日期、时间、页码，甚至图形等，也可以手动插入“域”，实现页眉页脚的自动化编辑。例如，在文档的页眉右侧自动显示每章章节名称等，这些都可以通过“域”来实现。

页眉和页脚工具的“设计”选项卡是辅助建立页眉和页脚的浮动工具栏，包括“页眉和页脚”、“插入”、“导航”、“选项”、“位置”和“关闭”六个功能组。

“位置”组可以设置页眉和页脚距边界的尺寸。注意：是距离页边界的尺寸而不是页眉页脚本身的尺寸。例如，在页眉中插入图片等，之后调节页眉页脚距页边界的距离，如果“页眉”值大于上页边距值，正文将延伸到页眉区域中，页脚范围也同样如此。当页眉或页脚区所输入的内容超出默认的高度时，Word 会自动以最小高度的方式调整，缩小文档工作区的范围，即增加文档的页边距，以便容纳页眉和页脚的内容。

“导航”组中有三个与节相关的按钮功能：

(1)“链接到前一条页眉”：当文档被划分为多节时，单击该按钮可建立或取消本节页眉/页脚与前一节页眉/页脚的链接关系。

(2)“上一节”：当文档被划分为多节时，单击该按钮可进入上一节的页眉或页脚区域。

(3)“下一节”：当文档被划分为多节时，单击该按钮可进入下一节的页眉或页脚区域。

注意：在文档的页眉和页脚区域直接双击也可以进入页眉和页脚编辑状态，出现页眉和页脚工具“设计”选项卡。

如需删除页眉或页脚，可单击“插入”选项卡“页眉和页脚”组中的“页眉”或“页脚”按钮，选择下拉菜单中的“删除页眉”或“删除页脚”命令即可。或是直接双击页眉或页脚区域，在编辑状态下删除。需要注意的是，在未分节的文档中，选择删除某页页眉后，Word 2010 会删除所有页眉。而在分节文档中，若已经断开与前后节的链接，删除页眉只会影响本节的页眉设置。

1. 多样化页眉页脚设置

我们经常可以看到一些多样化的页眉页脚设置，如一本书的封面或内容简介不设置页眉与页脚，而其他部分都设有页眉页脚；页眉中偶数页是书籍名称，奇数页是章节名称等。要实现此设置，可在 Word 的页眉和页脚工具“设计”选项卡的“选项”组中，勾选“首页不同"或是"奇偶页不同"即可。

勾选"首页不同"的页眉页脚之后，进入页眉页脚的编辑状态，页面顶部将显示"首页页眉"字样，底部显示"首页页脚"字样，其他页中则显示"页眉"和"页脚"。如果需要指定文档或节的首页与文档其他各页有不同的页眉和页脚，可在页眉区或页脚区中输入相应的文字。如果首页中不显示页眉或页脚，则清空页眉区或页脚区的内容，即可使首页不出现页眉或页脚。

勾选"奇偶页不同"的页眉页脚，奇数页的页眉页脚区将分别显示"奇数页页眉"、"奇数页页脚"字样；偶数页的页眉页脚区将分别显示"偶数页页眉"、"偶数页页脚"字样。

在 Word 中，还有一种方法可设置首页不同和奇偶页不同。单击"页面布局"→"页面设置"组右下角的页面设置图标，打开"页面设置"对话框。其中"版式"选项卡包含的"页眉和页脚"工具组中也能设置"奇偶页不同"、"首页不同"等功能。

2. 分节文档的页眉页脚设置

通过页眉和页脚"设计"选项卡设置首页不同、奇偶页不同的页眉和页脚时，文档无需分节。如果需要为文档的不同章节设置不同的页眉和页脚，"设计"选项卡则无法实现，只能通过文档分节来实现。

例 4-2 若一篇毕业论文要求封面页不设置页眉页脚，中文摘要页页眉的两端分别显示中文"毕业论文"和"摘要"字样，英文摘要页页眉的两端分别设置中文"毕业论文"和英文"Abstract"字样，均为两端对齐，该如何设置？

操作步骤如下：

第一步，对文档设置不同的页眉页脚，首先要将文档的首页、中文摘要页、英文摘要页分节，每部分分别为一节("页面布局"→"分隔符"→"分节符"→"下一页")。

第二步，选择"插入"选项卡中的"页眉"命令，选择内置的空白(三栏)构建模块，进入页眉编辑状态。

第三步，首页不设置页眉，分别进入第二节和第三节设置页眉，在出现的页眉和页脚工具"设计"选项卡的"导航"组中，单击"链接到前一条页眉"按钮，确认该图标为灰色，即已取消链接到前一条页眉和页脚。(注意：若未单击"链接到前一条页眉"按钮，在第二节设置页眉时，Word 将默认第一节和第二节都是用相同的页眉，并在页眉边显示"与上一节相同")。

第四步，在第二节和第三节页眉中分别根据预设格式输入页眉文字。

例 4-3 要求论文每章都从奇数页开始，并且每个章节都设置不同的页眉和页脚，但章节的首页都不设置页眉和页脚，应当如何操作？

该情况下的页眉页脚设置与一般分节文档的页眉页脚设置相似，请注意以下两点：

第一，每个章节都需要单独成节，为使每章从奇数页开始，在使用分节符分节时，需要插入奇数页分节符。

第二，分节完成后，在页眉和页脚工具"设计"选项卡的"选项"组中选择"首页不同"命令，此时的首页不同表示每个节的首页不同，即可实现每个节的首页都不设置页眉和页脚。

4.3.2　页码

通过单击“插入”选项卡的“页码”按钮或是在页眉页脚编辑状态中单击页眉和页脚“设计”选项卡中的“页码”按钮都可以创建页码。

单击“页码”按钮，在下拉菜单中选择“设置页码格式”命令，弹出如图 4-6 所示的对话框，在该对话框中进行页码格式设置。

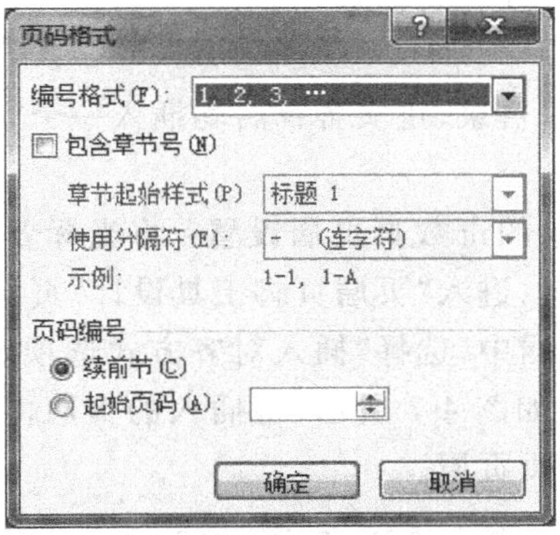

图 4-6　设置页码格式

在“编号格式”下拉式列表框中显示了多种页码格式，如阿拉伯数字、小写字母、大写字母、小写罗马数字、大写罗马数字、中文数字等，选择需要的页码格式即可。

用户可创建包含章节号的页码，例如，6-18、9-62 等分别表示第 6 章、第 9 章的页码。该类型页码格式的创建是依据章节标题样式创建的，可选择“章节起始样式”以及“使用分隔符”命令，分隔符共有三种：连字符、点号、冒号。

可对所有节连续编排页码，即下一节按顺序接续前一节的页码。如果需要单独编排某些章节的页码，就必须先对这些章节进行分节，然后在“页码编号”框中选择“起始页码”命令，并在输入框中输入首页的起始页码。

4.3.3　页眉、页脚和页码设置实例

例 4-4　请打开“页眉等制作素材. docx”，按下列要求操作，结果如“页眉等制作答案. pdf”所示：

(1) 中、英文摘要页、目录、每一章及参考文献的首页均为奇数页。

(2) 中英文摘要页：页码采用罗马字，从 Ⅰ 开始排序；奇数页页眉分别为摘要、Abstract，居中，偶数页页眉为校徽图片及学校名称。

(3) 目录页：页码继续摘要页的编号；奇数页页眉为目录，居中；偶数页页眉同上。

(4) 论文正文页：奇数页页眉为章序号、章名称；偶数页页眉同上。(建议使用 StyleRef 域引用样式标题 1)；页码使用阿拉伯数字重新开始编号。

根据上述要求必须将文中的不同章节通过插入不同分节符的方式，进行不同的节格式设置。设置如表 4-2 所示，步骤如下：

表 4-2　节格式设置列表

<table>
<tr><th>节</th><th>页</th><th>与下一节的分节符类型</th><th colspan="2">需设置的节格式</th></tr>
<tr><td>第 1 节</td><td>中文摘要页</td><td>奇数页分节符</td><td rowspan="5">设置对称页边距</td><td rowspan="3">页眉：奇偶页不同，学校名和摘要或目录
页码格式：罗马字</td></tr>
<tr><td>第 2 节</td><td>英文摘要页</td><td>奇数页分节符</td></tr>
<tr><td>第 3 节</td><td>目录</td><td>奇数页分节符</td></tr>
<tr><td>第 4～7 节</td><td>正文</td><td>每章之间均使用奇数页分节符</td><td rowspan="2">页眉设置：奇偶页不同
引用章节名称和编号
页码格式：阿拉伯数字</td></tr>
<tr><td>第 8 节</td><td>参考文献</td><td>开始于奇数页</td></tr>
</table>

第一步，在中英文摘要页、目录、正文各章后均插入一个“奇数页”分节符，从而使下一节从奇数页开始。

第二步，中英文摘要、目录的奇数页页眉设置：将光标置于中文摘要页，单击“插入”→“页眉和页脚”→“页眉”按钮，进入“页眉页脚工具设计”页面，取消“链接到前一条页眉”命令，在页眉处输入“摘要”并居中，选择“插入对齐方式选项卡”命令，在“对齐制表位”对话框中选择“居中”对齐方式，如图 4-7 所示，将插入的页眉内容居中。同样方法，依次设置英文摘要页、目录页的奇数页页眉。

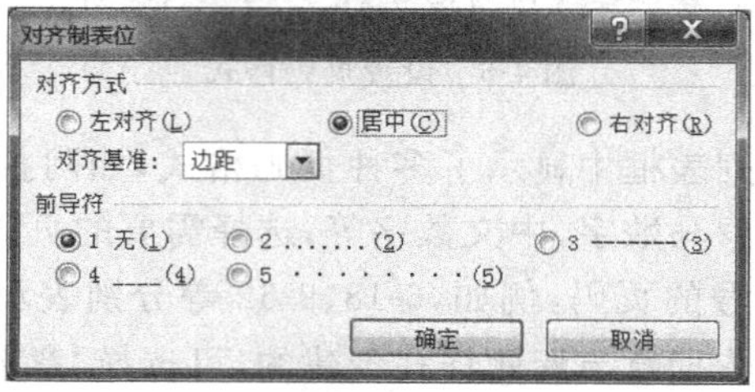

图 4-7　设置页眉居中对齐

第三步，正文的奇数页页眉设置：将光标置于第一章首页，单击“插入”→“页眉和页脚”→“页眉”按钮，进入“页眉页脚工具设计”页面，取消“链接到前一条页眉”命令；单击“插入”→“文档部件”→“域”按钮，在“域”对话框中选择“链接和引用”命令，选择 StyleRef 域，如图 4-8 所示，选择“域属性”中的样式：“标题 1”，勾选“域选项”中的“插入段落编号”，单击“确定”按钮后，在页眉插入“第一章”；接下来插入章名，其他操作与插入“第一章”相同，但取消勾选“域选项”中的“插入段落编号”复选框。第一章奇数页页眉设置好后，后面章节奇数页页眉自动插入。

第四步，论文偶数页页眉设置：由于中英文摘要、目录、正文等的偶数页页眉内容相同，所以只需要插入第一个偶数页页眉即可。将光标置于第一个偶数页，单击“插入”→“图片”按钮，将校徽图片插入页眉区域，并输入页眉文字内容。为实现插入的图片与文字分别左右对齐的效果，可将光标置于图片和文字中间，按两次“TAB”键，则出现如图 4-9 所示的偶数页页眉效果。

第五步，中英文摘要页、目录页的页码设置：由于奇偶页页眉不同，所以需要在奇数页与偶数页中分别插入页码。单击“设置页码格式”按钮，在“页码格式”对话框中，设置页码的数字格式为罗马字“Ⅰ，Ⅱ，Ⅲ，…”，并设置起始页码为Ⅰ，如图 4-10 所示。将光标置

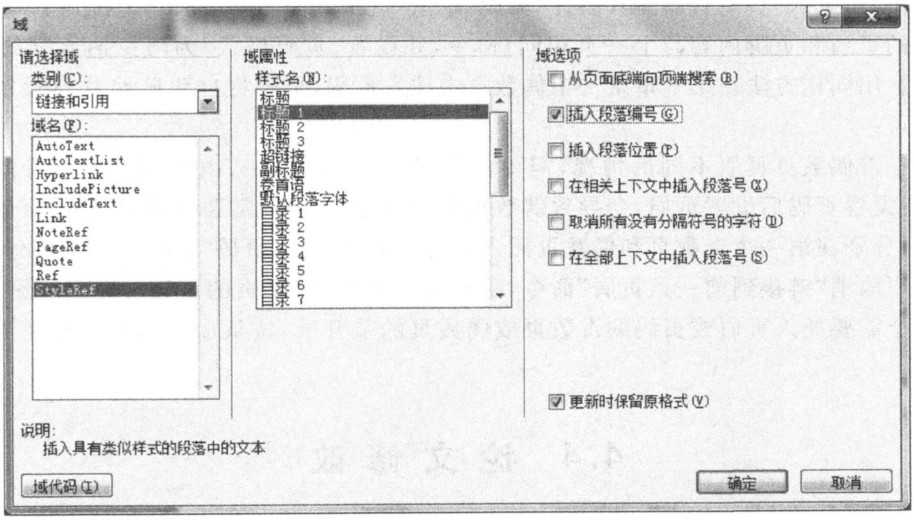

图 4-8　插入 StyleRef 域

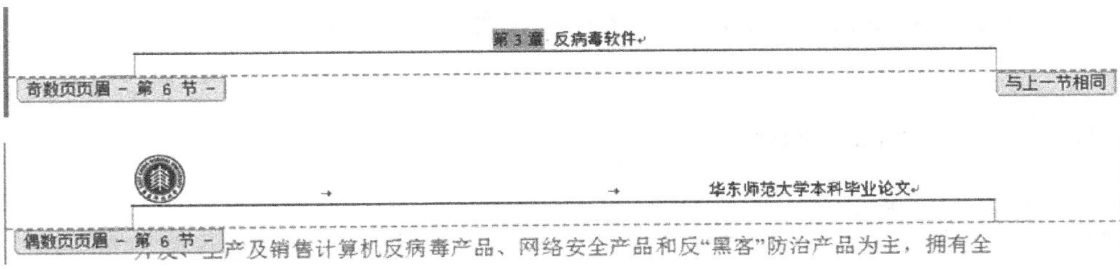

图 4-9　奇偶页页眉页脚设置

于第一个奇数页——中文摘要页，单击"插入"→"页眉和页脚"→"页码"按钮，选择"页面底端"的"普通数字 2"样式。接下来，将光标置于第一个偶数页，用同样方法插入页码。

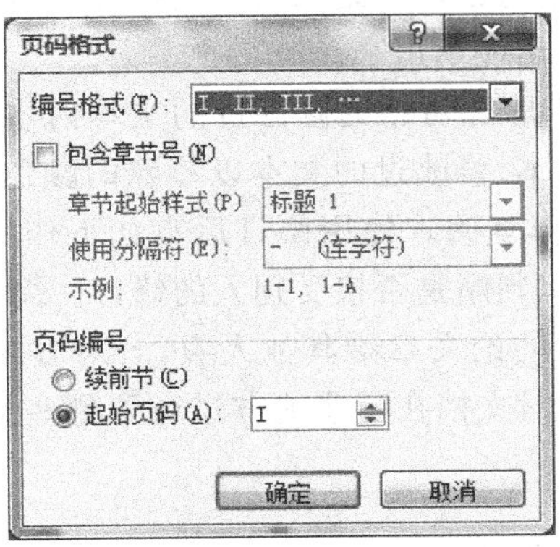

图 4-10　设置罗马字页码

第六步，正文的页码设置：由于奇偶页页眉不同，同上一步也需要在奇数页与偶数页中分别插入页码。将光标置于第一章的第一个奇数页中，单击"插入"→"页眉和页脚"→

"页码"按钮,进入"页眉页脚工具设计"页面,取消"链接到前一条页眉"(链接到上一节,使当前节的页眉和页脚内容与上一页相同)命令,并设置"页码格式"为阿拉伯数字的 1,居中显示。用同样方法在第一章第一个偶数页中插入页码,页码将自动显示为 2,设定居中显示即可。

对于奇偶数页页眉不同的情况,需要注意以下三点:第一,由于要求页眉奇偶页不同,若先设置页码后设置页眉,会导致偶数页页码被清除,因此需要先设置页眉,页眉设置好后,再分别在第一个奇数页和偶数页插入页码。第二,正文页码与摘要、目录部分不同,此处需要取消"链接到前一条页眉"命令,防止前面摘要、目录页的页码被覆盖。第三,要从第一个需要插入页眉或页码的奇数页或偶数页的节开始,按从前至后的顺序插入页眉或页码。

4.4 论文修改

好多论文是在电子文档上进行审阅的,例如,导师审阅学生论文,会以不同颜色或字体标识出错误或意见,或者对修改附加说明。Word"审阅"功能区提供了类似于在稿纸上进行修改、补充、批改等的功能。图 4-11 是一篇添加了批注与修订的文档。

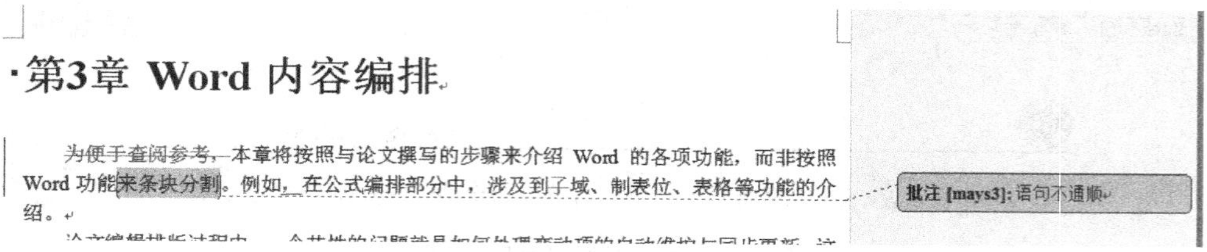

图 4-11　批注与修订示例

有时将论文中某些文字段落删除后存盘退出,之后又无法撤销,最初的内容就无法找回。使用"审阅"→"修订"功能可以清楚地知道在文档哪些地方进行了哪些修改,如删除、插入、格式改动等修订可以突出显示出来。

Word 的"审阅"→"修订"是自动标记修订过的文本内容的功能。也就是说,可以将文档中插入的文本、删除的文本、修改过的文本以特殊的颜色显示或加上一些特殊标记,便于以后再对修订过的内容作审阅。使用修订后有如下作用:别人对文档所进行的修改,会突出显示修订,自己可以判断是否接受别人的修订。简单地说,允许别人参与,但由自己定稿。例如,我们把自己的论文拿给其他人看,若对方采用修订方式审阅论文后返回,我们会很方便地知道对方对文档在哪些地方进行了哪些操作,对于这些修订,可以接受也可以拒绝。

4.4.1 批注与修订的设置

在对文档进行批注和修订之前,可以根据需要先设置批注修订的位置、外观等内容。

1. 设置批注用户名

在图 4-11 的批注中有[mays3]字样，这个标记中 mays 是当前 Word 使用者的用户名缩写，数字 3 则表示本文档批注的顺序号。用户名缩写通常用字母表示，也可以用汉字作为用户名缩写。

在“审阅”选项卡的“修订”组中，单击“修订”→“更改用户名”按钮，打开“Word 选项”对话框，在“常规”选项的“缩写”文本框中修改用户名的缩写。

2. 设置批注和修订的显示方式

在“审阅”选项卡的“修订”组中，单击“显示标记”→“批注框”按钮，选择显示方式，如图 4-12 所示。默认设置下，对内容进行修订后，将在原位置处显示修订后的新内容，仅在批注框中显示批注和格式修改。也可以选择在批注框中显示修订信息或以嵌入方式显示所有修订。

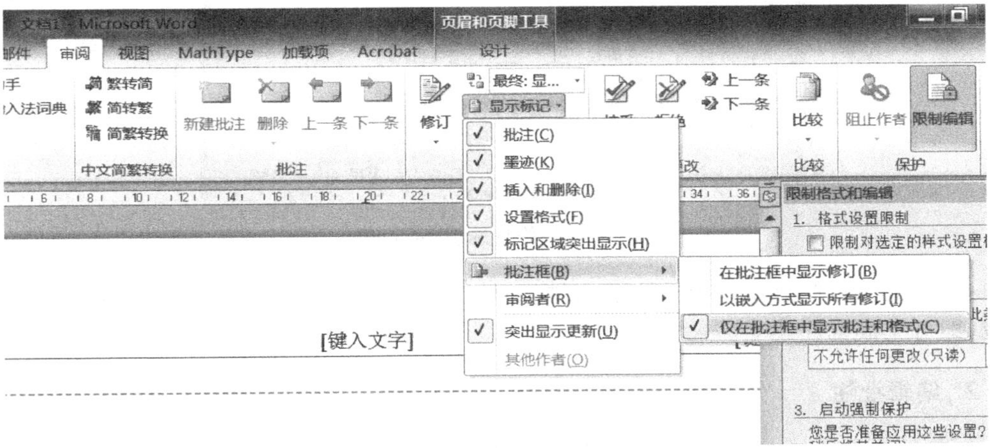

图 4-12　设置批注修订显示方式

3. 设置批注和修订外观

在“审阅”选项卡的“修订”组中，单击“修订”→“修订选项”按钮，打开“修订选项”对话框，可以根据个人对颜色的喜好，对批注和修订标记的颜色等进行设置，如图 4-13 所示。

4.4.2 批注

批注是作者或审阅者为文档的一部分内容所做的注释，并不对文档本身进行修改。批注用于表达审阅者的意见。

1. 建立批注

先在文档中选择要进行批注的内容，在“审阅”选项卡的“批注”组中，单击“新建批注”

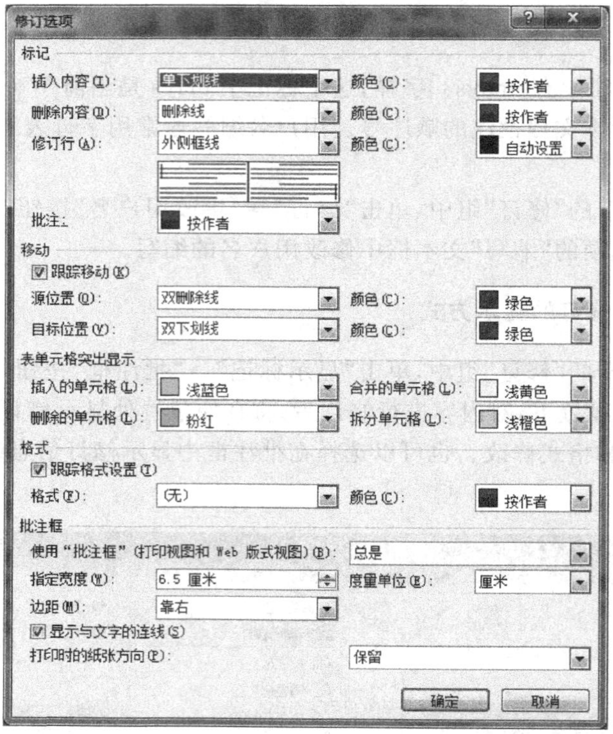

图 4-13 "修订选项"对话框

按钮，将在页面右侧显示一个批注框，直接在批注框中输入批注，再单击批注框外的任何区域，即可完成批注建立。

2. 编辑批注

如果批注意见需要修改，单击批注框，进行修改后再单击批注框外的任何区域即可。

3. 查看批注

1）指定审阅者

可以有多人参与批注或修订操作，文档默认状态是显示所有审阅者的批注和修订。可以进行指定审阅者操作，文档中仅显示指定审阅者的批注和修订，便于用户更加了解该审阅者的编辑意见。

在"审阅"选项卡的"修订"组中，单击"显示标记"→"审阅者"按钮，取消选中"所有审阅者"复选框，再单击"显示标记"→"审阅者"按钮，选中指定的审阅者前的复选框。如图 4-14 所示，指定审阅者为 mays。

2）查看批注

对于加了许多批注的长文档，直接用鼠标翻页的方法进行批注查看，既费神又容易遗漏，Word 提供了自动逐条定位批注的功能，在"审阅"选项卡的"批注"组中，单击"上一条"或"下一条"按钮对所显示的批注进行逐条查看。

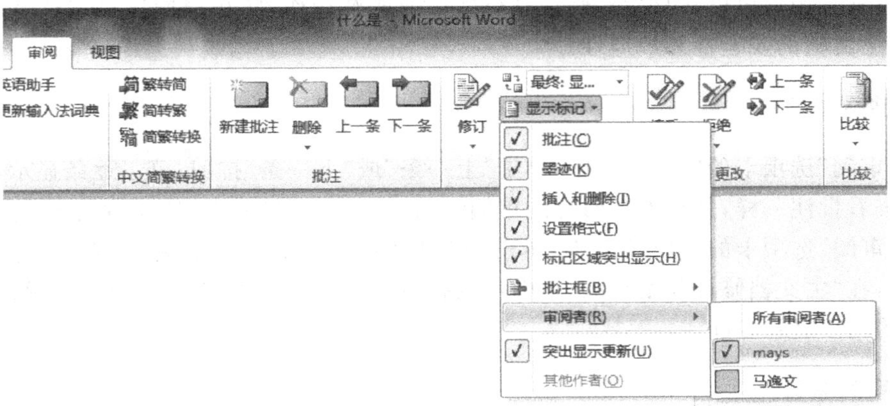

图 4-14　指定审阅者

批注不是文档的一部分，作者只能参考批注的建议和意见。如果要将批注框内的内容直接用于文档，要通过复制粘贴的方法进行操作。

4. 删除批注

可以有选择性地进行单个或部分删除，也可以一次性删除所有批注。

1）删除单个批注

右击需要删除的批注框，单击"删除批注"按钮。也可以单击需要删除的批注框，在"审阅"选项卡的"批注"组中，单击"删除"按钮删除当前批注。

2）删除所有批注

先单击任何一个批注框，在"审阅"选项卡的"批注"组中单击"删除"→"删除文档中的所有批注"按钮，将文档中的批注全部删除。

3）删除指定审阅者的批注

先进行审阅者指定操作，再单击所显示的任何一个批注，在"审阅"选项卡的"批注"组中，单击"删除"→"删除所有显示的标注"按钮，就将指定审阅者的所有批注全部删除。例如按照图 4-14 所示指定审阅者后再删除所有显示的批注，就可以将文档中所有 mays 用户添加的批注删除。

4.4.3　修订

修订用来标记对文档中所做的编辑操作。用户可以根据需要接受或拒绝每处的修订，只有接受修订，文档的修改才能生效，否则文档将保留原内容。

1. 文档修订功能的启用和关闭

在"审阅"选项卡的"修订"组中，单击"修订"按钮。如果"修订"命令以加亮突出显示，则打开了文档的修订功能，否则文档的修订功能处于关闭状态，所做的修改将直接生效。

启用文档修订功能后，作者或审阅者的每一次插入、删除、修改或更改格式，都会被自动标记出来。用户可以在日后对修订进行确认或取消操作，防止误操作对文档带来的损害，提高了文档的安全性和严谨性。

2. 查看修订

在“审阅”选项卡的“更改”组中，单击“上一条”或“下一条”按钮，可以逐条显示修订标记。与查看批注一样，如果参与修订的审阅者超过一个，可以先指定审阅者后进行查看。

在“审阅”选项卡的“修订”组中，单击“审阅窗格”→“水平审阅窗格”或“垂直审阅窗格”按钮，在“主文档修订和批注”窗格中可以查看所有的修订和批注，以及标记修订和插入批注的用户名和时间。

3. 审阅修订

在查看修订的过程中，作者可以接受或拒绝审阅者的修订。

1）接受修订

在“审阅”选项卡的“更改”组中，单击“接受”按钮，可以根据需要选择相应的接受修订命令。

(1)“接受并移到下一条”：表示接受当前修订并移到下一条修订处。

(2)“接受修订”：表示接受当前修订。

(3)“接受所有显示的修订”：表示接受显示的修订，一般用于接受指定审阅者所作的修订。

(4)“接受对文档的所有修订”：表示接受文档中所有的修订。

2）拒绝修订

在“审阅”选项卡的“更改”组中，单击“拒绝”按钮，可以根据需要选择相应的拒绝修订命令。

(1)“拒绝并移到下一条”：表示拒绝当前修订并移到下一条修订处。

(2)“拒绝修订”：表示拒绝当前修订。

(3)“拒绝所有显示的修订”：表示拒绝显示的修订，一般用于拒绝指定审阅者所作的修订。

(4)“拒绝对文档的所有修订”：表示拒绝文档中所有的修订。

4. 比较文档

在没有设置追踪修订的保护文档功能时，若有人对文档进行了修改，可以通过比较文档，让 Word 以修订方式标记原文档与修改文档之间的不同，并根据需要对返回的文档进行审阅修订后保存。

例 4-5 若论文没有启用修订功能，也没有限制编辑，修改后的文档上没有显示任何修订标记。在这种情况下，如何知道哪些地方做过修改？

第一步，在“审阅”选项卡的“比较”组中，单击“比较”→“比较…”按钮，打开“比较文档”对话框，如图 4-15 所示。分别选择原文档和修订过的文档，单击“确定”按钮后，Word 自动对两个文档进行精确比较，并以修订方式显示两个文档的不同之处。默认情况下，精确比较结果显示在一个新建的文档中，被比较的两个文档本身不变。

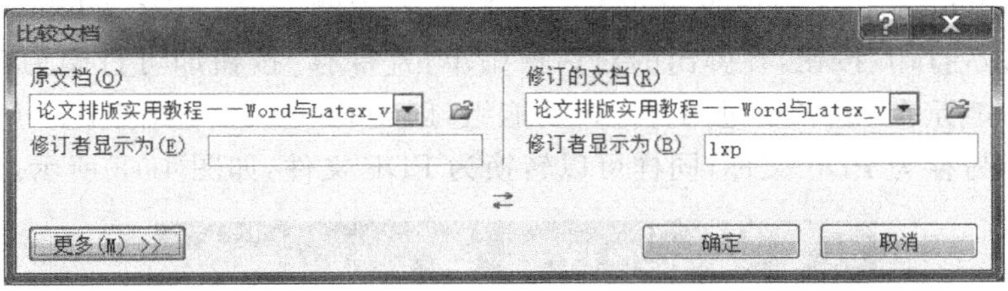

图 4-15　比较文档

第二步，运用“审阅”选项卡的“更改”组中的“接受”或“拒绝”命令对新文档进行修订审阅操作，最后保存。

4.5　文档备份

论文写作是认识的再次提高，研究课题做完后，通过论文写作会再次发现问题，对研究再进行完善，因此论文的写作周期通常都比较长。

在论文写作过程中，保护好文档，防止文件受损，防止硬盘故障是非常重要的，否则，辛辛苦苦几个月的论文成果有可能就付之东流。

论文文档的管理与备份，可以参考以下几点：

(1) 为论文的 Word 文档、插图文档、文献等建立不同的文件夹。

(2) Word 文档名可考虑添加日期(如 20140824)，甚至加上时间(如 2014082410，2014 年 8 月 24 日 10 时)，还可以加上文字说明或版本号，如 V1、V2 等。

(3) 每天工作结束后，要做备份，备份存储考虑的介质有：同一物理硬盘(可预防文件逻辑错误)，其他介质如移动硬盘、U 盘、电子邮箱、专门的文件服务器、网络硬盘(LAN 存储、云存储)等。

(4) 假如今天是 2014 年 8 月 25 日，则今天的 Word 文档更新都包含在“20140825”文件夹下，今天工作结束时，将该文件夹打包备份为主文件名为 20140825 的压缩文件，备份文件不要放在该文件夹下，可考虑采用上述至少一种备份方法统一存放，同时，将文件夹重命名为“20140825”，明天继续在本文件夹下操作。这样做的一个好处是，能够找回过去删减的内容。

(5) 如果整篇毕业论文就一个文档，则更需要经常备份，便于找回曾经删减的内容，防止文档受损、丢失。

4.6　转换为 PDF 文档

有时需要将 Word 文档转换为其他格式文件，例如，纯文本 txt 文件、Rich Text Format(RTF)文件、单个网页 mht 文件、PDF(Adobe Acrobat)文件等。有时却需要将其他类型文件转换为 Word 文件，如将 PDF 文件转换为 Word 文件。

将 Word 文档转换为 PDF 文件可以借助 Adobe Acrobat 程序中的工具，也有专门的将 Word 文档虚拟打印为 PDF 文件的程序。以前者为例，首先选择 Adobe PDF 虚拟打印机，然后单击“打印”按钮，在弹出的对话框中单击[保存]按钮即可打印为 PDF 格式的文件，如图 4-16 所示；或者通过 Acrobat 功能组，创建 PDF 文档，如图 4-17 所示；还有一种方法是选择另存为 PDF 文件，同样可以转换为 PDF 文件，如图 4-18 所示。

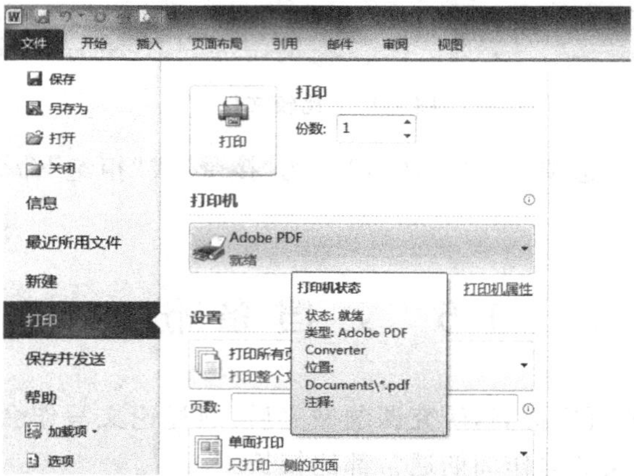

图 4-16 将 Word 文档虚拟打印为 PDF 文档

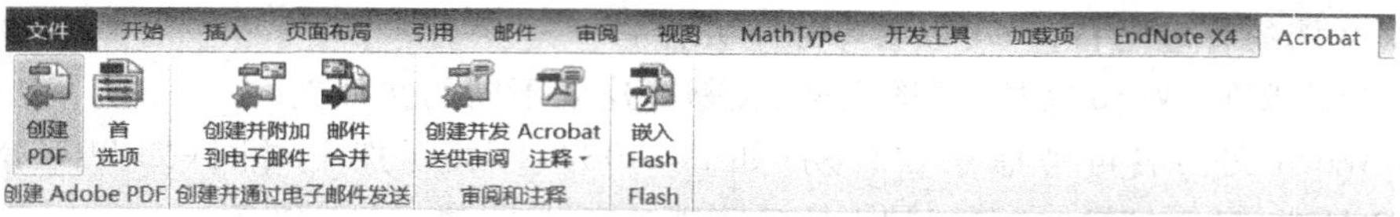

图 4-17 通过 Acrobat 功能区创建 PDF

图 4-18 将 Word 文档另存为 PDF 文档

在制作过程中，要考虑以下因素：

(1) 长文档务必制作书签，便于查阅。单击 Acrobat→“创建 Adobe PDF”→“首选项”按钮，在弹出的对话框中选择“书签”选项卡，勾选“将 Word 标题转换为书签”，如图 4-19 所示，制作的 PDF 书签结果如图 4-20 所示。

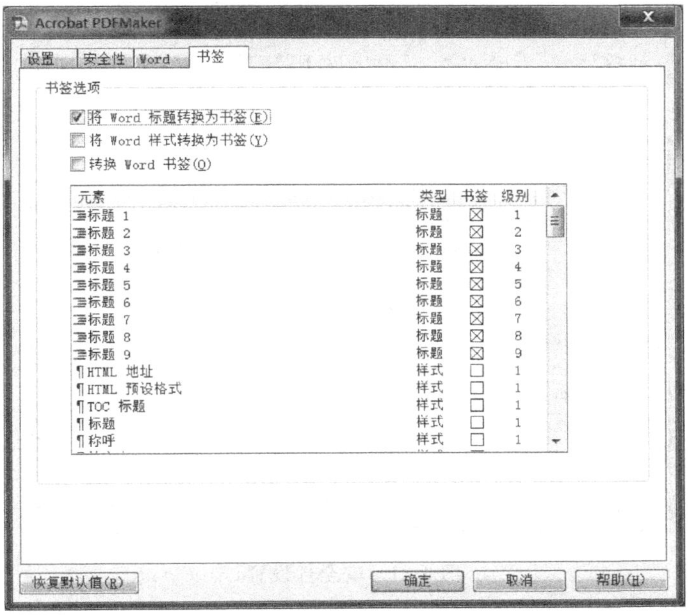

图 4-19　设置 PDF 书签

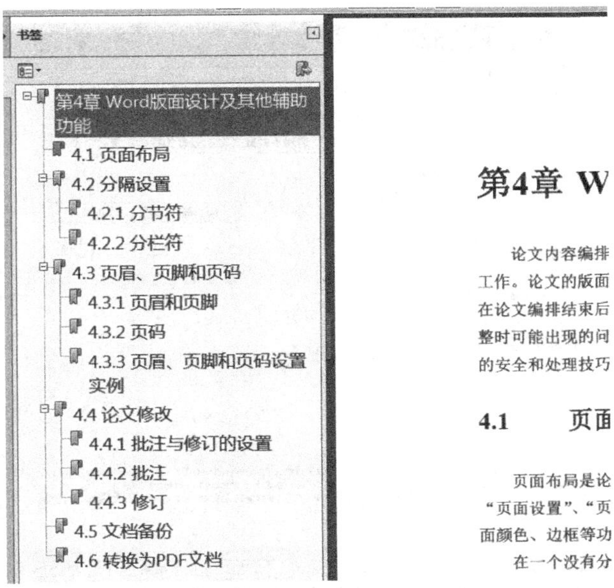

图 4-20　制作书签示例

(2) 检查制作的 PDF 文件是否有乱码，若有，查看原始 Word 文档对应位置，并注意图形的分辨率和打印效果，根据具体情况调整设置。

(3) 安全性设置，如图 4-21 所示，例如，是否允许复制，是否允许打印等。

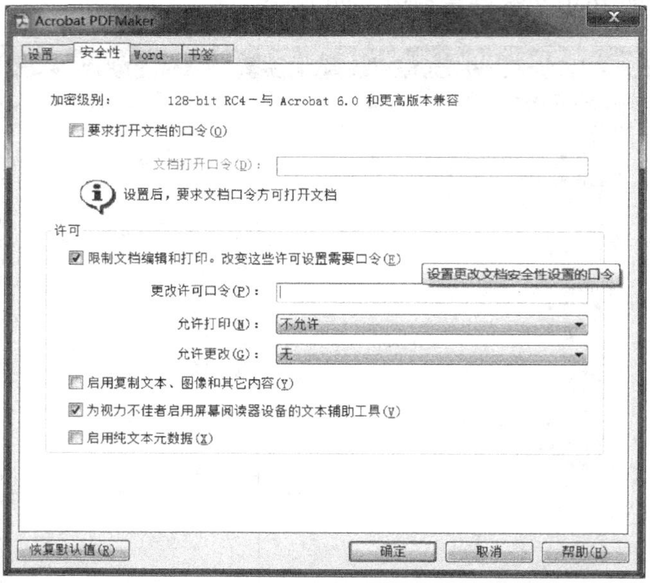

图 4-21　安全性设置

(4) 在文档的交叉引用之处，添加超链接，如图 4-22 所示。这样在交叉引用处，鼠标单击后可以直接跳转到被引用对象处。

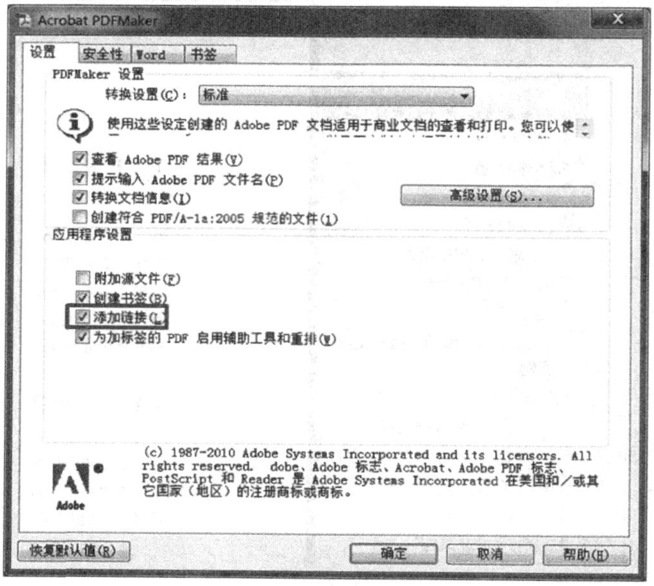

图 4-22　添加超链接

第5章　LaTeX基础知识

LaTeX(音译“拉泰赫”)是一种优秀的排版系统，即使使用者没有排版和程序设计的知识也可以充分利用其所提供的强大功能，在几天甚至几小时内生成具有书籍质量的印刷品的文档。对于生成复杂的数学公式，这一点表现得尤为突出。因此它非常适于生成高印刷质量的科技和数学类文档。LaTeX同样适于生成从简单的信件到完整书籍的所有其他种类的文档。

5.1　TeX与LaTeX

1. 什么是TeX

20世纪70年代末，美国斯坦福大学教授Donald E. Knuth在看到其巨著*The Art of Computer Programming*第二卷的校样时，无法忍受计算机排版校样的质量。因此，决定自己来开发一个高质量的计算机排版系统，这样就有了TeX。TeX一词来源于希腊语“τεχνολογία”(“technologìa”)，意为“科技”，它的第一个音节“τεχ”与“TeX”相似，因此英文名取作“TeX”。

TeX是一种基于低级编程语言的电子排版系统，TeX能够对文章进行十分精美的排版。TeX系统是公认的数学公式排版最好的系统。美国数学学会(AMS)鼓励数学家们使用TeX系统向它的期刊投稿。世界上许多一流的出版社如Kluwer，Addison-Wesley，牛津大学出版社等也利用TeX系统出版书籍和期刊。

大部分的TeX系统是免费的，Knuth教授公开了他的全部源程序。TeX系统目前已经在数百种计算机系统上得到实现。系统的排版结果DVI(Device Independent)文件与输出设备无关。DVI文件可以显示、打印、照排，可以在所有的输出设备上输出。排版源文件及结果在各种计算机系统上互相兼容。

TeX提供了一套功能强大并且十分灵活的排版语言，它有多达900多条指令，支持if-else判断语句和运算(运算在文档编译的过程中执行)等功能，并且TeX有宏功能，用户可以不断地定义自己的新命令来扩展TeX系统的功能。

2. 什么是LaTeX

由于TeX命令多达900条，使用起来并不方便，为便于使用，人们相继利用TeX提供的宏定义功能对 TeX 进行了二次开发，其中比较著名的有美国数学学会推荐的非常适合数学家使用的 AMSTeX 系统，以及适合一般文章、报告、书籍的 LaTeX 系统。其中 LaTeX 是由美国数学家、计算机科学家 Leslie Lamport 给 TeX 编写的一组自定义命令宏包，并命名为 LaTeX。由于 LaTeX 的新版本 LaTeX$_{2e}$中可以加载 amsmath 宏包，基本包含了 AMSTeX 的优点，使得 LaTeX 大为流行。

由于 TeX 一词应该读作"泰赫"[tek]，所以 LaTeX 一词可以音译为"拉泰赫"。在英语中，LaTeX 实际通常读作['lei:tek]（音译"莱泰克"）或者/['la:tek]（音译"拉泰克"）。

LaTeX 对 TeX 的主要改进是将版面设计与文稿内容分开处理，只要使用者选择了一种文档类型(documentclass)，LaTeX 就会自动将整本书或者整篇论文的版面和标题按照这种文档类型的典型格式来设置，作者只需专注于文稿的内容就可以了。使用 LaTeX 写作论文基本上不需要作者再自行定义新的命令。LaTeX 根据文稿排版的典型格式，定义了许多相应的命令和环境，只要作者使用这些命令和环境，就可以得到非常专业的排版效果。LaTeX 可以认为是特殊版本的 TeX，因为每一个 LaTeX 命令最后都会被分解成若干个 TeX 命令。

接受 LaTeX 稿件的出版社大多数有自己的稿件格式模板，主要是指一个文档类型文件，简称文档类。如果稿件未被甲出版社采用，在转投乙出版社之前，只需将稿件的第一条命令，即文档类型命令中的文档类名称由甲出版社的改为乙出版社的，整篇稿件的格式就会随之自动转换过来。

3. LaTeX 与 Word

LaTeX 和 Word 都是给作者用的排版软件，作为作者既要关心内容取舍，也要关心版面安排，以求最好地表达自己的想法，利于读者领会吸收。

Word 是当前字处理软件中最受欢迎的软件之一，所见即所得，非常容易上手；而 LaTeX 则是所见非所得的排版软件，入门相对难一点。从基本的排版功能上看，Word 和 LaTeX 相差不大 LaTeX 在管理参考文献方面要强一些，另外，LaTeX 可以很方便地做边注(margin note)。LaTeX 和 Word 都能做图文混排，由于 Word 是所见即所得，在调整图形的位置及大小时要方便一些。而 LaTeX 排的版面总体上看更朴素一些，在细微之处处理得更好。

从排版效果看，Word 和 LaTeX 各有所长。LaTeX 擅长排版数学公式；在处理英文文献时，LaTeX 知道在单词的音节之间断开分行，排出来的版面显得比 Word 匀称；但在处理中文版面方面，使用 Word 比 LaTeX 方便(特别是中文标点和拼音的处理)。从文档修改方面，Word 提供了审阅功能可以方便地在 Word 文档上进行修改；而 LaTeX 则需要导出为 PDF 文档，在 PDF 文档上插入修改内容。

一般的技术文档(杂志稿件等)用 Word 排版比较方便，而长文档(毕业论文)等或者有数学公式的文档(某些实验报告)则建议用 LaTeX 编排。

5.2　TeX Live 介绍

TeX Live 是 TeX/LaTeX 的当前最流行的发行版，本节将介绍什么是 TeX/LaTeX 的发行版和有关 TeX Live 的网络资源及安装等知识。

5.2.1　TeX/LaTeX 发行版

TeX/LaTeX 并不是单独的程序，TeX/LaTeX 系统里面包含各种排版的引擎、编译脚本、格式转换工具、管理界面、配置文件、支持工具、字体及数以千计的宏包和文档。一个 TeX 发行版就是把这样的部件都集合起来，打包发布的软件。TeX 在不同的硬件和操作系统上有不同的发行版。有时，一种操作系统里也会有好几种 TeX 系统。常见的 Unix/Linux 下的 TeX 系统是 teTeX，Windows 下则有 MiKTeX 和 fpTeX。目前，国内主流的 TeX/LaTeX 发行版有 CTeX 与 TeX Live。

CTeX 是 CTeX 中文套装的简称，是把 MiKTeX 和一些常用的相关工具，如 GSview，WinEdt 等包装在一起制作的一个简易安装程序，并对其中的中文支持部分进行了配置。Windows 用户安装 CTeX 后，马上就可以使用中文。CTeX 中文套装支持 CCT 和 CJK 两种中文 TeX 处理方式。大家可以去 http://www. ctex. org/CTeXDownload 下载 CTeX 的最新版，最新版的更新日期为 2012 年 3 月 30 日。

TeX Live 是由 TUG(TeX User Group，TeX 用户组)发布的发行版。TeX Live 可以在 UNIX/Linux，Mac OS X 和 Windows 等不同的操作系统平台下安装使用。它包含了编辑、排版、预览和打印各种语言下 TeX 文档的程序，以及 TeX 宏包与字体库的庞大集合；同时，还包含了大量 TeX 相关的文档，有面向整个系统的，也有针对具体某个软件包的。TeX Live 包括了 TeX，$LaTeX_{2e}$，Con TEXT，METAFONT，MetaPost，BibTeX 等许多可执行程序和种类繁多的宏包、字体和文档，并支持世界上许多不同的语言，包括中文。TeX Live 每年 6 月中旬推出一个新的版本，本书所用的版本是 2013 年 6 月推出的 TeX Live 2013。

5.2.2　TeX 网络资源

提起 TeX Live，首先需要介绍 TeX/LaTeX 的网络资源，最主要的网络资源有如下两个：

1. CTAN

CTAN 全称 the Comprehensive TeX Archive Network，是互联网中最权威的 TeX 资源库。它以 HTTP 或 FTP 的形式提供大量 TeX 相关资源的下载，该网站存储了几乎所有与 TeX/LaTeX 相关的程序和说明文件。在 CTAN 上可以下载到最新版本的主要 TeX 发行版，如 TeX Live、MiKTeX，可以下载免费的 TeX 相关编辑器、支持工具和附件，如 LyX，WinEdt，GhostScript 等，也可以下载各种最新的 TeX 宏包。

CTAN 的 HTTP 主站是 http://www.ctan.org/，可以在线进行搜索；FTP 有许多镜像服务器，现有 3 个骨干网站，分别在美国、英国、德国；中国国内公网镜像网站的网址：ftp://ftp.ctex.org/CTAN/；处于教育网内的有厦门大学和清华大学 CTAN 镜像：http://mirrors.xmu.edu.cn/CTAN/，http://mirrors.tuna.tsinghua.edu.cn/CTAN/，此外还有许多国外的镜像服务器，列表可以在 CTAN 主站找到。

2. TUG

TUG 全称 TeX User Group，是全世界 TeX 用户的组织，负责发行 TUGboat 杂志，组织会议，发行 TeX Live CD 等工作，还负责管理 CTAN。TUG 发布页 http://www.tug.org/texlive/。

5.2.3 TeX Live 的安装

有两种方式安装 TeX Live：一是从 TeX Live 光盘进行安装，另一种是从网络在线安装。TeX Live 的光盘镜像与在线安装文件都可以在 CTAN 找到。以下将以 Windows 系统为例，详细介绍 TeX Live 2013 光盘安装的操作步骤。

第一步，从 TUG 或 CTAN 网站上下载 TeX Live 2013 光盘镜像文件，可以把镜像文件刻录到 DVD 光盘使用，也可以直接加载到虚拟光驱上进行安装。

第二步，装入光盘后，安装程序会自动运行，如图 5-1 所示。如果系统禁止了自动运行，可以手动执行光盘根目录的 install-tl.bat 安装。只要选择好安装的位置，不断单击“下一步”按钮就可以安装 TeX Live 了。

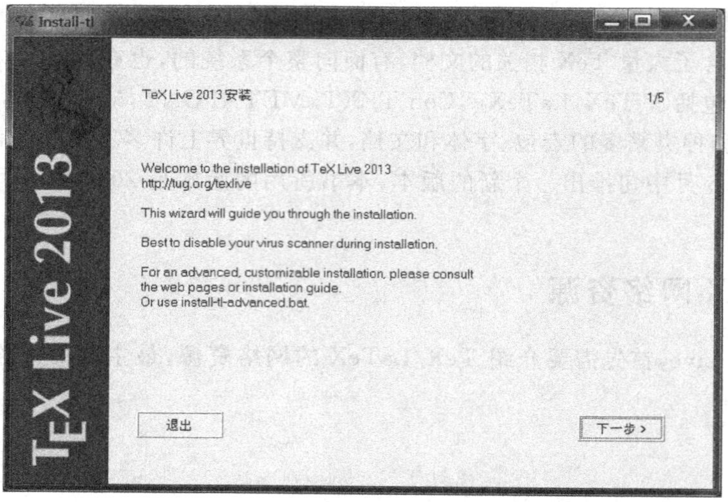

图 5-1 TeX Live 2013 安装

5.2.4 测试 TeX Live 安装是否成功

安装好 TeX Live 之后，可以用以下步骤测试安装是否成功。单击“所有程序”→TeX

Live 2013→TeX Live command line，输入以下命令：

1. 首先确认你可以执行 TeX 程序

```
> tex -- version
TeX 3.1415926 (TeX Live ...)
kpathsea version 6.1.1
Copyright ... D.E. Knuth.
```

如果返回的结果是'command not found'，而非版本和版权信息，或者显示了旧版本的信息，很有可能是因为没有把正确的 bin 子目录添加到系统环境变量 PATH 中。

2. 处理一个基本的 LaTeX 文件

```
> latex sample2e.tex
pdfTeX 3.1415926 - ... (TeX Live ...)
...
Output written on sample2e.dvi (3 pages, 7484 bytes).
Transcript written on sample2e.log.
```

如果无法找到 sample2e.tex 或其他什么文件，很可能是因为旧的环境变量或配置文件影响了判断。建议重置所有 TeX 相关的环境变量然后重试。

3. 即时预览结果

```
> dviout sample2e.dvi # Windows
```

可以看到在新窗口中出现了一篇介绍 LaTeX 的基础文档，如图 5-2 所示。如果没有运行窗口环境或 DISPLAY 环境变量设置错误，会得到 Can't open display 的错误信息。

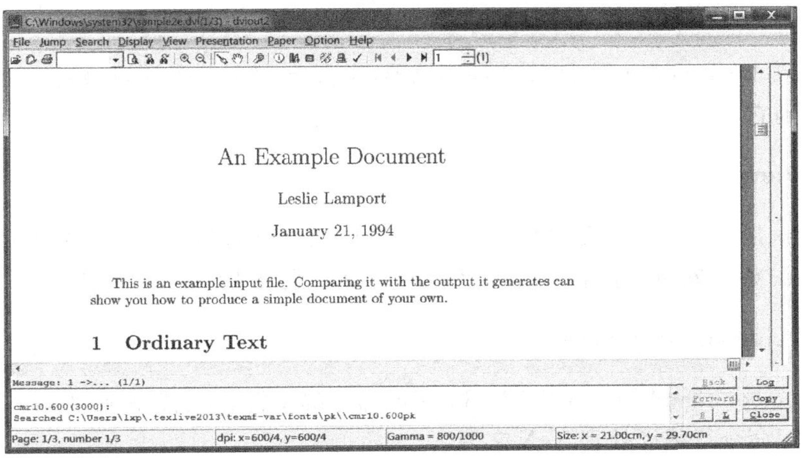

图 5-2　即时预览结果

4. 创建用于打印或显示的 PostScript 文件

```
> dvips sample2e.dvi -o sample2e.ps
```

5. 创建 PDF 文件而非 DVI，这里采用直接处理 TeX 源文件输出 PDF 的方式

```
> pdflatex sample2e.tex
```

6. 预览 PDF 文件

```
> gv sample2e.pdf
```

或：

```
> xpdf sample2e.pdf
```

gv 和 xpdf 目前都不在 TeX Live 中，必须单独安装它们。

5.2.5 TeX Live 2013 组件介绍

安装好 TeX Live 2013 后，单击“所有程序”→TeX Live 2013，可以看到它包括以下组件：

1. TeXworks editor

TeXworks Live 预装的一个 TeX 文件编辑器，简单方便。大部分工作都可以在这个编辑器中完成。

2. DVIOUT DVI viewer

DVIOUT DVI viewer 是 DVI 文件预览器，类似于 MiKTeX 中的 Yap。不过现在已经很少会用到它。

3. PS_View

PS_View 是 PostScript 文件查看工具，也可以用它来查看 PDF 文件，不过效果没有 Adobe Reader 好。安装后扩展名是 ps 和 eps 的文件会与 PS_View 关联。

4. TeX Live command line

TeX Live command line 打开 Windows 的命令提示符，并设置好必要的环境变量，可以在其中使用命令行编译处理 TeX 文档。

5. TeX Live documentation

TeX Live documentation 是一个 HTML 页面的链接，里面是 TeX Live 系统中所有

PDF 或 HTML 格式的文档列表。在首页可以找到不同语言(包括简体中文)的 TeX Live 发行版文档,以及近 2000 份各种文档的列表的链接。

6. TeXdoc GUI

TeXdoc GUI 是常用文档的列表,以图形界面的方式把文档分成若干类别,还可以搜索。直接列出的宏包数量较少,只可用来简单浏览,如果要查看更多的内容,最好使用其文件搜索功能或利用命令行 texdoc 工具。

7. TeX Live Manager

TeX Live Manager 是 Tex Live 的管理工具,简称 tlmgr。管理工具也可以在命令行下用 tlmgr 命令运行,用 tlmgr gui 可以在命令行下打开图形界面,如图 5-3 所示。它的功能主要有:

(1) 列出方案(scheme),集合和安装包;

(2) 安装、升级、备份、恢复、卸载软件包,并且能自动计算依赖关系;

(3) 查找和列出软件包;

(4) 列出、添加和删除不同平台的可执行文件;

(5) 改变安装选项,比如纸张大小和源文件位置。

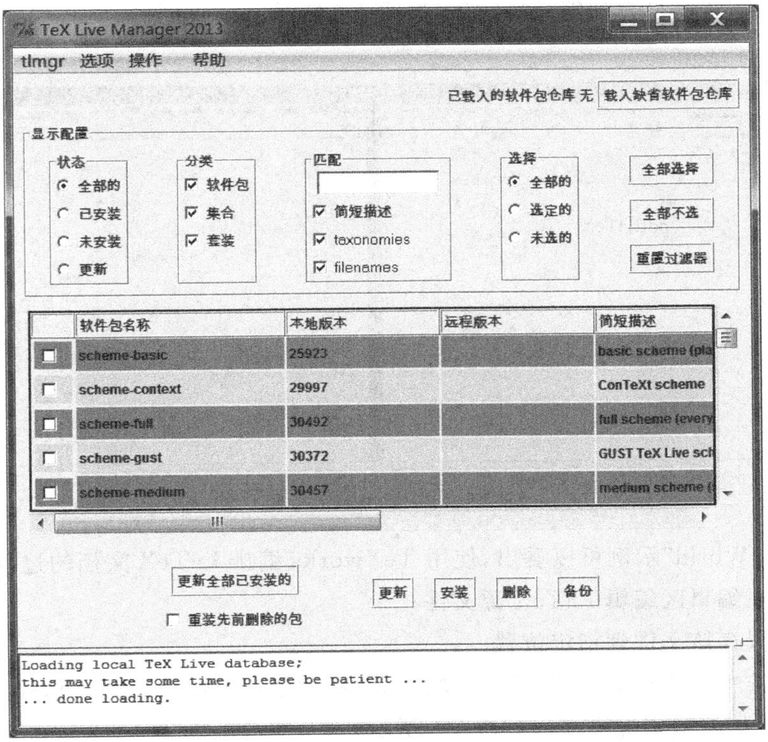

图 5-3　TeX Live 管理工具的图形界面

5.3 LaTeX 基础

在成功安装了 TeX Live 2013 后，我们将以一个最简单的示例"Hello World"开始，逐步深入介绍 LaTeX 的基础知识，包括 LaTeX 文件基本结构以及 LaTeX 的命令。

5.3.1 "Hello World"

打开 TeX 编辑器——TeXworks editor，新建一个文件，输入下面的内容，如图 5-4 所示。

```
% hello_world.tex
\documentclass{article}
\begin{document}
Hello World!
\end{document}
```

图 5-4　Hello World 源文件

将文件保存到指定目录之后，选择 pdfLaTeX 命令，单击编辑器上的对应的"排版"按钮，将在 PDF 预览窗口看到编译的结果，如图 5-5 所示。

图 5-5　Hello World 示例

由"Hello World"示例可以看出，使用 TeXworks 编排 LaTeX 文档的过程大致如下：

第一步，在编辑区编辑 LaTeX 源文件；

第二步，保存该文件到指定位置；

第三步，选中下拉菜单 pdfLaTeX，单击"排版"按钮，生成对应的排版好的 pdf 文件。

LaTeX 文档的基本处理流程如图 5-6 所示。

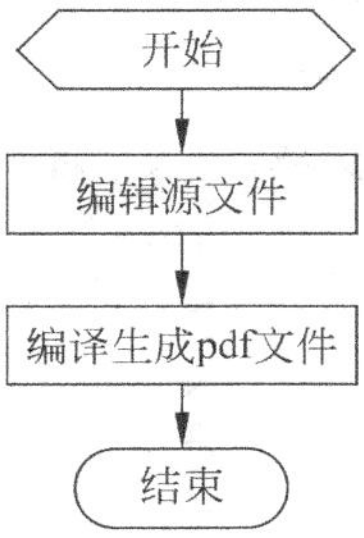

图 5-6　LaTeX 文档基本处理流程

5.3.2　LaTeX 文件基本结构

下面从“Hello World”开始，分析 LaTeX 源文件的组成与结构，如图 5-7 所示。

```
% hello_world.tex          % 注释
\documentclass{article}    % 文档类的声明
\begin{document}           % 正文开始标志
Hello, World!              % 正文内容
\end{document}             % 正文结束标志
```

图 5-7　Hello World 源文件分析

第一行以%开头，表示这一行为注释。在 LaTeX 的代码行中，“%”后面的内容都会被忽略。注释并非是 LaTeX 源文件中必需的，但为了对 LaTeX 源文件进行更好的说明，尤其是大型文档，注释是十分重要的。

第二行表示文档类声明，声明此文档的类型为“article”。对于任意一篇 LaTeX 文档，都必须声明它属于哪一类文档类型，文档的基本类型有：

book——通常指书籍、学位论文，默认有左右页的区分处理，章起右页；

report——通常指商业、科技和实验报告，默认无左右页的区分处理，章起新页；

article——通常指短文、评论和学术论文，默认左右页的区分处理，无章设置。

第三行与第五行表示论文正文的开始和结束标志。

第四行则表示正文的内容。

“Hello World”是一个英文排版示例，如果要排版出中文 pdf 文档，并不是简单地将第四行的正文内容改为中文，还需要修改文档类声明，源文件编辑如图 5-8 所示。

```
% 使用 Windows 六套字体(缺省的 winfonts 选项),UTF-8 编码
\documentclass[UTF8]{ctexart}
\begin{document}
中文排版
\end{document}
```

图 5-8　中文排版示例源文件

同"Hello World"示例,保存源文件,选择 PDFLaTeX 命令,单击"排版"按钮,则 PDF 预览窗口看到编译的结果,如图 5-9 所示。

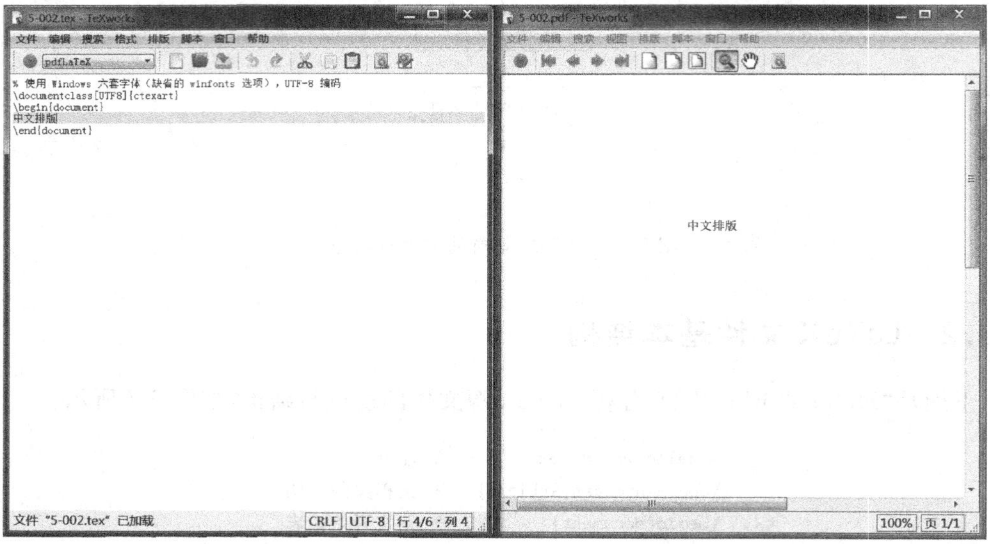

图 5-9　中文排版示例

与"Hello World"示例相比,中文排版的例子中除了正文不同外,文档类换成了 ctexart,即中文 TeX 的文章(article)类型,这个文档类使中文可以正确地显示;在 ctexart 前面的[UTF8]是使用这个文档类的选项,表明了中文所使用的编码。

TeX Live 2013 中,有三种用于中文论文排版的文档类型:ctexbook,ctexrep 和 ctexart,分别替换 book,report,article 三种英文标准文档类型,其主要特点是可在正文中直接使用中文,并按中文的排版习惯做了相应的设置。

从上面两个例子可以看出 LaTeX 源文件的结构大致可分三大部分,依次为:文档类声明、序言(可选)、正文,如图 5-10 所示。

```
      \documentclass[options]{class}          % 文档类声明
序言 { \usepackage[options]{package}  % 引入宏包
     { …
     { \begin{document}  % 正文
正文 { ...
     { \end{document}
```

图 5-10　LaTeX 源文件基本结构

文档类声明用来指定文档的类型,常用的文档类(documentclass)有四种:article, report,book,beamer。序言(preamble)用来完成一些特殊任务,比如引入宏包,定义命令,设置环境等;文档的实际内容则放在正文部分。这里的正文指的是\begin{document}和\end{document}之间的部分,和通常人们心目中的"正文"概念有所出入。

对于中长篇论文的 LaTeX 源文件来说,其整体结构可以归纳如图 5-11 所示。

```
\documentclass{book}          % 使用 Book 文档类型格式排版
\usepackage{amsmath}          % 调用公式宏包
\usepackage{graphic}          % 调用插图宏包
…
\begin{document}
\include{cover}               % 调入封面子源文件 cover.tex
\pagenumbering{Roman}         % 罗马数字页码
\include{abstract}            % 调入摘要子源文件 abstract.tex
\pagenumbering{arabic}        % 阿拉伯数字页码
\include{contents}            % 调入创建目录子源文件 contents.tex
\pagenumbering{arabic}        % 阿拉伯数字页码
\include{chapter1}            % 调入第 1 章子源文件 chapter1.tex
\include{chapter2}            % 调入第 2 章子源文件 chapter2.tex
…
\include{reference}           % 调入参考文献子源文件 reference.tex
\end{document}
```

图 5-11　学位论文源文件的基本结构

为便于写作和编译，学位论文通常以章为单位，将中长篇论文的源文件分解为一个主源文件和若干个子源文件，图 5-11 中的源文件即为主源文件，其中的 abstract.tex 等为子源文件。当编译主源文件时，包含命令\include 分别将各个子源文件调入主源文件中。对于短篇论文系统，则无须采用这种模块拼装形式，可直接将论文内容写在正文区域里。

5.3.3　LaTeX 命令

LaTeX 源文件由注释、正文内容以及各种 LaTeX 命令组成。LaTeX 命令分为三种：普通命令、环境命令和用户自定义命令。

1. 普通命令

普通命令以"\"开始，大多只有一行，它的格式为：\命令字符串[可选参数]{必要参数}，忽略所有空格。必要参数是指命令必须带的参数，不能省略。必要参数在命令后的一对花括号中，即{必要参数}。一条命令可以有多个必要参数。可选参数指可以选择带的参数，也可以省略。可选参数在命令后的一对中括号中，即[可选参数]。一条命令可以有多个可选参数。如果省略可选参数，表示使用系统对该可选参数预先设定的值，即默认值。

以文档类型声明命令为例：\documentclass[options]{class}，其必选参数 class 有 book、article 等值；常用可选参数列表如表 5-1 所示。

表 5-1　文档类常用选项及其说明

参　　数	说　　明
10pt，11pt，12pt	正文字号，默认是 10pt。LATEX 会根据正文字号选择标题、上下标等的字号
letterpaper，a4paper	纸张尺寸，默认是 letter

续表

参　　数	说　　明
oneside，twoside	单面双面。article 和 report 默认为单面，book 默认为双面
openany，openright	此选项只用于 report 和 book；report 默认 openany，表示每一章从任意页开始；book 默认为 openright，表示每一章从右页开始
onecolumn，twocolumn	栏数，默认为单栏

例如：\documentclass[11pt,a4paper,openany]{book}，表示规定论文中的常规字体尺寸为 11pt，纸张幅面为 A4，新的一章既可以从左页也可以从右页开始，其他选项采用默认值。

2. 环境命令

环境命令包含起始声明和结尾声明，用于多行的场合。环境命令的典型格式为：

```
\begin{环境}
内容
\end{环境}
```

典型的文件环境命令如下：

```
\begin{document}
…
\end{document}
```

3. 用户自定义命令

LaTeX 允许用户自行定义一条新命令来解决排版时遇到的问题。格式如下：

```
\newcomand{新命令}[参数数量][默认值]{定义内容}
```

参数说明如下：

新命令：用户自定义新命令的名称，不能与已有的命令重名。

参数数量：可选，指定该新命令所具有参数的个数，默认值为 0。

默认值：可选，设定第一个参数的默认值。

定义内容：新命令的内容，其中涉及某个参数时，用符号 # n 表示。例如，第一个参数用 #1 代表，第二个参数用 #2，…。

用户新定义命令，通常放在序言部分，这样在全文中都可以使用其定义的新命令；如果放在正文中，则新命令作用范围仅限于其后的内容。

例 5-1　自定义一条新命令，使其可生成华东师范大学的英文名称。

```
\documentclass{article}
\newcommand{\mycmdA}{East China Normal University}
\begin{document}
\mycmdA
\end{document}
```

East China Normal University

论文中频繁出现的词汇或符号都可以定义为新命令，以简化编辑工作，提高效率，避免出错。

例 5-2　自定义一条带有一个参数的新命令。

```
\documentclass[UTF8]{ctexart}
\newcommand{\mycmdB}[1]{{\heiti #1}}
\begin{document}
华东师范大学 \mycmdB{华东师范大学}
\end{document}
```

华东师范大学**华东师范大学**

本例中，新命令有一个必要参数，并定义要对这个参数执行黑体字效果。

例 5-3　自定义一条带有两个参数的新命令。

```
\documentclass[UTF8]{ctexart}
\newcommand{\mycmdC}[2]{ $ #1_1,#1_2,\dots,#1_#2 $ }
\begin{document}
\mycmdC{x}{n}
\end{document}
```

$x_1,x_2,\cdots,x_n$

本例中，新命令有两个参数，其中“$...$”表示行间公式符号；“_”表示下标。

例 5-4　自定义一条具有两个参数的新命令，其中一个参数为可选参数。

```
\documentclass[UTF8]{ctexart}
\newcommand{\mycmdD}[2][n]{ $ #2_1,#2_2,\dots,#2_#1 $ }
\begin{document}
\mycmdD{x}
\\\mycmdD[n]{x}
\end{document}
```

$x_1,x_2,\cdots,x_n$

$x_1,x_2,\cdots,x_n$

本例中，给出了新命令第一个参数的默认值，使之成为可选参数。

4. 修改已有命令

如果对某个已有命令的排版效果不满意，可以采用 LaTeX 提供的重新定义命令进行修改，格式如下：

```
\renewcommand{已有命令}[参数数量][默认值]{定义内容}
```

例如，book 文档类型中对目录标题名命令\contentsname 的定义为：

```
\newcommand{\contentsname}{Contents}
```

如果希望将目录标题名 Contents 改为 Catalog，则可以在序言中重新定义：

```
\renewcommand{\contentsname}{Catalog}
```

注意：已有命令包括所选文档类和所调用宏包中的用户命令、系统自带的内部命令以及已自定义的新命令。

第 6 章　LaTeX 论文编排

与 Word 部分相同，本章将按照论文编排的步骤来介绍 LaTeX 论文编排技术，并在最后分别以 IEEE 期刊论文模板及学位论文模板为实例来讲解 LaTeX 论文编排的具体步骤。

6.1　大纲制作

Word 中大纲制作步骤较为烦琐，相比较而言，LaTeX 中大纲制作则较为简单，只要知道不同级别大纲的命令，即可生成多级别大纲。在展开本节内容之前，有必要对文档类进行简要回顾。第 5 章中曾介绍 LaTeX 源文件中有个非常重要的命令——文档类命令(\documentclass{文档类})，对于任意一篇 LaTeX 文档，都必须声明它属于哪一类文档类型。

article、report、book 三种文档类型是 LaTeX 排版中常用的文档类型。对于一般的会议、期刊的稿件，应用 article 类型；对于较大的正式出版物，应用 book 类型；对于学位论文，用 report 或是 book 类型文档均可。book 类可以有 part、chapter、section、subsection 等，但没有摘要。report 类可以有 part、chapter、section、subsection 等，有摘要，且摘要位于单独一页上，有页码。article 类可以有 part、section、subsection 等，但没有 chapter，可以有摘要，摘要紧接标题部分位于第一页上。

6.1.1　论文标题与摘要

在开始正文编排工作之前，首先需要编排论文的标题和摘要信息，包括：论文题名、作者姓名、作者单位(可有多个)、通讯地址(可有多个)、论文(投稿、接受、发表等)时间、摘要、关键词等，还可以对这些信息作脚注说明。长篇的学位论文有单独的题名页，通常为论文的封面；短篇的小论文题名一般与正文相连，不单独设页。本节中将介绍两种创建标题的方法：一种是使用一组题名信息命令生成论文题名，既可以单独成页，也可以与正文相连；另一种是使用题名页环境命令生成单独的题名页。

1. 题名信息命令

LaTeX 提供了一组题名信息命令，可生成论文的题名、作者姓名、发表日期和致谢等信息，如表 6-1 所示。

表 6-1　题名信息命令列表

命　　令	功　　能
\title{题名}	参数为文章标题；如果标题过长，会自动分行；也可以用强制换行命令\\强制将标题换行以达到更好的表现效果
\author{作者信息}	参数包括作者姓名，作者单位，作者通讯地址，分别用换行符\\分开；如果有多个作者，多个作者信息之间用\and 命令或强制换行命令\\分开
\thanks{脚注}	本命令参数即为脚注内容；可用在\title 或\author 命令中，它可在题名页的底部生成脚注，脚注内容可以是题名的说明、作者简历或致谢
\date{日期}	设置论文发表的日期；该命令可以以如下三种方式出现： • \date{日期}，打印设置的日期； • \date{}，不打印日期；不加命令\date{}，打印当前日期； • 如果以\date{任意文本}形式出现，则在作者信息下面打印“任意文本”
\maketitle	生成题名命令，该命令没有参数。该命令必须置于上述各题名信息命令之后，表示文章标题定义的结束，没有该命令，其他题名信息命令都无法生效

例 6-1　使用题名信息命令编写如图 6-1 中左图所示的论文题名页。

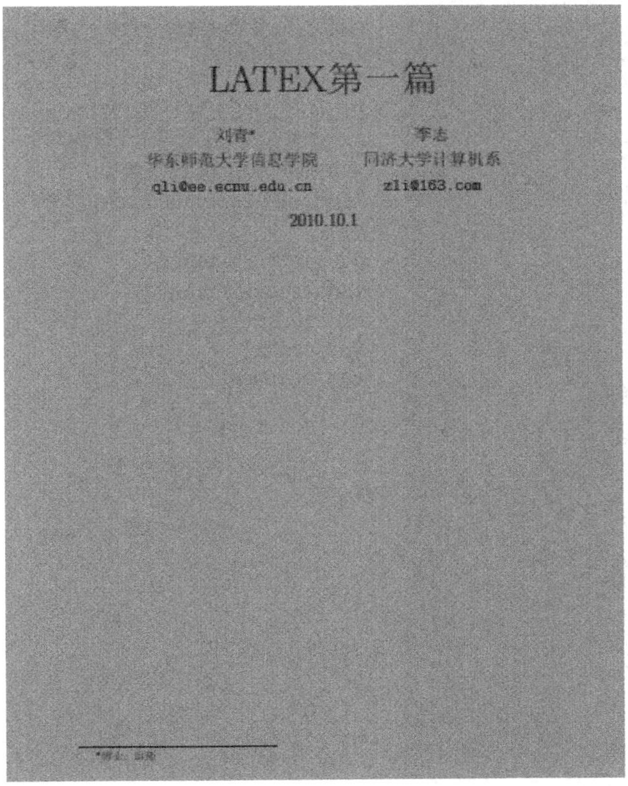


```
%标题
\title{\Huge LATEX第一篇}
\author{刘青\thanks{博士、讲师}\\
华东师范大学信息学院\\
\texttt{qli@ee.ecnu.edu.cn}
\and 李志\\
同济大学计算机系\\
\texttt{zli@163.com}}
\date{2010.10.1}
\maketitle
```

图 6-1　论文题名示例

例 6-1 中，针对不同的文档类，对题名信息的处理也会有所不同。book 和 report 文档类默认为创建单独的题名页，而 article 类默认为题名与正文相连，不单独设题名页。

对 book 和 report 文档类，如果希望题名与正文相连，可使用 notitlepage 选项；对 article 文档类，希望生成独立的题名页，可使用 titlepage 选项，见表 6-12。

在独立题名页中，用\thanks 命令生成的脚注不附带上划线，脚注序号为阿拉伯数字；当题名与正文在同一页时，用\thanks 命令生成的脚注则会附带上划线，脚注序号为星号，如例 6-1 中文档类为 article，脚注如图 6-1 所示。

2. 题名页环境命令

article、report 和 book 都提供有 titlepage 题名页环境命令，格式为：

```
\begin{titlepage}
论文题名、作者姓名、日期等
\end{titlepage}
```

大部分系统命令，如插图命令、旋转命令等都可以在题名页环境中使用，因此能够对题名页进行艺术设计，制作精美的封面。

例 6-2 使用题名页环境命令编写如图 6-2 中左图所示的论文题名页。

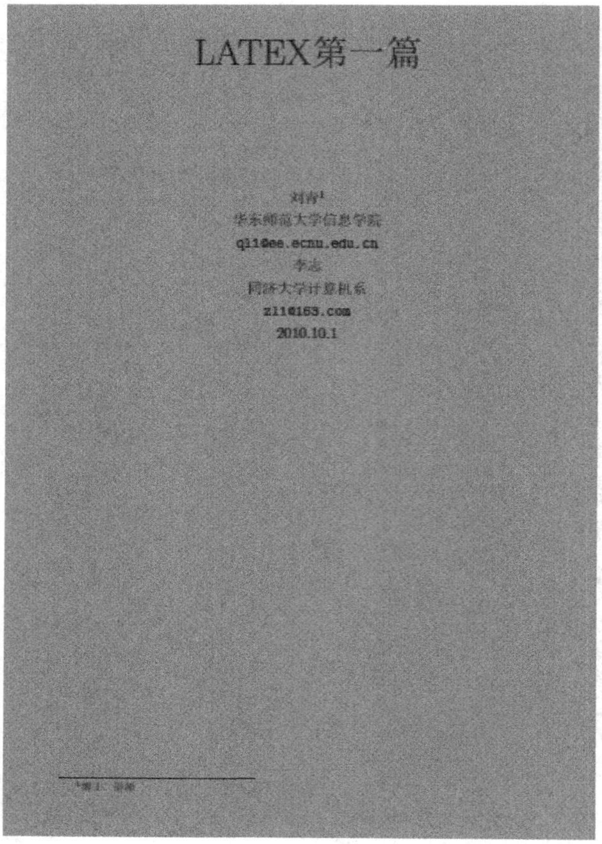


```
%题名页环境命令示例
\begin{titlepage}
\begin{center}
{\Huge LATEX第一篇}\\[30mm]
{刘青\footnote{博士、讲师}\\
华东师范大学信息学院\\
\texttt{qli@ee.ecnu.edu.cn} \\
李志\\
同济大学计算机系\\
\texttt{zli@163.com}\\}
2010.10.1
\end{center}
\end{titlepage}
```

图 6-2　题名页环境生成题名示例

注意：使用题名页环境命令，只能生成独立的题名页，即使有 notitlepage 选项也无效。

3. 摘要

摘要环境命令格式如下：

```
\begin{abstract}
    This is an English abstract.
\end{abstract}
```

例 6-3　使用摘要环境命令编写如图 6-3 中左图所示的摘要。

图 6-3　摘要生成示例

需要注意的是 article 和 report 文档类可以有摘要，而 book 文档类则没有摘要。report 中摘要是位于单独一页上的，而且有页码；article 中，摘要紧接标题部分位于第一页上，但如果选择了文档类选项 titlepage，则摘要也是单独占一页。

6.1.2　章节标题

论文章节标题有多个级别，LaTeX 提供了七种层次结构的标题命令，各级标题目录命令及其层次深度如图 6-4 所示。每个高级层次可以包含若干低级层次。article 中没有 chapter，而 report 和 book 则支持所有层次。

```
\part{...}              %Level -1
\chapter{...}           %Level 0
\section{...}           %Level 1
\subsection{...}        %Level 2
\subsubsection{...}     %Level 3
\paragraph{...}         %Level 4
\subparagraph{...}      %Level 5
```

图 6-4　LaTeX 各级标题命令

例 6-4　使用 LaTeX 各级标题命令编写如图 6-5 中左图所示的小论文多级标题。

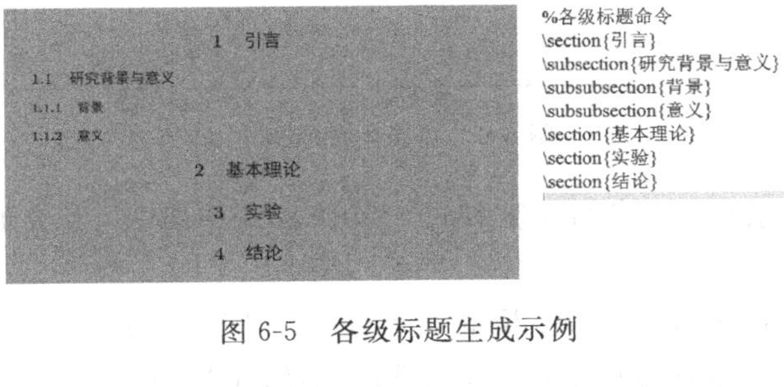

图 6-5　各级标题生成示例

每个标题命令都有一个可选参数，例如：\section[目录标题内容]{标题内容}，有时标题内容很长，为了避免在目录中出现多行标题，或出现多行页眉，可以使用该标题命令的可选参数，简化目录或页眉中的标题内容。

各级标题命令，还有一种带星号的形式，例如：\chapter * {标题内容}，这样生成的标题没有标题标志，不会被排进目录或页眉。论文编排中的目录、独创性声明等不在目录中出现的内容，可以用这种方式屏蔽。

6.1.3 目录

1. 章节目录

在标题页和摘要的后面，论文正文之前，通常会插入目录命令，生成目录。LaTeX 会自动收集章节命令所定义的各章节序号、标题及起始页码，目录的生成和显示由下面的命令实现：

```
\tableofcontents
```

要生成目录，需要对文档连续编译两次。这是因为目录命令放在文档开头，而目录中的标题信息直到文档结束才全知道。第一次编译，生成了一个与文档同名，后缀为.toc 的新文件，并把所需要的标题等信息写入；第二次编译时，\tableofcontents 命令使得文件文档名.toc 被读入，从而打印出目录。

出现在目录表中的章节深度可以在导言中用命令\setcounter{tocdepth}{数字}来设定。LaTeX 基本文档类默认的目录深度为 3，注意：\setcounter 命令中的必要参数“数字”的值并不是目录的深度，而是图 6-4 中各级标题命令对应的层级的值。对于 report、book 文档类，默认的目录深度为 3，\setcounter 命令中的必要参数“数字”的默认值为 2，生成的目录包含章标题、节标题和小节标题这三个层次；对于 article 类，\setcounter 命令中的必要参数“数字”的默认值为 3，生成的目录包含节标题、小节标题和小小节标题。

例 6-5 使用 LaTeX 目录命令生成如图 6-6 中所示的目录。

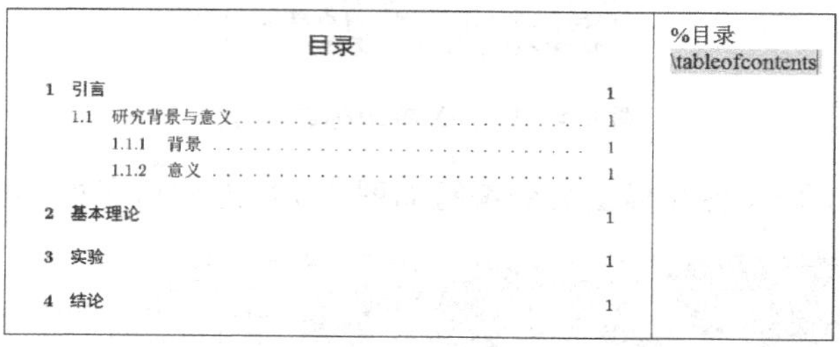

图 6-6 目录生成示例

例 6-6 改变目录深度，将例 6-5 中的小节从目录中删去，生成如图 6-7 中所示的目录。

例 6-6 中指定目录显示到 level2 层的 subsection 及以上层次的目录；注意设定目录显示层次命令要放在目录命令的前面。如果我们不想让某些层次的标题出现在目录里，

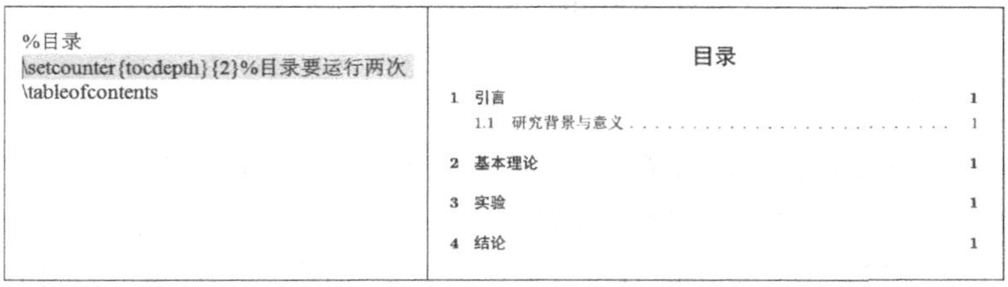

图 6-7 改变目录深度示例

可以给相关的命令加上星号，如\subsection *{…}。

2. 图表目录

图表目录通常位于章节目录之后，正文之前。

插图目录命令：\listoffigures，同\tableofcontents 命令，第一次编译时获得插图序号等信息写入与源文件同名的. lof 插图记录文件；第二次编译时，插图目录命令根据. lof 文件中的标题信息生成插图目录。如果论文中插入了多个子图形，需要将子图形信息写入图目录，则需要在图目录命令前，修改插图目录深度，例如：\setcounter{lofdepth}{2}。

表格目录命令：\listoftables，与插图目录命令相同，第一次编译时获得表格序号等信息，写入与源文件同名的. lot 插图记录文件；第二次编译时，插图目录命令根据. lot 文件中的标题信息生成表格目录。如果论文中插入了多个子表格，需要将子表格信息写入表目录，则需要在表目录命令前，修改表目录深度，例如：\setcounter{lotdepth}{2}。

6.1.4 多文件编译

当处理很大的文档时，经常将整个文档按照一个主源文件及若干个子源文件的方式处理，例如，将论文中的每一章作为一个子源文件，这样文档的内容更便于检索和管理，也适合大型文档的多人协同编写。这时我们可以使用 LaTeX 所提供的两个命令：\input、\include。

1. \input 命令

\input {texfile}，其中 texfile 只需指定基本名，不需加扩展名. tex，它等价于直接将文件“文件名. tex”中的内容输入到命令\input 所在的位置。此命令可以放在文档的任何地方(导言区或正文区)，而且可以相互嵌套。例如，将经常使用的导言放在单独的一个 pre. tex 文件中，使用时主文件这样写：

```
% main.tex
% 主文档
\documentclass{ctexart}
\input{pre}
begin{document}
end{document}
```

除导言区，也可以把复杂图表的代码放到一个单独的文件中，然后在主文件中用\

input 插入,这样图表代码还可以被另外的专用主文档引入。

2. include 命令

通过\input 命令合并起来的文章,不会从新页开始,而是直接将子源文件的内容插入到输入命令的位置。每经过一次修改,所有的文件都要被重新读入和处理。\input 命令编译时,无.aux 文件输出,在部分章节编译时,会使交叉引用产生混乱。采用\include 命令编译,可以避免这些缺点。

\include{texfile}只能放在文档的正文区,不能嵌套,与命令\includeonly{文件清单}结合使用。\includeonly 中列出的文件清单为当前要处理的文件(其中的文件名不需要加后缀.tex,各文件名用逗号隔开)。从新页开始(如章与章之间),将子源文件内容插入到包含命令所在位置。\include 命令可以帮助我们省去很多宝贵的编译时间。要编译的页面、章节和公式编号的附加信息可以由\includeonly 命令控制。采用\include 命令编译,会输出.aux 文件,为交叉引用提供数据,从而避免交叉引用混乱。

例 6-7 编辑一本由 2 章组成的书籍。

```
\documentclass{book}
\includeonly{chapter1, chapter2}
\begin{document}
…
\include{chapter1}          % 调入第 1 章子源文件 chapter1.tex
\include{chapter2}          % 调入第 1 章子源文件 chapter2.tex
…
\end{document}
```

6.2 文本输入

Word 中的文本输入较 LaTeX 直观,易上手;而在 LaTeX 中输入各种字符,设置字体、字号,设置行距等,都需要使用相应的命令。

6.2.1 字符

文档中可以输入的文字符号大致可以分为:普通字符、控制符、特殊符号、预定义字符串、注音符号等,这些内容有两种输入模式:文本模式(默认)和数学模式,普通的行间(inline)数学模式用\$...\$来表示。

1. 普通字符与控制符

普通字符可以直接输入,而有些字符(例如#、$、%、^、&、_、{、}、~等)被用作特殊的控制符,不能直接输入,多数需要在前面加个\ ;而\本身则要用\textbackslash 命令来输入,因为\\被用作换行指令;如下所示:

```
\# \$ \^\& \_ \{ \} \~ \textbackslash \%
```

2. 特殊符号与预定义字符串

表 6-2 给出一些特殊符号输入方法；表 6-3 列出了预定义字符串的输入方法，其中\XeTeX、\XeLaTeX 命令需要 metalogo 宏包，\MF、\MP 命令需要 mflogo 宏包，\AmS 命令需要 texnames 宏包。

表 6-2 特殊符号输入方法列表

特殊符号	命　令
©	\textcopyright
®	\textregistered
™	\texttrademark
¥	\textyen
€	\texteuro
	\pounds
…	\dots
¶	\P
§	\S

表 6-3 预定义字符串输入方法列表

预定义字符串	命　令
2014 年 1 月 28 日	\today
T$_{E}$X	\TeX
L^{N}T$_{E}$X	\LaTex
L^{N}T$_{E}$X2$_{\varepsilon}$	\LaTeXe
X$_{Ǝ}$T$_{Ǝ}$X	\XeTeX
X$_{Ǝ}$ TL^{N}T$_{E}$X	\XeLaTeX
METAFONT	\MF
METAPONT	\MP
$\mathcal{AMS}$	\AmS

3. 空格

LaTeX 中，每行最前面的空格被忽略，只有字符后面的空格是有效的，且多个空格与一个空格的功能一样。如要输入多个空格，可以输入多个"\空格"，或者输入\hspace{长度}，如\hspace{1cm}，如图 6-8 所示。

```
% 空格
This is a book. \\     %每个单词间一个空格
This  is  a  book. \\ %每个单词间两个空格
This\ \ is\ \ a\ \ book.\\ %每个单词间输入两个斜杠+空格
```

This is a book.
This is a book.
This is a book.

图 6-8 空格输入示例

4. 换行、分段与分页

通常 LaTeX 会自动换行，我们也可以用\\或\newline 命令来强制换行。分段命令为：\par。分页命令为：\newpage。

5. 短划线、中划线和长划线

短划线(hyphen)又称连字符，用来连接单词；中划线(en-dash)用来连接数字，可以通过重复两次短划线得到；长划线(em-dash)类似于中文的破折号，重复三次短划线，如图 6-9 所示，为了便于比较，最后也给出数学模式的减号。

```
computer-aided\\
1840--2010\\
to be---or not to be\\
$1-1=0$
```

computer-aided
1840–2010
to be—or not to be
$1-1=0$

图 6-9 短划线、中划线和长划线示例

6.2.2 字体

1. 字体的属性

LaTeX 中，文本字体有五种属性：

- 编码：将字符按照某种规定的方式编制成相应的代码信息，如 T1、OT1 编码等。
- 字族：某一类型字体集合的名称，字族有三类：罗马体字族、无衬线(sans serif)字族、打字机体字族，默认为罗马体字族。
- 系列：字体笔画的粗细和宽窄程度，有常规与加宽加粗两种。
- 形状：字体的外表形态，有直立、斜体、倾斜和小型大写四种。
- 尺寸：字体大小，以点数表示，在 5pt～25pt 范围内，默认为 10pt。

2. 字体设置命令

LaTeX 提供了两种方法设置字体：一类是带参数的命令，还有一类是字体声明命令。前一类用于少量字体的设置，后一类用于分组或环境中字体的整体设置，使用方式如图 6-10 所示。表 6-4 列出了设置字族的两类命令；表 6-5 列出了设置字体形状的两类命令；表 6-6 列出了字体系列的两类命令。

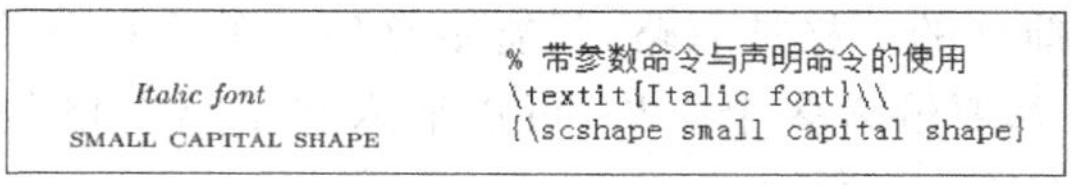

图 6-10　带参数命令与字体声明命令示例

表 6-4　字族命令列表

字　族	带参数的命令	声 明 命 令
罗马 roman family	\textrm{…}	\rmfamily
无衬线 sans serif family	\textsf{…}	\sffamily
打字机 typewriter family	\texttt{…}	\ttfamily

表 6-5　字体形状命令列表

字 体 形 状	带参数的命令	声 明 命 令
直立 upright shape/roman shape	\textup{…}	\upshape
斜体 italic shape	\textit{…}	\itshape
倾斜 slanted shape	\textsl{…}	\slshape
小型大写 small capital shape	\textsc{…}	\scshape

表 6-6　字体系列命令列表

字 体 系 列	带参数命令	声 明 命 令
常规	\textmd{…}	\mdseries
加宽加粗	\textbf{…}	\bfseries

3. 中文字体

LaTeX 中有 6 种预定义的 Windows 中文字体：宋体、黑体、楷书、仿宋、隶书和幼圆，及其命令，如表 6-7 所示。

表 6-7　中文字体及其命令

中文字体	命　令
宋体	\songti
黑体	\heiti
楷书	\kaishu
仿宋	\fangsong
隶书	\lishu
幼圆	\youyuan

若要利用 Tex Live 2013 编排更多更丰富多彩的中文字体，则需要使用 XeLaTeX 引擎。XeLaTeX 引擎的亮点之一就是可以任意调用系统字体。只要将字体安装到系统中，就可以在 XeLaTeX 中使用。当前流行的 TeX 发行版，例如 Tex Live 2013 中已经包含了 XeLaTeX，因此可以直接使用。

XeLaTeX 基于 Unicode，因此它的源文件编码必须是 UTF8。使用 Windows 的用户要注意在保存新建文件时，编码类型中一定要选择 UTF8。

例 6-8　将正文字体设为华文彩云字体，如图 6-11 所示。

第一步，在 TeXworks 编辑器中，输入如图 6-11 所示的源代码。

第二步，选择 XeLaTeX 引擎编译源代码。

该例中，要注意的是：第一，在序言部分添加命令\setCJKmainfont{华文彩云}；第二，选择 XeLaTeX 引擎编译。

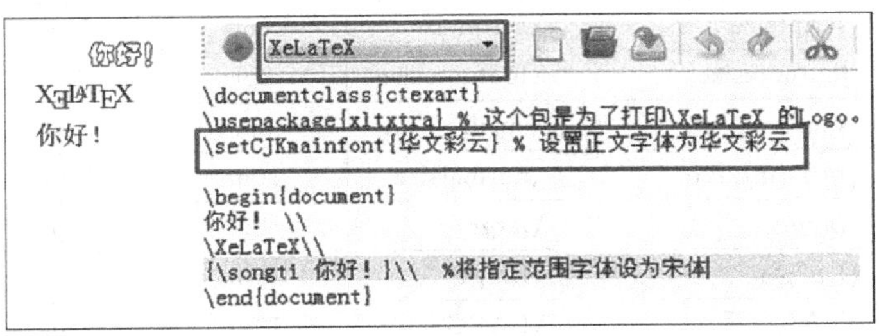

图 6-11　将正文设为华文彩云字体

例 6-9　若要在例 6-8 编排的文档中，对指定区域的文字设置华文新魏字体，该如何操作？

第一步，在例 6-8 源代码的导言部分添加如图 6-12 所示的设置华文新魏命令的两行代码：

```
\setCJKfamilyfont{hwxw}{STXinwei}                    % 华文新魏
\newcommand{\hwxw}{\CJKfamily{hwxw}}
```

第二步，如图 6-12 所示，在正文部分使用新命令\hwxw。

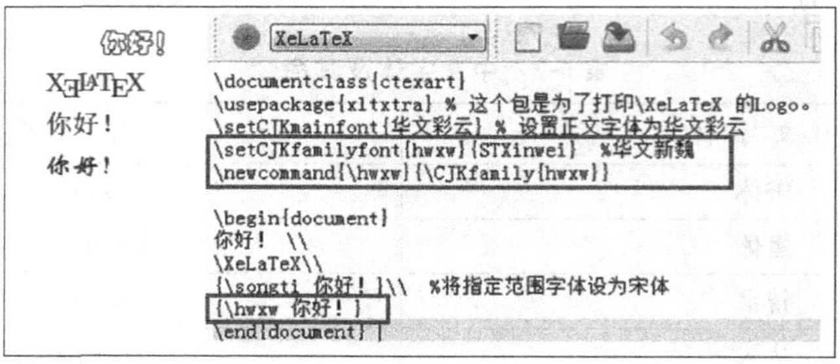

图 6-12　对指定区域设置华文新魏字体

6.2.3　字号

字号即文本字体的尺寸，是字体的性质之一。

1. 基本的字号命令

LaTeX 提供了 10 种基本的字号命令，如表 6-8 所示。字体的实际尺寸与文档默认字体尺寸选项有关，表 6-9 列出了不同尺寸下不同字号的实际尺寸，单位为 pt(point 的缩写，表示点数，长度单位)。

表 6-8　LaTeX 基本字号命令列表

效　果	命　令
A	\tiny
A	\scriptsize
A	\footnotesize
A	\small
A	\normalsize
A	\large
A	\Large
A	\LARGE
A	\huge
A	\Huge

表 6-9　不同文档尺寸下字号命令的实际大小

命　令	10pt(默认)	11pt	12pt
\tiny	5pt	6pt	6pt
\scriptsize	7pt	8pt	8pt
\footnotesize	8pt	9pt	10pt
\small	9pt	10pt	11pt
\normalsize	10pt	11pt	12pt
\large	12pt	12pt	14pt
\Large	14pt	14pt	17pt
\LARGE	17pt	17pt	20pt
\huge	20pt	20pt	25pt
\Huge	25pt	25pt	25pt

2. 中文字号命令

LaTeX 中的中文字号命令，如表 6-10 所示，表中列出了默认 10pt 的文档下的字号效果。

表 6-10　中文字号命令列表

效　果	大小(单位：pt)	命　令
字号	42	\zihao0
字号	36	\zihao-0
字号	26	\zihao1
字号	24	\zihao-1
字号	22	\zihao2
字号	18	\zihao-2
字号	16	\zihao3
字号	15	\zihao-3
字号	14	\zihao4
字号	12	\zihao-4
字号	10.5	\zihao5
字号	9	\zihao-5
字号	7.5	\zihao6
字号	6.5	\zihao-6
字号	5.5	\zihao7
字号	5	\zihao8

6.2.4　行距

LaTeX 中行距是与字号相关的，对于 article 等标准文档类，基本行距为文字大小的 1.2 倍；对于 ctexart 等中文文档类来说，默认值为 1.3，即基本行距的 1.3 倍，为文字大小的 1.56 倍。

要改变全文的行距，可以在导言区添加“\linespread{系数}”来设置，实际行距为基本行距的倍数。

要临时改变文档的行距，可以在正文区域添加“\linespread{1.5}\selectfont”命令，\selectfont 后面的所有内容的行距都会改变。如果只想改变某一部分文档的行距，或者给不同部分设置不同的行距，则需要使用 setspace 宏包，使用方法如下：

```
\usepackage{setspace}
```

```
\begin{document}
\begin{spacing}{2.0}
%%行间距变为 double-space
\end{spacing}
…
\begin{spacing}{1.0}
%%行间距变为 single-space
\end{spacing}
…
\end{document}
```

6.2.5　水平间距

在正文中可以使用如下命令表示不可换行的水平间距：\negthinspace、\thinspace 或\，等；使用如下命令表示可以换行的水平间距：\quad 、\qquad、\+空格；也可以用\hspace {距离}命令来产生指定的水平间距。水平间距命令及其排版效果如图 6-13 所示。

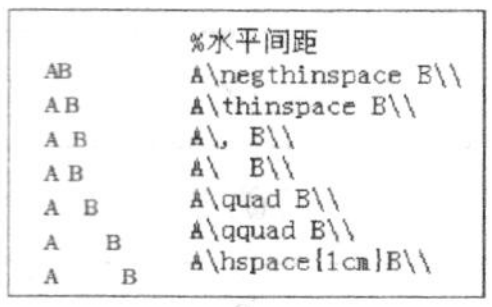

图 6-13　水平间距设置

6.3　段　　落

本节中首先介绍 LaTeX 段落格式设置，与文本输入类似，Word 中的基本段落设置较 LaTeX 简单、直观，但 LaTeX 的段落设置更为灵活；此外，还介绍了 LaTeX 的列表环境命令的使用，该功能与 Word 中编号功能类似却更为灵活。

6.3.1　段落格式

1. 分段及段间距

在编辑 LaTeX 源文件时，按回车键只相当于插入一个空格，文本在编辑器中显示换行，但编译时系统不会换行，更不会换段；多个连续空行，系统只当作一个空行，所以源文件中连续空行的数量不会影响段落之间的距离。

在 LaTeX 中要分段，需要在段落末尾处紧跟一个换段命令：\par，或者连续按两次回车键插入一个空行。段落间距的设置命令为：\parskip，默认情况下段落间距与行间距相等。若要将段落间距设置为比行间距多 1 毫米，则可以在导言中输入：\parskip＝1mm plus 1pt，或者在正文中输入该命令，改变该命令后所有段落之间的距离。

2. 段落缩进

在英文标准文档类(如 article)中,每个章节的第一段是不缩进的,而中文文档(如 ctexart)则每段缩进,并自动设置段落缩进为 2 个汉字宽度。如需设置默认首行缩进,命令为\indent。如果要改变缩进宽度,则需使用命令:\parindent,例如默认首行缩进为 17pt,要改为 22pt,则输入:\parindent=22pt。如果这条命令在序言中添加,则对整个文档有效;如果是在正文中添加,则对其后的段落有效。如果要取消首行缩进,则在段落开头部分输入:\noindent。

3. 段落对齐方式

LaTeX 默认的段落对齐方式为两端对齐,除此之外还可以设置为左对齐(\raggedleft)、右对齐(\raggedright)、居中对齐(\centering)。更为常用的是使用环境命令为某些段落单独设置对齐方式,如图 6-14 所示。

\begin{center}	\begin{flushleft}	\begin{flushright}
居中	左对齐	右对齐
\end{center}	\end{flushleft}	\end{ flushright }

图 6-14 段落对齐环境命令使用示意图

4. 首字下沉

首字下沉需要加载宏包 lettrine。

例 6-10 请制作如图 6-15 所示首字下沉。

THE TEXin LATEXrefers to Donald Knuth's TEX typesetting system. The LATEXprogram is a special version of TEX that understands LATEX commands.

图 6-15 首字下沉图示

第一步,在导言区插入输入"\usepackage{lettrine}",加载 lettrine 宏包。

第二步,在正文区,首字下沉处编辑如下源代码:

```
\lettrine{T}{he} \TeX in \LaTeX refers to Donald Knuth's \TeX{} typesetting system. The \
LaTeX program is a special version of \TeX{} that understands \LaTeX{} commands.
```

5. 特殊形状的段落

在导言区添加 shapepar 宏包,可以将段落排版成一些预定义的形状,形成有趣的效果。

例 6-11 请制作如图 6-16 所示的心形的段落。

大江东去，　　浪淘尽，千
古风流人物。故　垒西边，人道是，
三国周郎赤壁。乱石穿空，惊涛拍岸，
卷起千堆雪。江山如画，一时多少豪杰。
遥想公瑾当年，小乔初嫁了，雄姿
英发。羽扇纶巾，谈笑间，樯橹灰飞
烟灭。故国神游，多情应笑我，
早生华发。人生如梦，
一樽还酹江月。
♡

图 6-16　心形段落

第一步，在导言区插入命令：

```
\usepackage{shapepar}
```

第二步，在正文区，插入如下代码：

```
\heartpar{
大江东去,浪淘尽,千古风流人物.
故垒西边,人道是,三国周郎赤壁.
乱石穿空,惊涛拍岸,卷起千堆雪.
江山如画,一时多少豪杰.
遥想公瑾当年,小乔初嫁了,雄姿英发.
羽扇纶巾,谈笑间,樯橹灰飞烟灭.
故国神游,多情应笑我,早生华发.
人生如梦,一樽还酹江月.}
```

6. 引用环境

有时论文要引用其他著作里的文字，可以用引用环境来实现。引用环境有 quote 环境和 quotation 环境两种。quote 环境引用的文字，段前无首行缩进，每段话的左右边距超出正文的边距，通常适用于单个段落内容的引用。quotation 环境引用的文字，则在每段前都有首行缩进，适用于多段的文字引用，图 6-17 中列出了这两种引用环境命令的使用及排版效果。

遥想公瑾当年，小乔初嫁了，雄姿英发。羽扇纶巾，谈笑间，樯橹灰飞烟灭。故国神游，多情应笑我，早生华发。人生如梦，一樽还酹江月。	\begin{quote} 遥想公瑾当年，小乔初嫁了，雄姿英发。 羽扇纶巾，谈笑间，樯橹灰飞烟灭。 故国神游，多情应笑我，早生华发。 人生如梦，一樽还酹江月。 \end{quote}
遥想公瑾当年，小乔初嫁了，雄姿英发。羽扇纶巾，谈笑间，樯橹灰飞烟灭。故国神游，多情应笑我，早生华发。人生如梦，一樽还酹江月。	\begin{quotation} 遥想公瑾当年，小乔初嫁了，雄姿英发。 羽扇纶巾，谈笑间，樯橹灰飞烟灭。 故国神游，多情应笑我，早生华发。 人生如梦，一樽还酹江月。 \end{quotation}

图 6-17　quotation 与 quote 示例

7. 诗歌环境

verse 环境可以用来排版诗歌，图 6-18 中，由于未将诗歌分段，LaTeX 将其看作一行文字，对于过长的行会在换行时悬挂缩进。诗歌可以使用空行来分段，排版效果如图 6-19 所示。

遥想公瑾当年，小乔初嫁了，雄姿英发。羽扇纶
    巾，谈笑间，樯橹灰飞烟灭。故国神游，多
    情应笑我，早生华发。人生如梦，一樽还酹
    江月。

```
\begin{verse}
遥想公瑾当年，小乔初嫁了，雄姿英发。
羽扇纶巾，谈笑间，樯橹灰飞烟灭。
故国神游，多情应笑我，早生华发。
人生如梦，一樽还酹江月。
\end{verse}
```

图 6-18 诗歌环境悬挂缩进过长的行

遥想公瑾当年，小乔初嫁了，雄姿英发。
羽扇纶巾，谈笑间，樯橹灰飞烟灭。
故国神游，多情应笑我，早生华发。
人生如梦，一樽还酹江月。

```
\begin{verse}
遥想公瑾当年，小乔初嫁了，雄姿英发。

羽扇纶巾，谈笑间，樯橹灰飞烟灭。

故国神游，多情应笑我，早生华发。

人生如梦，一樽还酹江月。
\end{verse}
```

图 6-19 诗歌环境空行分段

6.3.2 列表环境

1. 基本列表环境

LaTeX 标准文档类提供了三种列表环境：编号的 enumerate 环境(相当于 Word 中的编号)、不编号的 itemize 环境(相当于 Word 中的项目符号)和使用关键字的 description 环境。图 6-20 列举了 enumerate 环境使用数字自动编号；itemize 环境不编号，但会在每个项目前加一个符号以示标记，图 6-21 是一个使用 itemize 环境的例子；图 6-22 列出了使用 description 环境的例子。

1. 中国
2. 美国
3. 日本

```
%编号的enumerate环境
\begin{enumerate}
\item 中国
\item 美国
\item 日本
\end{enumerate}
```

图 6-20 enumerate 环境

• 中国
• 美国
• 日本

```
%不编号的itemize环境
\begin{itemize}
\item 中国
\item 美国
\item 日本
\end{itemize}
```

图 6-21 itemize 环境

中文 中国的语言文字

英文 美国的语言文字

日文 日本的语言文字

```
%使用关键字的description环境，作为条目的关键字加粗显示
\begin{description}
\item[中文] 中国的语言文字
\item[英文] 美国的语言文字
\item[日文] 日本的语言文字
\end{description}
```

图 6-22　description 环境

上面三种环境还可以嵌套使用(最多四层)，LaTeX 可自动处理不同层次的缩进和编号，如图 6-23 是 enumerate 环境嵌套使用的一个例子。

1. 计算机
    (a) 硬件
    (b) 软件
        i. 系统软件
            A. 操作系统软件
            B. 硬件驱动、杀毒软件等
        ii. 应用软件
2. 语文
3. 数学

```
%嵌套使用上述三种列表环境（最多四层）
\begin{enumerate}
\item 计算机
    \begin{enumerate}
    \item 硬件
    \item 软件
        \begin{enumerate}
        \item 系统软件
            \begin{enumerate}
                \item 操作系统软件
                \item 硬件驱动、杀毒软件等
            \end{enumerate}
        \item 应用软件
        \end{enumerate}
    \end{enumerate}
\item 语文
\item 数学
\end{enumerate}
```

图 6-23　enumerate 环境的嵌套

2. 计数器与 list 通用列表环境

当上述列表环境的排版效果无法满足要求时，可以用 list 通用列表环境，上述列表环境都是基于 list 创建的，list 环境命令结构为：

```
\begin{list}{标签}{设置命令}
\item[标号]条目 1
\item[标号]条目 2
…
\end{list}
```

其中“标签”是在条目之前加入的标号，如果是编号列表可以使用计数器；“设置命令”则可以设置列表使用的计数器和一些长度参数。

图 6-24 是一个简单的编号列表的例子，其中\newcounter{mylist}为新定义一个计数器；LaTeX 的计数器都有一个对应的命令\the 计数器名，用来输出计数器的值，所以第三行中的\themylist 表示输出 mylist 的值；第四行的\useconter{mylist}表示使用 mylist 计数器来编号。

在该例中，当 LaTeX 进入 list 环境时，每遇到一个没有可选参数的\item 命令，就让计数器的值加 1，然后把计数器的值作为编号输出，达到编号的目的。计数器在 LaTeX 中非常有用，除了列表环境的编号以外，页码、章节和图表的编号等也是由计数器控制的。如页码的计数器是 page，因此输出页码的命令为\thepage。

A-1 计算机

A-2 数学

```
%list通用列表环境
\newcounter{mylist}
\begin{list}{A-\themylist}
{\usecounter{mylist}}
\item 计算机
\item 数学
\end{list}
```

图 6-24　list 通用环境列表

6.4　数学公式编排

在文档中编辑数学公式，对于常用公式来说，首先要在导言区加载宏包 amsmath。

LaTeX 数学模式分为行内公式与行间公式两种。行内公式指公式插入文本行内，与文本融为一体，适用于编写简单的公式。行间公式指公式插入在文本行之间，自成一行或一个段落，上下文之间附加一段垂直空白，使公式比较醒目。

1. 行内公式

LaTeX 提供了三种行内公式的编排方法：

(1) $...$

(2) \(…\)

(3) \begin{math}…\end{math}

图 6-25 列出了三种行内公式的使用方法及其排版效果。由图 6-25 可以看出三种方法的排版效果完全相同，第一种方法较为常用，但由于其起止符都为 $，容易无法区分公式的起始和终止位置，造成编译出错。

Einstein's $E=mc^2$

Einstein's $E=mc^2$

Einstein's $E=mc^2$

```
%三种行内公式的比较
Einstein's $E=mc^2$ \\
Einstein's \(E=mc^2\) \\
Einstein's \begin{math} E=mc^2 \end{math} \\
```

图 6-25　三种行内公式比较

一般情况下，很长的公式会在运算符处自动换行，但若碰到二元关系符的数学公式则无法换行，如图 6-26 所示，可以采用分段处理的方法来换行，图 6-27 中将源代码用空行分段。

函数 $f(x,1)=a_n(a_{n-1}(a_{n-2}(a_{n-3}(a_{n-4}(a_{n-5}(\ldots)\ldots)\ldots)\ldots)\ldots)\ldots)$

```
%长公式的中断
函数 $f(x,1)=a_n(a_{n-1}(a_{n-2}(a_{n-3}(a_{n-4}(a_{n-5}
(\ldots)\ldots)\ldots)\ldots)\ldots)$
```

图 6-26　无法换行的长公式

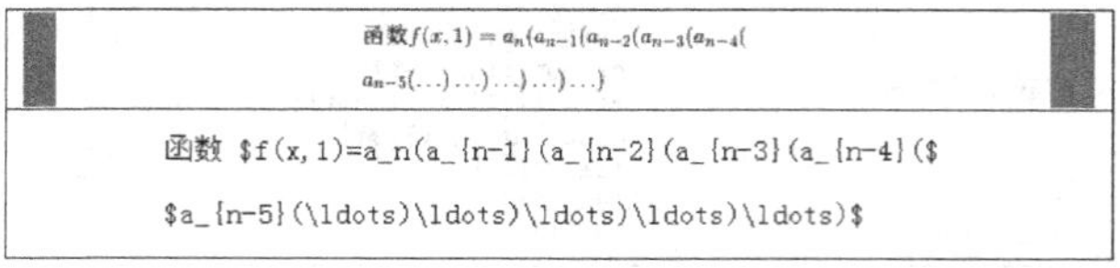

图 6-27　长公式的换行

2. 行间公式

LaTeX 提供了五种方法来编写行间公式。

(1) \$ \$... \$ \$

(2) \[⋯\]

(3) \begin{displaymath}⋯\end{displaymath}

(4) equation 环境

(5) eqnarray 环境

图 6-28 列出了前三种无编号的行间公式的使用方法及其排版效果。如图 6-28 所示，三种方法排版效果相同，由于第三种方法起止明确，因此对于无编号公式，常用第三种方法。

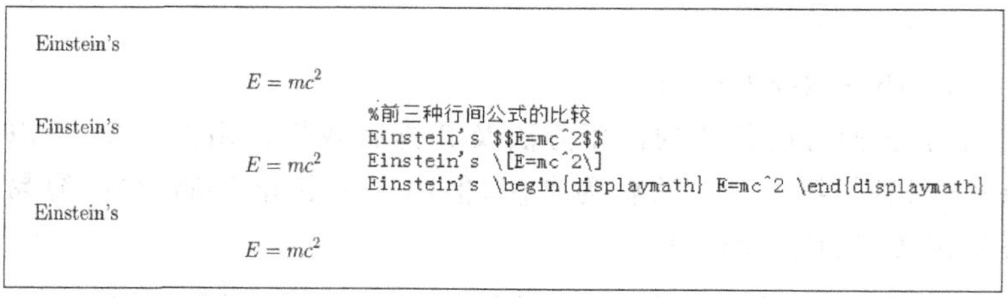

图 6-28　前三种行间公式比较

图 6-28 中的三种公式编排方法适用于无编号公式，对于要编号的公式，通常用 equation 环境命令编写，其适用于有编号的单行公式；而 eqnarray 适用于编写有编号的多行行间公式。图 6-29 列出了 equation 环境命令编排公式的效果及源代码。图 6-30 列出了 eqnarray 环境命令编排公式的效果及源代码。

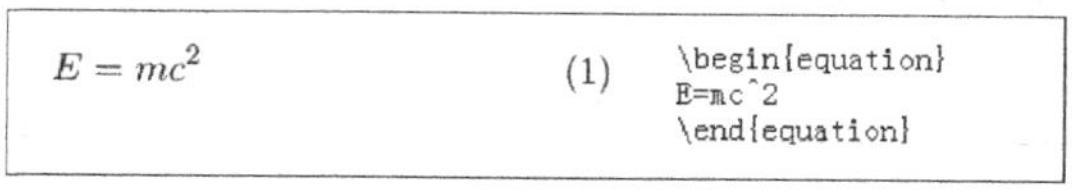

图 6-29　有编号单行公式

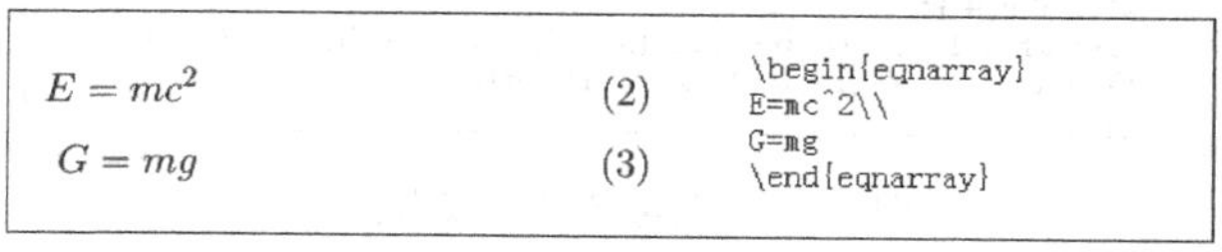

图 6-30　有编号多行公式

若要求公式编号包含章节编号，可在导言中加入命令：

```
\numberwithin{equation}{section} %公式序号增加章节编号
```

注意：该命令必须加载 amsmath 宏包才能生效。

6.5 图的编排

使用 LaTeX 可以在文档中绘制图形和插入图像，但由于 LaTeX 绘制图形功能简单、命令繁琐、不够直观，通常论文中的图形大多采用 Visio、Matlab 等软件绘制，然后再插入到 LaTeX 源文件中，因此本章不再介绍 LaTeX 绘图功能，而直接讲述如何在 LaTeX 中插入图像。

6.5.1 插入图像

要在 LaTeX 中插入图像，首先需要在导言中加载图形宏包。图形宏包主要有两个，一个是早期标准的 graphics 宏包，另一个是在 graphics 基础上扩展增强的 graphicx 宏包，调用 graphicx 会自动调用 graphics，目前一般都使用功能更完善的 graphicx 宏包。在正文中使用\includegraphics 命令即可插入图像，\includegraphics 是插图的核心命令，它的语法格式为：

```
\includegraphics[可选项]{图像文件名}
```

图 6-31 图中分别列出了插入一幅设置了实际尺寸的图像以及一幅相对尺寸图像的例子。第一行代码中，设置了插入图像的宽度为 140pt，高度为 100pt，图像文件是位于与 LaTeX 源文件同路径下的 img 文件夹下的 fig.jpg 图像文件；第二行代码中，没有设置插入图像的绝对高度和宽度，而是将插入图像大小设为原图像 0.18 倍。

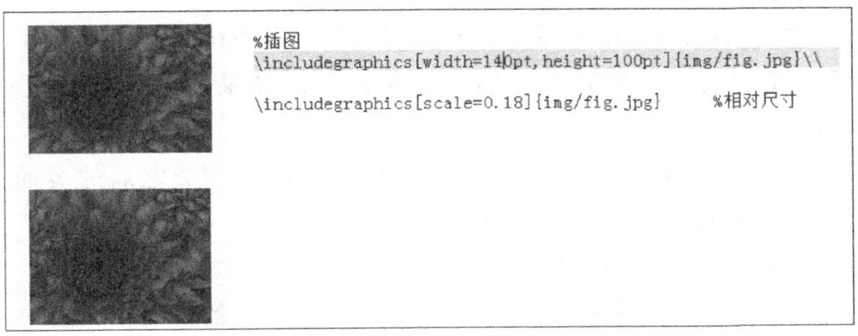

图 6-31　插入绝对尺寸图像和相对尺寸图像示例

图 6-31 中插入的图像文件为 JPEG 格式，并不是所有格式的图像文件都能被插入。下面将介绍可以直接在源文件中插入的图像文件格式。

6.5.2 图像文件格式

LaTeX 的编译程序最常用的有 pdfLaTeX、XeLaTeX 等，pdfLaTeX 支持 eps、pdf、

png、jpeg 四种图像格式，XeLaTeX 支持 eps、pdf、png、jpeg、bmp 五种图像格式。其中 eps 是一种内嵌式 Postscript 语言文件格式，eps 文件中可以包含位图、向量图形以及文字信息，支持 Lab、CMYK、RGB、索引颜色、双色调、灰度和位图颜色模式，但不支持 Alpha 通道，几乎所有的绘图和排版软件都支持 eps 格式的图形。早期的 LaTeX 编译程序只支持 eps 格式，这就需要利用相关软件将图像、图形文件转换成 eps 格式，然后再插入到 latex 源文件中。事实上，对于无法直接插入的图形图像文件格式，往往也是先将其转换为 jpg、pdf 等格式，然后再插入到 LaTeX 源文件中。

6.5.3 浮动图像和图题

论文中有时插入图表会造成分页，前一页放不下，放在后一页上又会造成前一页留下很大的空白。Word 中出现这类问题时，作者不得不手动调整图形的位置。这种工作是非常乏味的，尤其是几乎每次修改文档都得这样做。而 LaTeX 中采用浮动图表来解决这一问题，它将图表看成是活动的，系统可以自动把它们放在距离图表源代码附近的地方，通常放在图表源代码所在地，有时也会放在页面开头、末尾或者单独的一页中。这种方法可以让作者将注意力集中在文章的内容，而不是排版，但有时候仍然需要手动控制，才能达到良好的排版效果。

LaTeX 提供的浮动图表环境命令可以给图表添加标题，并且为图表标题提供了自动编号、自动生成目录等功能，还可以通过加载相关宏包，对标题的格式进行整体设计。这里仅介绍浮动图像环境命令，浮动表格将在 6.6 节介绍。

浮动图像环境命令的格式如下：

```
\begin{figure}[允许位置]
…
\end{figure}
```

其中可选参数[允许位置]用来设定浮动图像可以出现的位置：

h：here，浮动图像被放在代码所在的上下文位置。如果本页所剩的页面不够，这一参数将不起作用。

t：top，浮动图像被放在页面顶部，可以是代码所在的页面或之后的页面，注意：当页排版的浮动图像可能出现在实际代码之前。

b：bottom，浮动体被放在页面底部。

p：page，独立一页，一个或多个浮动图像被放在单独的页面中，这个页面成为浮动页。

LaTeX 总是以 htbp 的顺序尝试放置浮动图像，所以\begin{figure}[ht}与\begin{figure}[th]实际是等效的。缺省的位置选项是 tbp。

例 6-12 插入浮动图像如图 6-32 所示。

例 6-12 中采用浮动环境 figure 来插入图像，只要在正文插图处，输入图 6-32 右边的代码即可。如果要给图题添加章节号，可在导言中加入命令：

```
\numberwithin{figure}{section}        % 图题序号增加章节编号
```

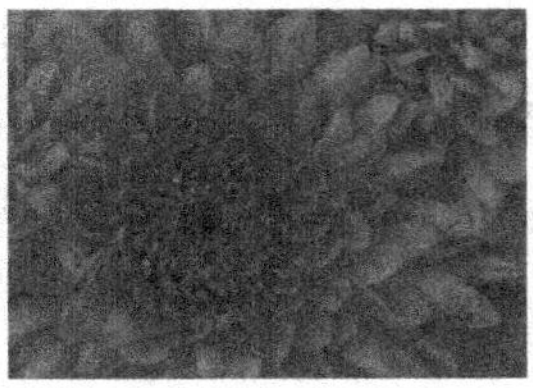

图 1: 有图有真相

```
%浮动图像
\begin{figure}
\centering
\graphicspath{{./img/}}  %相对路径
\includegraphics[scale=0.18]{fig.jpg}
\caption{有图有真相}
\label{fig:fig1}
\end{figure}
```

图 6-32　插入浮动图像

6.5.4　多图并排

论文中常常出现需要多图并排的情况，有时需要多图并排，共享标题；有的时候是多图并排，各有标题；有时是多图并排，共享标题，各自有子标题的情况。下面分别举例说明这三种多图并排的情况。

例 6-13　多图并排，共享标题。

如图 6-33 所示，当需要两幅图片并排摆放，并共享标题时，可以在 figure 环境中使用两个\includegraphics 命令。

图 1.2: 共享标题

```
%1.多图并排，共享标题
\begin{figure}[htbp]
\centering
\includegraphics[scale=0.15]{img/fig.jpg}
\includegraphics[scale=0.15]{img/desert.jpg}
\caption{共享标题}
\end{figure}
```

图 6-33　多图并排共享标题示例

例 6-14　多图并排，各有标题。

如图 6-34 所示，如果想要两幅并排的图片各有自己的标题，可以在 figure 环境中使用两个 minipage 环境，每个环境里插入一个图。

图 1.3: 左图

图 1.4: 右图

```
%2.多图并排，各有标题
\begin{figure}[htbp]
\centering
\begin{minipage}[t]{0.38\textwidth}
\centering
\includegraphics[scale=0.15]{img/fig.jpg}
\caption{左图}
\end{minipage}
\begin{minipage}[t]{0.38\textwidth}
\centering
\includegraphics[scale=0.15]{img/desert.jpg}
\caption{右图}
\end{minipage}
\end{figure}
```

图 6-34　多图并排各有标题示例

例 6-15 多图并排,共享标题,各有子标题。

如果两幅并排的图片要共享一个标题,并各有自己的子标题,可以使用 subfig 宏包提供的\subfloat 命令。由于 subfloat 命令缺少宽度参数,可以用\hspace 命令调整子图的距离,但该命令使得子标题只能和子图本身一样宽,超出就会出现折行如图 6-35 所示。

```
%3.多图并排、共享标题、各有子标题
\begin{figure}[htbp]
\centering
\subfloat[共享标题各有子标题左图]{
\label{fig:subfig_a}
\includegraphics[scale=0.1]{img/fig.jpg}
}
\hspace{10pt}
\subfloat[共享标题各有子标题右图]{
\label{fig:subfig_b}
\includegraphics[scale=0.1]{img/desert.jpg}
}
\caption{共享标题各有子标题}
\end{figure}
```

图 6-35 多图并排共享标题各有子标题示例

为了避免子标题折行,对例 6-15 进行改进,我们可以在\subfloat 里再嵌套个 minipage,因为后者是有宽度的,如图 6-36 所示。

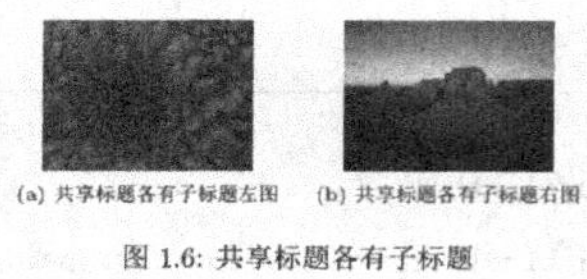


```
%改进
\begin{figure}[htbp]
\centering
\subfloat[共享标题各有子标题左图]{
\label{fig:subfig_aa}
\begin{minipage}[t]{0.3\textwidth}
    \centering
    \includegraphics[scale=0.1]{img/fig.jpg}
\end{minipage}
}
\subfloat[共享标题各有子标题右图]{
\label{fig:subfig_bb}
\begin{minipage}[t]{0.3\textwidth}
    \centering
    \includegraphics[scale=0.1]{img/desert.jpg}
\end{minipage}
}
\caption{共享标题各有子标题}
\end{figure}
```

图 6-36 对例 6-15 的改进

6.6 表的编排

与插入图像不同,LaTeX 中插入基本表格无须加载宏包。本节将介绍基本表格和跨页表格的编排。

6.6.1 插入表格

tabular 环境提供了最简单的表格功能。它用\hline 命令代表横线,| 代表竖线,用 & 来分栏。每个栏位的对齐方式可以用 l、c、r(左、中、右)来控制。

图 6-37 为一个使用 tabular 环境制作图表的例子。

与针对插图的浮动环境 figure 类似,LaTeX 也有针对表格的浮动环境 table。我们可以用它把图 6-37 中的表格简化为科技文献中常用的三线表,如图 6-38 所示。

数学	语文	计算机
90	80	86
80	89	80
87	88	90
78	90	88

```
%插入表格
\begin{tabular} {|c|c|c|}
\hline
数学& 语文& 计算机\\
\hline
90 & 80 & 86 \\
\hline
80 & 89 & 80\\
\hline
87 & 88 & 90 \\
\hline
78 & 90 & 88 \\
\hline
\end{tabular}
```

图 6-37　tabular 插入表格示例

数学	语文	计算机
90	80	86
80	89	80
87	88	90
78	90	88

```
% 三线表的制作
\begin{table}
\centering
\begin{tabular}{ccc}
\toprule
数学& 语文& 计算机\\
\midrule
90 & 80 & 86 \\
80 & 89 & 80\\
87 & 88 & 90 \\
78 & 90 & 88 \\
\bottomrule
\end{tabular}
\end{table}
```

图 6-38　table 制作三线表

图 6-38 中使用 booktabs 宏包的几个命令使得表格边框线加粗。

有时我们需要控制某栏宽度，可以将其对齐方式参数从 l、c、r 改为 p{宽度}，如图 6-39 所示。

数学	语文	计算机
90	80	86
80	89	80
87	88	90
78	90	88

```
%指定表格宽度
\begin{table}
\centering
\begin{tabular}{p{80pt}p{80pt}p{80pt}}
\toprule
数学& 语文& 计算机\\
\midrule
90 & 80 & 86 \\
80 & 89 & 80\\
87 & 88 & 90 \\
78 & 90 & 88 \\
\bottomrule
\end{tabular}
\end{table}
```

图 6-39　指定表格宽度示例

6.6.2　表格的合并与拆分

1. 合并表格

图 6-40 是将图 6-39 中的表格进行合并的例子。图 6-40 中源代码第 4 行代码：\multicolumn{3}{|c|}{成绩}，该命令为合并列的命令，第一个参数“3”，表示将所在行其后的 3 列合并为一列；第三个参数“成绩”表示该列的内容是“成绩”；第二个参数“|c|”表

示该列的列格式为居中对齐。

成绩		
数学	语文	计算机
90	80	86
80	89	80
87	88	90
78	90	88

```
%表格单元的合并
\begin{tabular}{|c|c|c|}
\hline
\multicolumn{3}{|c|}{成绩}\\
\hline
数学& 语文& 计算机\\
\hline
90 & 80 & 86 \\
\cline{1-2}
80 & 89 & 80\\
\cline{2-3}
87 & 88 & 90 \\
\cline{1-2}
78 & 90 & 88 \\
\hline
\end{tabular}
```

图 6-40　表格合并示例

第九行代码：\cline{1-2}，该命令必须放在换行命令后面，该命令的参数为“1-2”，表示从第一列的左侧到第二列的右侧，画一条水平线。同理，第 11 行\cline{2-3}，表示从第二列左侧到第三列右侧，画一条水平线。

在导言区加载 multirow 宏包，正文中使用\multirow 命令，也可以实现行的合并，其基本语法格式：\multirow{行数} * {内容}，“行数”表示跨行的行数，“内容”为单元格内容。图 6-41 为 multirow 命令合并行的一个例子。

	数学	语文	计算机
	90	80	86
成绩	80	89	80
	87	88	90
	78	90	88

```
%multirow合并行
\begin{tabular}{|c|c|c|c|}
\hline
\multirow{5}*{\centering 成绩} & 数学& 语文& 计算机\\
\cline{2-4}
&90 & 80 & 86 \\
\cline{2-4}
&80 & 89 & 80\\
\cline{2-4}
&87 & 88 & 90 \\
\cline{2-4}
&78 & 90 & 88 \\
\hline
\end{tabular}
```

图 6-41　multirow 合并行示例

2. 拆分表格

\vline 命令可以在单元格内画一条只占一行高度的竖线，如图 6-42 所示。用 vline 命令来拆分单元格，要注意加上空格即“\空格”。

A
A | B
A | B | C

```
%表格拆分
\begin{tabular}{|c|}
\hline
A \\ \hline
A \vline\ B \\ \hline
A \vline\ B \vline\ C \\ \hline
\end{tabular}
```

图 6-42　vline 拆分表格示例

除了\vline 命令，还可以使用嵌套的表格来拆分单元格，如图 6-43 所示。注意在嵌套的表格格式参数两侧使用@{}。

<table>
<tr><td colspan="6">A</td></tr>
<tr><td colspan="3">A</td><td colspan="3">B</td></tr>
<tr><td colspan="2">A</td><td colspan="2">B</td><td colspan="2">C</td></tr>
</table>

```
%使用嵌套的表格来拆分单元格
\begin{tabular}{|c|}
\hline
A \\ \hline
\begin{tabular}{@{}c|c@{}} A & B\end{tabular} \\ \hline
\begin{tabular}{@{}c|c|c@{}} A & B &C\end{tabular} \\ \hline
\end{tabular}
```

图 6-43　嵌套表格拆分单元格示例

6.6.3　跨页长表格

有时表格太长要跨页，可以使用 longtable 宏包。\endfirsthead、\endhead 命令用来定义首页表头和通用表头，\endfoot、\endlastfoot 命令用来定义通用表尾和末页表尾，如图 6-44 所示。

表 1.1: 长表格

歌手	作品
王菲	还没好好的感受，
	雪花绽放的气候，
	我们一起颤抖，

接下页...

1.4 结论

歌手	作品
	会更明白什么是温柔。
	还没跟你牵着手，
	走过荒芜的沙丘，
	可能从此以后学会珍惜，
	天长和地久。
	有时候有时候，
	我会相信一切有尽头。
	相聚离开都有时候，
	没有什么会永垂不朽。
	可是我有时候，
	宁愿选择留恋不放手。
	等到风景都看透，
	也许你会陪我看细水长流。

```
%长表格
\begin{longtable}{ll}
\caption{长表格} \\
\toprule
歌手& 作品\\
\midrule
\endfirsthead
\midrule
歌手& 作品\\
\midrule
\endhead
\midrule
\multicolumn{2}{r}{接下页\dots} \\
\endfoot
\bottomrule
\endlastfoot
王菲 & 还没好好的感受，\\
& 雪花绽放的气候，\\
& 我们一起颤抖，\\
& 会更明白什么是温柔。\\
& 还没跟你牵着手，\\
& 走过荒芜的沙丘，\\
& 可能从此以后学会珍惜，\\
& 天长和地久。\\
& 有时候有时候，\\
& 我会相信一切有尽头。\\
& 相聚离开都有时候，\\
& 没有什么会永垂不朽。\\
& 可是我有时候，\\
& 宁愿选择留恋不放手。\\
& 等到风景都看透，\\
& 也许你会陪我看细水长流。\\
\end{longtable}
```

- 首页表头：\toprule … \endfirsthead
- 通用表头：\midrule … \endhead
- 通用表尾：\midrule … \endfoot
- 末页表尾：\bottomrule … \endlastfoot

图 6-44　长表格示例

6.7　标签与引用

论文写作过程中，常常需要在正文中对图、表、公式、章节标题进行引用，在 Word 中可使用“交叉引用”功能来实现。LaTeX 中可以通过三条命令来实现交叉引用：

\label{书签名}：定义书签命令，在被引用对象之后，如章节、图表标题后面，“书签名”是专门为被引用对象所起的名字，要方便区别于其他书签名。

\ref{书签名}：序号引用命令，插在引用处，引用书签名所在的标题或环境的序号，或文本所在的章节序号。

\pageref{书签名}：页码引用命令，插在引用处，引用定义的书签名所在的页码。

图 6-45 显示了交叉引用的例子。在源代码倒数第三行\label{fig:fig1}定义了图标题的标签，在最后一行分别用\pageref{fig:fig1}、ref{fig:fig1}对图标题进行了引用。标签名并没有一定的规则，但“类型缩写：内容缩写”这样的形式比较流行，如图 6-45 中定义为 fig:fig1。

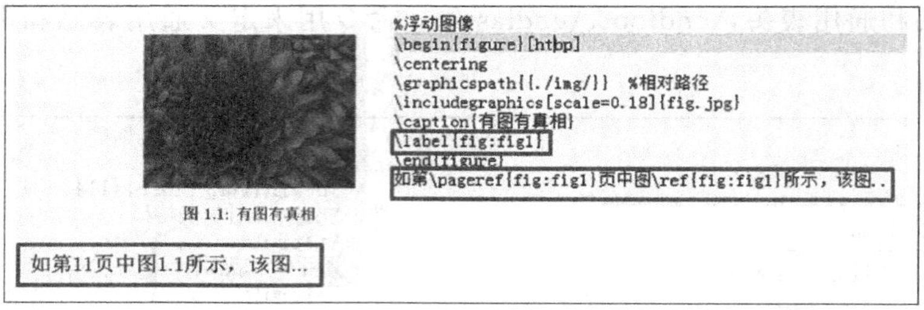

图 6-45　交叉引用示例

6.8　参考文献

LaTeX 提供了两种参考文献编排方法，一种是使用参考文献环境命令，另一种是使用 BibTeX 工具，本节将分别介绍这两种方法。

6.8.1　参考文献环境及其引用

1. 参考文献环境

LaTeX 标准文档类提供了排版参考文献列表的参考文献环境 thebibliography 以及该环境中使用的文献条目命令\bibitem，格式如下：

```
\begin{thebibliography}{最宽序号}
\bibitem[文献序号 1]{检索名 1}文献信息 1
\bibitem[文献序号 2]{检索名 2}文献信息 2
…
\end{thebibliography}
```

其中“最宽序号”是指参考文献列表中文献序号的最大宽度(即参考文献具有最多位数的序号，此处可以填入参考文献的最大序号)，以便确定参考文献列表左缩进宽度。只要将最宽的序号填入，其自然宽度就会被自动测定。例如，参考文献数目为 150，则最宽序号可以为 100-999 间的任意数。“文献序号”：该文献在文献参考列表中的序号，可以是任意字符串，通常被省略，LaTeX 会按照该文献在正文中的顺序，给出文献序号。“检索名”：该条参考文献的简短名称，类似于标签名，在正文中引用参考文献时使用。“文献信息”：作者、题名、出版者、出版年份等文献信息。

若文档类是 book 或 report，参考文献环境将创建以 bibliography 为标题的一章；若是 article，则生成 Reference 为标题的一节。

2. 参考文献的引用

在正文中引用参考文献列表中的文献，可在引文后插入文献引用命令：

```
\cite[附加信息]{检索名 1,检索名 2, …}
```

其中，“检索名”为\bibitem 命令中的检索名，可以指定一个或多个检索名，用半角逗号分隔多个检索名。“附加信息”是对所引用文献的注解。

3. 参考文献及其引用示例

如图 6-46 所示，为编排参考文献列表及其引用的例子，其中“Rowling_1997”为该参考文献的检索名。

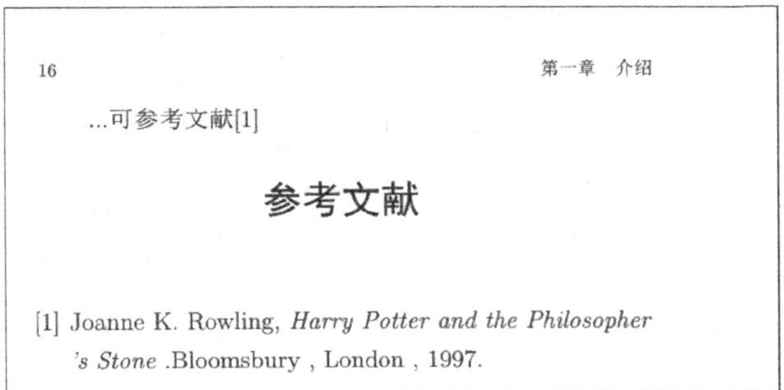


```
%参考文献的引用
...可参考文献\cite{Rowling_1997}

%参考文献
\begin{thebibliography}{9}
\bibitem{Rowling_1997}
Joanne K. Rowling,
\emph{Harry Potter and the Philosopher 's Stone }.% 斜体上的
Bloomsbury , London ,
1997.
\end{thebibliography}
```

图 6-46　参考文献及其引用示例

6.8.2 BibTeX 与文献数据库

6.8.1 节中利用参考文献环境来编排参考文献，这种方法需要逐条输入参考文献的信息，仅适用于参考文献列表数目比较少的情况；当参考文献数目达到二位数甚至更多时，这种人工的方法费时，且容易造成错误。TeX Live 集合中的 BibTeX 工具可以实现参考文献列表的自动生成，它根据论文中引用到的所有参考文献，从一个文献数据库中抽取、整理和排版文献列表。下面将以实例来介绍参考文献列表自动生成的方法。

使用 BibTeX 处理参考文献列表，首先需要准备好参考文献数据库。文献数据库是以.bib 为扩展名的文本文件，其内容是许多个参考文献条目，每条保存着文献的类型、标签名、标题、作者、年代等信息，如图 6-47 所示。表 6-11 列出了 BibTeX 常用参考文献的条目类型以及每种条目中必不可少的项目以及可选项目信息。

```
@article{art1,
   author = {Bergman, H. and Tsai, K. Y. and Seo, S. J. and Kvedar, J. C. and
Watson, A. J.},
   title = {Remote Assessment of Acne: The Use of Acne Grading Tools to Evaluate
Digital Skin Images},
   journal = {Telemedicine Journal and E-Health},
   volume = {15},
   number = {5},
   pages = {426-430},
   year = {2009}
}
```

图 6-47 文献数据库文件中参考文献条目信息

表 6-11 BibTeX 常用参考文献类型及说明列表

条 目	说 明	必 需 项 目	可 选 项 目
@article	期刊或杂志的论文	author, title, journal, year	volume, number, pages, month, note
@book	正式出版的书籍	author 或 editor, title, publisher, year	volume, number, series, address, edition, month, note
@ inproceedings	会议论文	author, title, booktitle, year	editor, volume 或 number, series, pages, address, month, organization, publisher, note
@conference	同@inproceedings		
@masterthesis	硕士论文	author, title, school, year	type, address, month, note
@phdthesis	博士论文	author, title, school, year	type, address, month, note
@proceedings	会议论文集	Title, year	editor, volume 或 number, series, address, month, organization, publisher, note

图 6-47 中 bib 文件每个条目的信息可以手工录入，但更好的方法是从网上下载现成的文献数据库，一些数字期刊数据库网站会提供相应的 BibTeX 数据库文件下载，Google Scholar 也免费提供 BibTeX 条目信息的导出。由于很多科研工作者采用 EndNote 软件进行文献管理，所以在例 6-16 中我们以 EndNote 软件为例，来制作参考文献数据库。

例 6-16 如何利用 BibTeX 生成如图 6-48 所示的论文参考文献列表(论文中引用了 3 篇参考文献)。

第一步，利用 EndNote 软件导出文献数据库文件。打开 EndNote 软件，单击菜单命令 Edit→Output Styles→BibTeX Export，将 EndNote 输出格式设为 BibTeX 类型，如

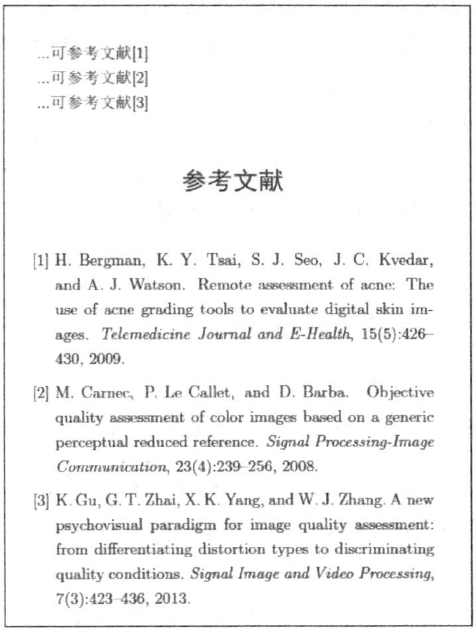

...可参考文献[1]
...可参考文献[2]
...可参考文献[3]

参考文献

[1] H. Bergman, K. Y. Tsai, S. J. Seo, J. C. Kvedar, and A. J. Watson. Remote assessment of acne: The use of acne grading tools to evaluate digital skin images. *Telemedicine Journal and E-Health*, 15(5):426–430, 2009.

[2] M. Carnec, P. Le Callet, and D. Barba. Objective quality assessment of color images based on a generic perceptual reduced reference. *Signal Processing-Image Communication*, 23(4):239–256, 2008.

[3] K. Gu, G. T. Zhai, X. K. Yang, and W. J. Zhang. A new psychovisual paradigm for image quality assessment: from differentiating distortion types to discriminating quality conditions. *Signal Image and Video Processing*, 7(3):423–436, 2013.

图 6-48　BibTeX 自动生成参考文献列表示例

图 6-49 所示。在 EndNote 文献列表窗口选择若干文献，单击 File→Export，输出文献数据库文件，此时生成的文件名扩展名为 txt，此处文件名为：mybib. txt。

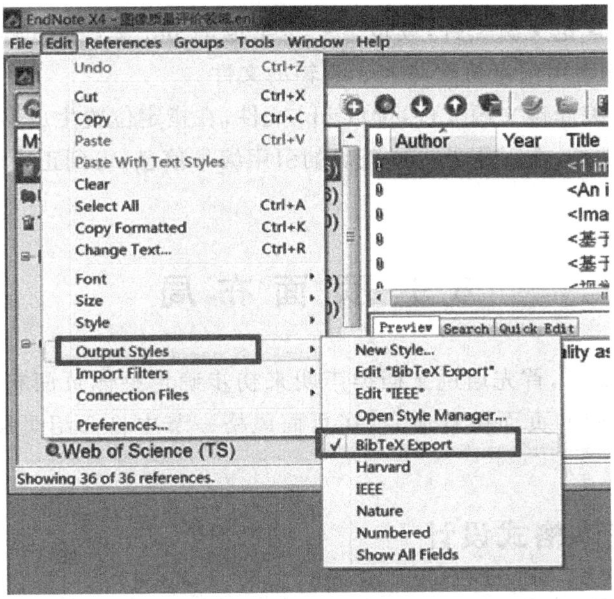

图 6-49　设置 EndNote 输出格式

第二步，利用 TeXworks 编辑器修改文献数据库文件。使用 TeXworks 编辑器打开 mybib. txt，首先为每条参考文献定义标签名，以便在正文中引用参考文献，并将

abstract、keywords 等不需要显示在参考文献列表中的信息删去，如图 6-47 所示，第一行中的 art1 即为标签名，并用半角逗号与后面信息分隔。修改好后另存为 mybib. bib 文件，并与论文源文件放在同一个目录下。

第三步，在论文源代码中需要引用参考文献处使用\cite 命令，并使用\bibliographystyle 命令设定参考文献格式，并通过\bibliography 命令指定参考文献数据库文件(也可以指定多个文献数据库，用半角逗号分隔即可)，注意此处无需输入扩展名 bib，具体如图 6-50 所示。

```
...可参考文献\cite{art1} \\
...可参考文献\cite{art2} \\
...可参考文献\cite{art3} \\
\bibliographystyle{plain}  %参考文献格式设定
\bibliography{mybib}
```

图 6-50 论文源文件中参考文献引用和显示代码

参考文献格式有四种：plain、unsrt、alpha 和 abbrv。前两种使用一般的数字编号文献，plain 格式按作者、日期、标题排序，unsrt 不排序(保持引用的次序)；alpha 使用一种三字母缩写的方式编号并按作者排序；abbrv 与 plain 基本相同，只是定义了一些缩写。

第四步，编译论文的源文件，生成没有文献列表的 pdf 文件，同时生成一个与源文件主名相同的 aux 辅助文件：将\cite 产生的引用信息、\bibliography 指定的数据库名、\bibliographystyle 指定的文献格式名都写入其中。

第五步，使用 TeXworks 打开扩展名为 aux 的辅助文件，并用 BibTeX 编译，从 bib 数据库中提取出排版参考文献列表的 LaTeX 代码，写入 bbl 文件。

第六步，再次编译论文源文件，读取上一步生成的 bbl 文件，生成有文献列表的 pdf 文件，同时将\cite 的引用信息再次写入 aux 辅助文件。

第七步，第三次编译论文源文件，读取 bbl 文件，在指定位置生成参考文献列表，读取上一步生成的 aux 文件，在引用处生成正确的引用编号信息，得到正确的参考文献列表及其引用的 pdf 文件。

6.9 页面布局

LaTeX 编排论文时，首先通过文档类声明来初步确定整体页面布局，若不能满足要求，再进一步使用相应的页面设置命令，在页面风格一节中将介绍页眉、页脚、页码等的设置。

6.9.1 论文整体格式设计

通常论文整体格式由\documentclass[可选参数]{文档类}命令来确定，例如：\documentclass[a4paper, titlepage]{article}，该命令将文档设置为 A4 纸张大小，标题单独一页。表 6-12 列出了 LaTeX 标准文档类的选项及其说明。

表 6-12　LaTeX 文档类选项及其说明

类　　型	选　　项	说　　明
纸张大小	a4paper	21.0cm * 29.7cm
	a5paper	14.8cm * 21.0cm
	b5paper	17.6cm * 25.0cm
	letterpaper	8.5in * 11in
	leagalpaper	8.5in * 14in
	executivepaper	7.25in * 10.5in
纸张方向	landscape	横向(默认无,为纵向页面)
单双面	oneside	单面(article、report 默认值)
	twoside	双面,奇偶页不同,左右对称
字号大小	10pt	正文字号 10pt,\large 等命令与之对应
	11pt	正文字号 11pt
	12pt	正文字号 12pt
分栏	onecolumn	单栏(默认)
	twocolumn	双栏
标题格式	titlepage	标题独自成页(report、book 默认值)
	notitlepage	标题不独自成页(article 默认值)
章格式	openright	每章从奇数页开始(book 默认值)
	openany	每章可从任意页开始(article、report 默认值)
公式编号	leqno	公式编号在左边(默认无,即公式编号在右边)
公式位置	fleqn	公式左对齐,固定缩进(默认无,公式居中)
草稿设置	draft	草稿,会把行溢出的盒子着重显示为黑块
	final	终稿(默认值)
参考文献	openbib	每条文献从第二行起缩紧(默认无缩进)

由表 6-12 可看出,基本文档类的默认选项如表 6-13 所示。

表 6-13　基本文档类的默认选项列表

文档类别	默认选项
article	letterpaper, 10pt, oneside, onecolumn, notitlepage, final
report	letterpaper, 10pt, oneside, onecolumn, titlepage, final
book	letterpaper, 10pt, twoside, onecolumn, titlepage, final

6.9.2　页面设置

调用版面图示宏包 layout,并在正文中使用版面图示命令\layout,可以生成当前版面元素的位置及其尺寸示意图,并且在示意图下方给出具体的版面尺寸数据。如果是单页排版,示意图只有一幅,如果是双页排版,则分别显示左、右页版面,如图 6-51 所示。

由图 6-51 可知,LaTeX 中进行页面设置的命令非常繁多,可以通过加载 geometry 宏包来简化页面设置工作。通过 geometry 宏包进行页面设置的方法主要有两种。

第一种方法是通过宏包的选项,来设置纸张大小和左右边距:

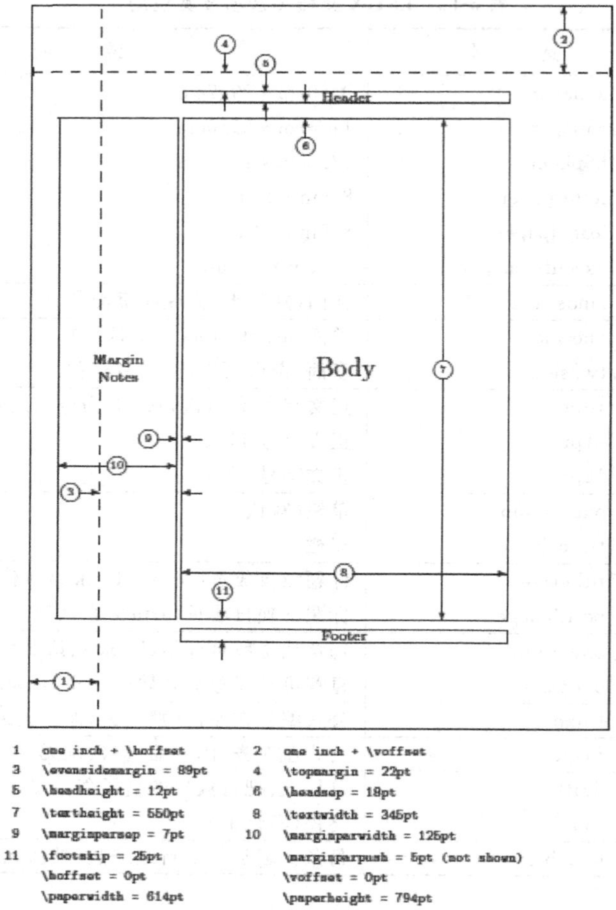

图 6-51　版面元素位置及尺寸示意图

```
\usepackage[a4paper, left = 3cm, right = 3cm]{geometry}
```

第二种方法是使用\geometry 命令，内容和宏包选项一样：

```
\usepackage{geometry}
\geometry{a4paper, left = 3cm, right = 3cm}
```

geometry 宏包提供了大量选项，可以灵活进行页面设置，其中最常用的如表 6-14 所示。

表 6-14　geometry 宏包常用选项及其说明列表

选　　项	说　　明
bottom＝长度	页面底边与版心之间的距离，即下边距
top＝长度	上边距
left＝长度	左边距
right＝长度	右边据

续表

选　　项	说　　明
headsep＝长度	页眉与版心之间的距离
footnotesep＝长度	版心最后一行文本与脚注文本的距离
height＝长度	版心高度
width＝长度	版心宽度
lines＝行数	文本行数
paperheight＝长度	页面高度
paperwidth＝长度	页面宽度
margin＝长度	四周边空宽度
text＝{宽度，高度}	版心宽度与高度
centering	版心在页面的水平和垂直两个方向居中
landscape	横向版面，默认为纵向版面

虽然 book 类和 geometry 宏包都提供了横向版面选项，但只能改变全文的版面方向，如果仅改变论文中某一页或几页的版面方向，则需要加载 lscape 宏包，并在正文中，将需要横向排版的内容放在 landscape 环境中：

```
\begin{landscape}
横向排版的内容
\end{landscape}
```

6.9.3　页面风格

1. LaTeX 基本页面风格

页面风格即页眉、页脚、页码等的排版。LaTeX 提供了多种预定义的页面风格，它们控制页眉页脚等的整体风格设置，如表 6-15 所示。

表 6-15　LaTeX 预定义风格列表

预定义页面风格	说　　明
empty	没有页眉页脚
plain	没有页眉，页脚是居中的页码
headings	没有页脚，页眉是章节名称和页码
myheadings	没有页脚，页眉是页码和用户自定义的内容

LaTeX 标准文档类中，book 类默认使用 headings 风格，report 和 article 类默认使用 plain 风格；中文文档类默认使用 headings 风格。对于标题页，LaTeX 会用 empty 风格禁用所有页眉页脚；headings 风格对于单面文档，页眉通常为章节标题和页码；对于双面文档，页眉一个为页码、章标题，一个为节标题、页码；myheadings 风格与 headings 基本相同，只是左页页眉的右端和右页页眉的左端内容，必须使用双标志命令或右标志命令：

```
\markboth{左页页眉右端内容}{右页页眉左端内容}        % 针对双面文档
\markright{右页页眉左端内容}                        % 针对单面文档
```

如果在文档中有空白页，需要在前一章的结尾处添加清理命令来消除空白页的页眉：

```
\clearpage{\pagestyle{empty}\cleardoublepage}
```

对于页码，LaTeX 提供了一个简单的页码设置命令：

```
\pagenumbering{计数形式}
```

其中计数形式有下列选项：

alph：小写英文字母，默认起始页码为 a，计数顺序为 a、b、c、…。

Alph：大写英文字母，默认起始页码为 A，计数顺序为 A、B、C、…。

arabic：阿拉伯数字，默认起始页码为 1，计数顺序为 1、2、3、…。

roman：小写罗马数字，默认起始页码为 ⅰ，计数顺序为 ⅰ、ⅱ、ⅲ、…。

Roman：大写罗马数字，默认起始页码为 Ⅰ，计数顺序为 Ⅰ、Ⅱ、Ⅲ、…。

页码设置命令不仅可以改变页码计数形式，而且它将当前页的页码置为默认起始页码，并从此重新为后面续页的页码排序。例如，论文摘要和目录的页码通常采用大写罗马数字计数，即\pagenumbering{Roman}；正文及参考文献等所有页面的页码采用阿拉伯数字计数，即\pagenumbering{arabic}。

2. fancy 页面风格

LaTeX 提供的页面风格非常朴素，通常不能做进一步的格式修改，可以加载 fancyhdr 宏包，使用该宏包下的命令对 LaTeX 基本页面风格进行扩展。fancyhdr 的 fancy 页面风格将页眉、页脚各分为左、中、右三个部位，如图 6-52 所示。对于双面文档，区分奇偶页，即分为 12 个部分。

页眉左	页眉中	页眉右
	版心内容	
页脚左	页脚中	页脚右

图 6-52　fancy 页面风格

fancyhdr 宏包提供了如表 6-16 所示的一些命令来设置页眉、页脚。为了使用 fancy 风格，需要在导言区加载 fancyhdr 风格：

```
\usepackage{fancyhdr}
\pagestyle{fancy}
```

在宏包调用命令后，紧跟着版式设置命令\pagestyle{fancy}是为了覆盖 book 类预置的版式命令\pagestyle{headings}。

表 6-16　fancy 页面风格设置命令

命　　令	说　　明
\lhead{左页眉内容}	设置左页眉
\chead{中页眉内容}	设置中页眉
\rhead{右页眉内容}	设置右页眉
\lfoot{左页脚内容}	设置左页脚
\cfoot{中页脚内容}	设置中页脚
\rfoot{右页脚内容}	设置右页脚
\fancyhead[位置]{页眉内容}	设置页眉，位置可以是 E、O 与 L、C、R 的组合
\fancyfoot[位置]{页脚内容}	设置页脚，位置可以是 E、O 与 L、C、R 的组合
\fancyhf[位置]{页眉、页脚内容}	设置页眉及页脚，位置可以使 H、F 与 E、O 与 L、C、R 的组合

图 6-53 中是一段 fancy 页面风格设置的源代码。其中\leftmark 命令的意义为章标题，\rightmark 命令的意义为节标题。

```
\documentclass[UTF8]{ctexbook}
\usepackage{fancyhdr}
\pagestyle{fancy}                    % 页面风格设置为 fancy
\fancyhf{}                           % 清除所有页眉、页脚
\cfoot{\thepage}                     % 设置中页脚为页码
\fancyhead[CO]{\leftmark}            % 设置奇数页页眉为章标题
\fancyhead[CE]{\rightmark}           % 设置偶数页页眉为节标题
\fancyfoot[RO, LE]{ $\heartsuit$ }   % 设置右页脚、左页脚装饰符号
```

图 6-53　fancy 页面风格设置示例

6.10　LaTeX 模板的使用

在前面几节，我们按照论文编排的顺序介绍了 LaTeX 的一些常用命令，仅使用这些命令来编排论文肯定是不够的。而事实上，当我们用 LaTeX 去排版一篇会议或期刊论文，甚至学位论文时，往往并不需要记住所有的命令，因为很多会议、期刊，甚至很多高校的学位论文都有相应的 LaTeX 模板，对于大多数作者，只要能够读懂模板文件，可以利用 LaTeX 模板来排版自己的论文就足够了。在掌握了 LaTeX 概况及其思想的基础上，学会灵活地使用 LaTeX 模板来排版论文也是本书介绍 LaTeX 部分的主要目的。本节将以实例来介绍如何使用 LaTeX 模板。

6.10.1　小论文

本节将以 IEEE 的 LaTeX 模板为例来编排一篇小论文。

第一步，到 IEEE 网站下载模板压缩包。登录网址：http://www.ieee.org/publications_sta-ndards/publications/authors/authors_journals.html，在“Templates for Transactions”组中单击下载链接“WIN OR MAC LaTeX2e Transactions Style File”下载

压缩包 IEEEtran. zip，再单击“WIN and MAC Bibliography File”下载压缩包 IEEEtranBST. zip。表 6-17 列出了上述两个压缩包内比较重要的文件及相关说明。

表 6-17　IEEE LaTeX 模板压缩包中的重要文件列表及说明

压缩包	文件名	说明
IEEEtran. zip	bare_adv. tex	高级应用的 TeX 源文件框架模板
	bare_conf. tex	会议论文 TeX 源文件框架模板
	bare_jrnl. tex	期刊论文 TeX 源文件框架模板
	bare_jrnl_compsoc. tex	Computer Society Journal Paper 的 TeX 源文件框架模板
	bare_jrnl_transmag. tex	IEEE Trans. on Magnetics journal paper 的 TeX 源文件框架模板
	IEEEtran. cls	IEEE 文档类，使用\documentclass 命令导入
	IEEEtran_HOWTO. pdf	IEEE LaTeX 模板使用手册
IEEEtranBST. zip	IEEEabrv. bib	IEEE 期刊缩写列表
	IEEEexample. bib	IEEE 参考文献数据库文件示例
	IEEEtran. bst	标准 IEEE BibTeX 格式文件
	IEEEtran_bst_HOWTO. pdf	IEEEtranBst 使用手册

第二步，如果我们要投 IEEE 期刊，可选择 bare_jrnl. tex 文件，在该模板文件相应的地方填充自己论文的内容。使用 TeXworks 编辑器打开文件 bare_jrnl. tex，可以看到很多注释语句，忽略这些注释语句，其基本框架如图 6-54 所示。直接对该文件进行编译，得到如图 6-55 所示的排版结果。对照排版结果中的标题、作者、摘要、正文等信息，找到 bare_jrnl. tex 源文件中这些内容所在的位置，用自己论文内容填充。

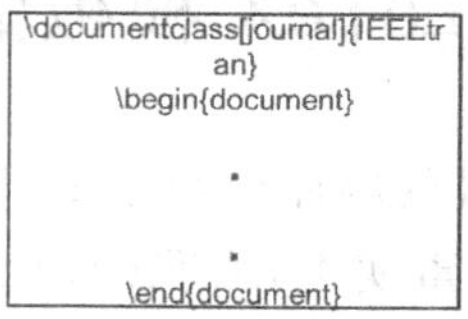

图 6-54　IEEE 期刊论文的 TeX 源文件基本框架

在进行论文内容填充时，仔细查看源文件中被注释的语句，论文中可能涉及的公式、图表等内容都有范例，只是这些范例被注释掉，编译后无法显示，如果论文中有需要，可以先在源文件中将这部分内容取消注释，编译后查看排版效果，再将论文中对应的内容进行替换。例如，源文件中某一被注释的插图命令如图 6-56 所示。

取消图 6-56 中的注释符号，并在导言区取消加载插图宏包的注释语句，如图 6-57 所示。

在源文件的同一路径下放入图片文件（即图片文件、源文件在相同路径下），并命名为 myfigure. jpg，编译源文件，排版效果如图 6-58 所示。

第三步，使用 BibTeX 生成参考文献列表及其引用。图 6-58 中的参考文献列表并没

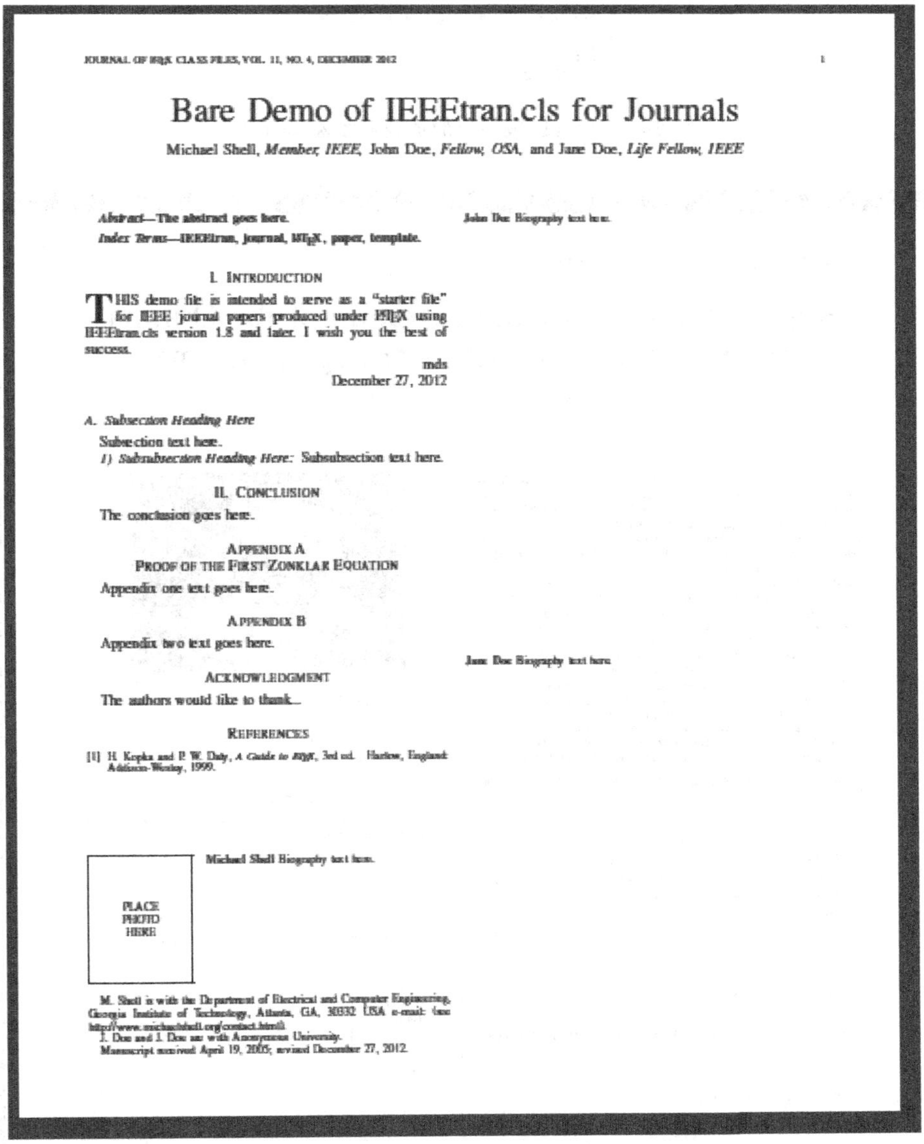

JOURNAL OF LATEX CLASS FILES, VOL. 11, NO. 4, DECEMBER 2012　　1

Bare Demo of IEEEtran.cls for Journals

Michael Shell, *Member, IEEE,* John Doe, *Fellow, OSA,* and Jane Doe, *Life Fellow, IEEE*

***Abstract*—The abstract goes here.**

***Index Terms*—IEEEtran, journal, LaTeX, paper, template.**

I. INTRODUCTION

THIS demo file is intended to serve as a "starter file" for IEEE journal papers produced under LaTeX using IEEEtran.cls version 1.8 and later. I wish you the best of success.

mds

December 27, 2012

A. Subsection Heading Here

Subsection text here.

1) Subsubsection Heading Here: Subsubsection text here.

II. CONCLUSION

The conclusion goes here.

APPENDIX A
PROOF OF THE FIRST ZONKLAR EQUATION

Appendix one text goes here.

APPENDIX B

Appendix two text goes here.

ACKNOWLEDGMENT

The authors would like to thank...

REFERENCES

[1] H. Kopka and P. W. Daly, *A Guide to LaTeX*, 3rd ed. Harlow, England: Addison-Wesley, 1999.

PLACE PHOTO HERE

Michael Shell Biography text here.

John Doe Biography text here.

Jane Doe Biography text here.

M. Shell is with the Department of Electrical and Computer Engineering, Georgia Institute of Technology, Atlanta, GA, 30332 USA e-mail: (see http://www.michaelshell.org/contact.html).

J. Doe and J. Doe are with Anonymous University.

Manuscript received April 19, 2005; revised December 27, 2012.

图 6-55　bare_jrnl. tex 排版效果

```
%\begin{figure}[!t]
%\centering
%\includegraphics[width=2.5in]{myfigure}
% where an .eps filename suffix will be assumed under latex,
% and a .pdf suffix will be assumed for pdflatex; or what has been declared
% via \DeclareGraphicsExtensions.
%\caption{Simulation Results.}
%\label{fig_sim}
%\end{figure}
```

图 6-56　bare_jrnl. tex 源文件被注释的插图命令

```
% *** GRAPHICS RELATED PACKAGES ***
%
\ifCLASSINFOpdf
  \usepackage[pdftex]{graphicx}
```

图 6-57　导言区被注释的加载插图宏包命令

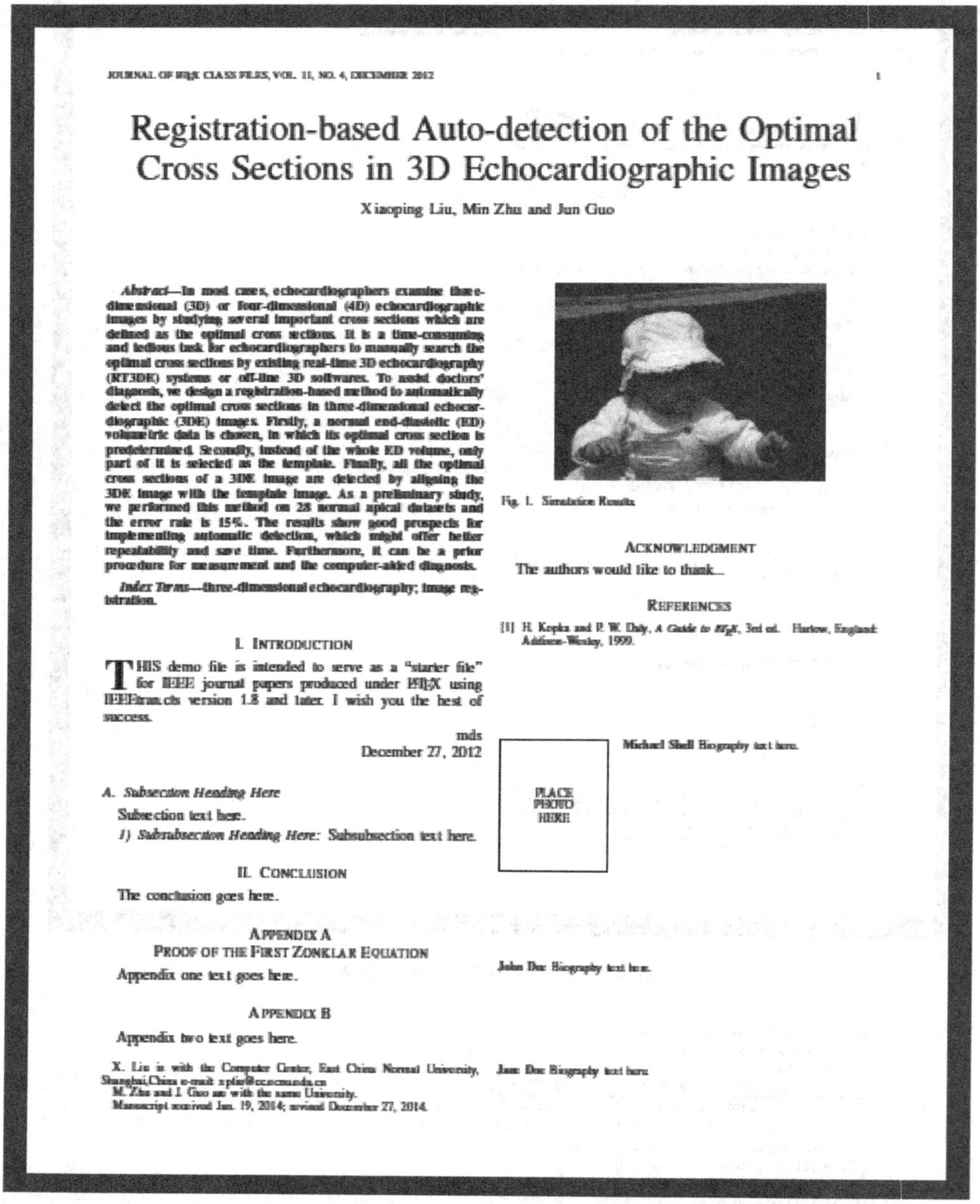

JOURNAL OF LaTeX CLASS FILES, VOL. 11, NO. 4, DECEMBER 2012　　1

Registration-based Auto-detection of the Optimal Cross Sections in 3D Echocardiographic Images

Xiaoping Liu, Min Zhu and Jun Guo

Abstract—In most cases, echocardiographers examine three-dimensional (3D) or four-dimensional (4D) echocardiographic images by studying several important cross sections which are defined as the optimal cross sections. It is a time-consuming and tedious task for echocardiographers to manually search the optimal cross sections by existing real-time 3D echocardiography (RT3DE) systems or off-line 3D softwares. To assist doctors' diagnosis, we design a registration-based method to automatically detect the optimal cross sections in three-dimensional echocardiographic (3DE) images. Firstly, a normal end-diastolic (ED) volumetric data is chosen, in which its optimal cross section is predetermined. Secondly, instead of the whole ED volume, only part of it is selected as the template. Finally, all the optimal cross sections of a 3DE image are detected by aligning the 3DE image with the template image. As a preliminary study, we performed this method on 28 normal apical datasets and the error rate is 15%. The results show good prospects for implementing automatic detection, which might offer better repeatability and save time. Furthermore, it can be a prior procedure for measurement and the computer-aided diagnosis.

Index Terms—three-dimensional echocardiography; image registration.

I. INTRODUCTION

THIS demo file is intended to serve as a "starter file" for IEEE journal papers produced under LaTeX using IEEEtran.cls version 1.8 and later. I wish you the best of success.

mds
December 27, 2012

A. Subsection Heading Here

Subsection text here.

1) Subsubsection Heading Here: Subsubsection text here.

II. CONCLUSION

The conclusion goes here.

APPENDIX A
PROOF OF THE FIRST ZONKLAR EQUATION

Appendix one text goes here.

APPENDIX B

Appendix two text goes here.

X. Liu is with the Computer Center, East China Normal University, Shanghai,China e-mail: xpliu@cc.ecnu.edu.cn
M. Zhu and J. Guo are with the same University.
Manuscript received Jan. 19, 2014; revised December 27, 2014.

Fig. 1. Simulation Results

ACKNOWLEDGMENT

The authors would like to thank...

REFERENCES

[1] H. Kopka and P. W. Daly, *A Guide to LaTeX*, 3rd ed. Harlow, England: Addison-Wesley, 1999.

PLACE PHOTO HERE

Michael Shell Biography text here.

John Doe Biography text here.

Jane Doe Biography text here.

图 6-58　插入图片示例

有用 BibTeX 生成，而是使用参考文献环境 thebibliography 以及该环境中使用的文献条目命令\bibitem 生成，如图 6-59 所示。bare_jrnl. tex 源文件中关于 BibTeX 生成参考文献列表的语句是被注释掉的，如图 6-60 所示。为使用 BibTeX 生成参考文献列表，首先需要将参考文献环境语句注释掉，同时将图 6-60 中方框内所示的语句取消注释。

```
\begin{thebibliography}{1}

\bibitem{IEEEhowto:kopka}
H.~Kopka and P.~W. Daly, \emph{A Guide to \LaTeX}, 3rd~ed.\hskip 1em plus
  0.5em minus 0.4em\relax Harlow, England: Addison-Wesley, 1999.

\end{thebibliography}
```

图 6-59　bare_jrnl. tex 源文件中参考文献环境列表命令

```
% can use a bibliography generated by BibTeX as a .bbl file
% BibTeX documentation can be easily obtained at:
% http://www.ctan.org/tex-archive/biblio/bibtex/contrib/doc/
% The IEEEtran BibTeX style support page is at:
% http://www.michaelshell.org/tex/ieeetran/bibtex/
%\bibliographystyle{IEEEtran}
% argument is your BibTeX string definitions and bibliography database(s)
%\bibliography{IEEEabrv,../bib/paper}
```

图 6-60　bare_jrnl. tex 源文件中关于 BibTeX 生成参考文献列表命令

将另一个压缩包 IEEEtranBST. zip 中的 IEEEtran. bst 以及自己的参考文献数据库文件 mybibfile. bib 放到与源文件同一目录下。将 bare_jrnl. tex 源文件中生成参考文献命令稍作修改，如图 6-61 所示。

```
\bibliographystyle{IEEEtran}
% argument is your BibTeX stri
\bibliography{mybibfile}
```

图 6-61　生成参考文献命令

接下来按照例 6-16 中的第三至七步来完成参考文献引用以及相关编译工作，即可生成如图 6-62 所示的参考文献引用及列表。

I. INTRODUCTION

is referred in[1]
is referred in[2]
is referred in[3]
is referred in[4]

THIS demo file is intended to serve as a "starter file" for IEEE journal papers produced under LaTeX using IEEEtran.cls version 1.8 and later. I wish you the best of success.

mds
December 27, 2012

A. Subsection Heading Here

ACKNOWLEDGMENT

The authors would like to thank...

REFERENCES

[1] H. Bergman, K. Y. Tsai, S. J. Seo, J. C. Kvedar, and A. J. Watson, "Remote assessment of acne: The use of acne grading tools to evaluate digital skin images," *Telemedicine Journal and E-Health*, vol. 15, no. 5, pp. 426–430, 2009.
[2] M. Carnec, P. Le Callet, and D. Barba, "Objective quality assessment of color images based on a generic perceptual reduced reference," *Signal Processing-Image Communication*, vol. 23, no. 4, pp. 239–256, 2008.
[3] K. Gu, G. T. Zhai, X. K. Yang, and W. J. Zhang, "A new psychovisual paradigm for image quality assessment: from differentiating distortion types to discriminating quality conditions," *Signal Image and Video Processing*, vol. 7, no. 3, pp. 423–436, 2013.
[4] H. J. Park and D. H. Har, "Subjective image quality assessment based on objective image quality measurement factors," *Ieee Transactions on Consumer Electronics*, vol. 57, no. 3, pp. 1176–1184, 2011.

图 6-62　参考文献引用及列表效果

图 6-62 中的参考文献中的期刊名都是全称，如果论文是投给 IEEE，一般参考文献中的期刊名希望是缩写形式，这时可以将 mybibfile 文件中的每个条目的期刊名改为缩写，

也可以用 IEEEabrv 文件中定义的缩写名称，这就要求如图 6-61 所示的\bibliography 参数中必须有 IEEEabrv，同时自己的参考文献列表文件 mybibfile 中的期刊名都要用 IEEEabrv 中定义的缩写形式，如图 6-63 所示。例如，要将第四篇参考文献改为缩写形式，最终结果如图 6-64 所示，则 mybibfile 文件中第四篇参考文献条目的内容就要从图 6-65 所示代码改为图 6-66 所示的代码。

```
\bibliographystyle{IEEEtran}
% argument is your BibTeX string defi
\bibliography{IEEEabrv,mybibfile}
```

图 6-63　期刊名为缩写的参考文献命令

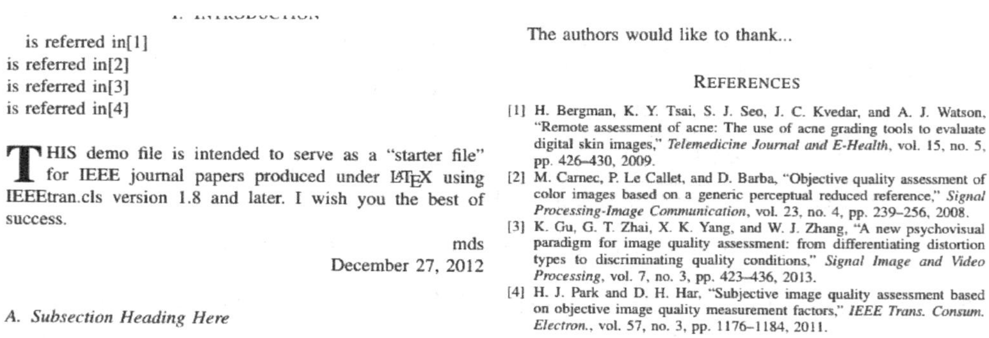
is referred in[1]
is referred in[2]
is referred in[3]
is referred in[4]

THIS demo file is intended to serve as a "starter file" for IEEE journal papers produced under LaTeX using IEEEtran.cls version 1.8 and later. I wish you the best of success.

mds
December 27, 2012

A. Subsection Heading Here

The authors would like to thank...

REFERENCES

[1] H. Bergman, K. Y. Tsai, S. J. Seo, J. C. Kvedar, and A. J. Watson, "Remote assessment of acne: The use of acne grading tools to evaluate digital skin images," *Telemedicine Journal and E-Health*, vol. 15, no. 5, pp. 426–430, 2009.
[2] M. Carnec, P. Le Callet, and D. Barba, "Objective quality assessment of color images based on a generic perceptual reduced reference," *Signal Processing-Image Communication*, vol. 23, no. 4, pp. 239–256, 2008.
[3] K. Gu, G. T. Zhai, X. K. Yang, and W. J. Zhang, "A new psychovisual paradigm for image quality assessment: from differentiating distortion types to discriminating quality conditions," *Signal Image and Video Processing*, vol. 7, no. 3, pp. 423–436, 2013.
[4] H. J. Park and D. H. Har, "Subjective image quality assessment based on objective image quality measurement factors," *IEEE Trans. Consum. Electron.*, vol. 57, no. 3, pp. 1176–1184, 2011.

图 6-64　第四篇参考文献的期刊名为缩写形式

```
@article{art4,
   author = {Park, H. J. and Har, D. H.},
   title = {Subjective Image Quality Assessment based on Objecti
   journal = {Ieee Transactions on Consumer Electronics},
   volume = {57},
   number = {3},
   pages = {1176-1184},
   year = {2011}
}
```

图 6-65　第四篇参考文献期刊名为全称

```
@article{art4,
   author = {Park, H. J. and Har, D. H.},
   title = {Subjective Image Quality Assessment based on Objective Image
Quality Measurement Factors},
   journal = IEEE_J_CE,
   volume = {57},
   number = {3},
   pages = {1176-1184},
   year = {2011}
```

图 6-66　第四篇参考文献的期刊名为缩写

需要注意的是，一旦改变了 mybibfile 内容，可能会导致 bare_jrnl. tex 源文件编译出错，需要我们从 bare_jrnl. tex 源文件的目录中手动删除前一次编译生成的 aux、bbl、gz 等文件，然后重新开始编译。

若编辑好 IEEE 稿件后，又想换 ELSEVIER 下的期刊，原则上只需要将 cls 文档类文件以及 bst 参考文献风格文件替换掉即可。

6.10.2　学位论文

在网上可以找到很多高校学位论文的 LaTeX 模板，虽然学位论文内容和版面设置比小论文复杂，但与使用小论文模板的思路相同，即找到排版后标题、图、表等信息在源文件中的位置，然后进行替换即可。下面以一份中国科学技术大学的本科毕业论文模板为例，来介绍学位论文模板的使用技巧：

第一步，先介绍该论文模板压缩包内的文件。表 6-18 表中列出了压缩包中重要的文件。

表 6-18　中科大本科毕业论文模板文件列表

文　件	说　明
bib 文件夹	包含一个 bib 文件，即论文的参考文献数据库文件
chapter 文件夹	包含论文所有章的内容，每一章有一个独立的 tex 文件
figures 文件夹	论文中所有插入的图
main. tex	论文主文件
ustcthesis. cls	中科大本科毕业论文文档类

第二步，编译 main. tex 文件，如果 pdfLaTex 编译出错，可以尝试 XeLaTeX 编译。编译通过后查看排版结果，将相应的章节、图表、公式等信息内容替换。

第三步，参考文献部分，只要参考原有的 bib 文件格式，将它替换为同名的自己的文献数据库文件，并在正文中进行相应的引用即可，编译过程与例 6-16 相同。

如果读者想借用中科大的模板生成自己学校的毕业论文，则需要对 ustcthesis. cls 文件进行修改。可以在 TeXworks 编辑器中，用“搜索”→“替换”功能，将所有“中国科学技术大学”替换为自己的学校名称，并将校徽等图片，直接在 figures 文件夹中用自己学校的校徽等图片来替换，图片名称与原来的名称一样，可以不用修改 cls 文件中的相关内容。

附录A　学位论文写作规范

A.1　华东师范大学本科生毕业论文的格式要求

1. 论文构成

毕业论文格式应规范，必须由封面、目录、正文(包括中外文题名、中外文摘要、中外文关键词、正文、参考文献和致谢)三部分构成。论文装订顺序为外封面→开题报告→内封面→目录→中文题名→中文摘要→中文关键词→外文题名→外文摘要→外文关键词→正文→参考文献→致谢→考核意见表。如有附录部分，装订在参考文献后面。

2. 纸张及印刷装订规格

毕业论文一律用A4纸张电脑打印，左侧装订。

3. 编辑设置

(1) 页面设置：

①“纸型”——主要选用“A4”，“纵向”，个别页面可以采用“A4”，“横向”。

②“文档网格”——一律使用“无网格”。

③“页边距”——上：2.5cm，下：2.0 cm，左：3.0cm，右：2.5 cm。装订线位置居左。

(2) 段落：

① 论文题目居中，每段落首行缩进2字符。

②“行距”一律为1.5倍。

(3) 外文字体：一律为Times New Roman。

4. 封面要求

上交的每份论文都一律采用学校统一印发的外封面(装订线一律在左面)。另附自制内封面一份(A4纸张电脑打印)，内容为中外文论文题目、作者的姓名、学号、班级、指导老师的姓名与职称、论文完成时间。

5. 开题报告要求

开题报告内容包括：选题的背景与意义(对与选题有关的国内外研究现状、进展情况、存在的问题等进行调研,在此基础上提出选题的研究意义),课题研究的主要内容、方法、技术路线,课题研究拟解决的主要问题及创新之处,课题研究的总体安排与进度,参考文献等方面。开题报告表格至教务处网站下载。

6. 论文摘要

(1) 字数：中、外文摘要一般各为 300～500 字。

(2) 摘要内容：要求概括地表述论文的研究背景、目的、研究方法、研究重点、结果和主要结论。

(3) 字体：中外文均是五号,中文使用宋体。

7. 正文要求

(1) 字数：文科类专业 8000 字以上；理科类,音乐、美术等专业 5000 字以上。

(2) 字体：正文一般用宋体小四号字打印。中文题名用黑体小三打印,外文题名用小三打印。文章中的各段标题用黑体小四号字打印,并且前后要一致。全文的文字格式要统一。独立成行的标题后面不再加标点符号。

(3) 序号：全文的序号编排要规范。论文的正文层次不宜过多,一般不超过 5 层次。

中文各层次系统为：

第一层：一、二、三、……； 第二层：(一)(二)(三)……；

第三层：1. 2. 3. ……； 第四层：(1)(2)(3) ……；

第五层：1) 2) 3)……。

外文各层次系统为：

第一层：A. B. C. ……； 第二层：(A)(B)(C)……；

第三层：a. b. c. ……； 第四层：(a)(b)(c) ……；

第五层：a) b) c)……。

第一、二层次标题应单独成行,第三、四、五层次标题可与文章其他内容同列一行。

每页要插入阿拉伯数字页码,置于右下角。

(4) 表名放置在表格正上方,中外文对照；图名放置在图片的正下方,中外文对照。表格一览表采用“三线表”形式,插图需在文中相应处直接给出。图的大小为：半栏图＜60mm,100mm＜通栏图＜130mm。文中计量、计价单位统一采用国际标准单位,公式应独立成行居中斜体排版。

(5) 注释：注释指作者对文中某一部分内容的说明,如：对某些名词术语的解释、引文(尤其是直接引用)出处的说明等。中外文均是小五号,中文使用宋体。注释既可以使用脚注,也可以使用尾注。在正文中需加注之处的右上角用注码([],一般放在标点符号前)标出。注释的格式参考参考文献的格式。

8. 参考文献

参考文献指论文写作过程中所参阅的各种资料，应附在论文末尾加以说明。参考文献有多种意义：作为阐发作者见地的佐证或背景资料；提供有力的理论依据或经典论述；表示对他人理论或成果的继承、借鉴或商榷等，反映作者对情报吸收、利用的程度。

论文主体撰写过程要求参考两篇以上外文文献，文科专业要求必须有 10 篇以上参考文献，其他专业要求必须有 6 篇以上参考文献。要求罗列出所有引用的中外文文献资料目录，目录按引用顺序排列。

参考文献具体格式如下：

(1) 专著(注意应标明出版地及所参阅内容在原文献中的位置)

[序号]作者.专著名[M].出版地：出版者，出版年，起止页.

(2) 期刊中析出的文献(注意应标明年、卷、期，尤其注意区分卷和期)

[序号]作者.题(篇)名[J].刊名.出版年，卷号(期号)：起止页.

(3) 会议论文

[序号]作者.篇名[C].会议名，会址，开会年.

(4) 学位论文

[序号]作者.题(篇)名[D].授学位地：授学位单位，授学位年.

(5) 专利文献

[序号]专利申请者.专利题名[P].专利国别，专利文献种类，专利号.出版日期.

(6) 报纸文章

[序号]作者.题(篇)名[N].报纸名.出版日期(版次).

(7) 标准

[序号]标准名称[S].出版地：出版年，起止页.

(8) 报告

[序号]作者.题(篇)名[R].报告年、月、日.

(9) 电子文档

[序号]作者.题(篇)名[E].出处或可获得地址(网址).发表或更新日期/引用日期(任选).

9. 附录的要求

毕业论文形成过程中所涉及的实验设计、调查材料及其相应的数据、图表等，应整理后用附件形式附在参考文献之后。

A.2 华东师范大学研究生学位论文写作规范

为了统一规范我校博士、硕士学位论文的格式，便于信息系统的收集、存储、处理、加工、检索、利用、交流、传播，特制定本要求。

1. 博士、硕士学位论文应包含以下项目内容

(1) 论文封面
(2) 论文封面的英文翻译
(3) 学位论文原创性声明、授权使用声明
(4) 学位论文答辩委员会成员名单
(5) 论文摘要及关键词
(6) 论文目录
(7) 论文正文
(8) 附录
(9) 参考文献
(10) 后记
(11) 论文书脊
以上各项中，"正文"部分必须双面打印，其他各项应单面打印。
论文装订时，请按照以上(1)到(11)项顺序装订。

2. 论文各部分的要求

(1) 论文封面
封面包含的内容：

- "XXXX届研究生硕(博)士学位论文"(同等学力申请学位者为："XXXX年度同等学力申请硕(博)士学位论文"，专业学位者为："XXXX年度专业学位硕士论文"；
- 学号(同等学力申硕请填写资格审查通过编号)；
- 学校代码(10269)；
- 学校名称(华东师范大学)；
- 院系名称(当下规范的全称)；
- 学位论文题目；
- 专业(二级学科名称)或专业学位类别 * ；
- 研究方向或领域 ** ；
- 研究生(或申请人)姓名；
- 指导教师(姓名、职称)；
- 完成年月

* 注：应按国家公布的研究生专业目录和我校经国务院学位办同意自主设置的专业

的规范名称填写。专业学位申请者要填写“专业学位类别”，我校拥有的专业学位类别为：教育硕士、公共管理硕士、工程硕士、体育硕士、工商管理硕士、汉语国际教育硕士。

** 注：教育硕士、公共管理硕士、工程硕士、体育硕士、工商管理硕士、汉语国际教育硕士都需填写领域，公共管理硕士及学术型(科学)学位填写研究方向。我校工程硕士的领域为：软件工程、电子与通信工程、计算机技术工程、环境工程、集成电路工程、工业设计工程。

专业学位类别和领域详见研究生院网页。

(2) 论文封面的英语翻译

格式要求和封面要求相同。

(3) 学位论文原创性声明、授权使用声明

华东师范大学学位论文原创性声明

郑重声明：本人呈交的学位论文《　　　　　　　　》，是在华东师范大学攻读硕士/博士(请勾选)学位期间，在导师的指导下进行的研究工作及取得的研究成果。除文中已经注明引用的内容外，本论文不包含其他个人已经发表或撰写过的研究成果。对本文的研究做出重要贡献的个人和集体，均已在文中作了明确说明并表示谢意。

作者签名：　　　　　　　　　　　日期：　年　月　日

华东师范大学学位论文著作权使用声明

《　　　　　　　　　　》系本人在华东师范大学攻读学位期间在导师指导下完成的硕士/博士(请勾选)学位论文，本论文的研究成果归华东师范大学所有。本人同意华东师范大学根据相关规定保留和使用此学位论文，并向主管部门和相关机构如国家图书馆、中信所和“知网”送交学位论文的印刷版和电子版；允许学位论文进入华东师范大学图书馆及数据库被查阅、借阅；同意学校将学位论文加入全国博士、硕士学位论文共建单位数据库进行检索，将学位论文的标题和摘要汇编出版，采用影印、缩印或者其他方式合理复制学位论文。

本学位论文属于(请勾选)

(　)1. 经华东师范大学相关部门审查核定的“内部”或“涉密”学位论文 *，

于 年 月 日解密，解密后适用上述授权。

(　)2. 不保密，适用上述授权。

导师签名　　　　　　　　　本人签名

年　月　日

*“涉密”学位论文应是已经华东师范大学学位评定委员会办公室或保密委员会审定过的学位论文(需附获批的《华东师范大学研究生申请学位论文“涉密”审批表》方为有效)，未经上述部门审定的学位论文均为公开学位论文。此声明栏不填写的，默认为公开学位论文，均适用上述授权)。

这两个声明放置于一页上。

(4) 答辩委员会成员名单

以表格形式列出答辩委员会成员的姓名、单位、职称，并注明答辩委员会主席。

(5) 论文摘要及关键词

论文摘要分中文摘要和外文摘要。关键词也分中外文，置于摘要下方。中外文摘要及关键词分置两页。

(6) 论文目录

论文目录页排版至少应排到二级标题，即章和节，必须标明页码。论文目录含论文正文章节、附录、参考文献、后记等。

(7) 论文正文

论文统一按 Word 格式 A4 纸（“页面设置”按 Word 默认值）编排、打印、制作。正文内容字体为宋体，字号为小 4 号，字符间距为标准，行距为 22 磅。

学位论文一般采用脚注，也可以采用篇末注、章末注。分委员会可根据本学科的惯例和规范，对注释做出具体的规定。

引文要注明所引文字的页码。

论文引文必须作注释，不能只列参考文献而不对引用文字注明出处。

论文正文部分必须有本论文课题的中外学术界的研究状况、研究史和文献综述。

文科专业硕士论文一般不少于 3 万字；博士论文一般不少于 10 万字。理科、工科根据各专业实际情况确定。

专业学位论文的字数要求按教育部和我校有关专业学位论文的要求执行。

(8) 附录

附录是对正文主体的补充。下列内容可以作为附录。

① 由于篇幅过大，或取材于复制件不便编入正文的材料、数据。

② 对本专业同行有参考价值，但对一般读者不必阅读的材料。

③ 论文中使用的符号意义、单位缩写、程序全文及有关说明书。

④ 附件：计算机程序清单、软磁盘、鉴定证书、获奖奖状或专利证书的复印件等。

⑤ 攻读学位期间发表的（含已录用，并有录用通知书的）与学位论文相关的学术论文。

(9) 参考文献

① 作者在正文中引用的文献要在此罗列出来，以一定的标准用序号排列。

② 参考文献要列出文献编、著、撰、译者等文献责任者的姓名、出版地点、出版机构、出版时间、报刊还需列出年份、卷、期或版次。

③ 博士学位论文参考文献不得少于 50 篇（本），硕士学位论文参考文献不得少于 30 篇（本）。

④ 引用的文献必须有外文文献（不含中文译本），外语专业必须有本专业语种以外的外文文献。

(10) 后记

后记主要叙述与学位论文写作工作有关的其他内容，包括致谢等。字体应和论文正文有所区别，篇幅以一页纸为限。

(11) 论文书脊

论文书脊须写明论文题目、作者姓名、“华东师范大学”及学位申请年份的字样。

论文须用线装或热胶装订，不能使用钉子、简易文件夹装订。

各学位评定分委员会可以按照以上要求，根据各学科专业的具体特点，对学位论文的规范格式做出更具体的规定。

参考文献

[1] 上海市教委组编. 计算机应用基础教程. 上海：华东师范大学出版社，2011.

[2] 上海市教委组编. 计算机应用基础实验指导. 上海：华东师范大学出版社，2011.

[3] 侯捷. Word 排版艺术. 北京：电子工业出版社，2004.

[4] 姚成玉，陈东宁. Word 的深度：论文写作规范及编排精讲. 北京：电子工业出版社，2010.

[5] 吴卿. 办公软件高级应用. 杭州：浙江大学出版社，2009.

[6] 宋翔. Word 排版之道. 北京：电子工业出版社，2012.

[7] 胡伟. LaTeX2e 完全学习手册. 北京：清华大学出版社，2011.

[8] 陈志杰，赵书钦，李树钧，万福永，等. LaTeX 入门与提高. 第二版. 北京：高等教育出版社，2008.

[9] 包太雷. LaTeX Notes. v2. 00. atlach3. bdwm. net/attach/boards/MathTools/M. 1371347677. A/lnotes 2. pdf，2013.

[10] 刘海洋. LaTeX 入门. 北京：电子工业出版社，2013.